ゲノム編集と
医学・医療への応用

山本　卓 編

裳 華 房

Genome Editing
and
its Application in Medicine

edited by

Takashi YAMAMOTO

SHOKABO

TOKYO

編　集

山本　卓（やまもと　たかし）　広島大学大学院統合生命科学研究科　教授・
ゲノム編集イノベーションセンター　センター長

執筆者一覧

山本　卓（やまもと　たかし）　（1 章・5 章）

宮本　達雄（みやもと　たつお）　山口大学大学院医学系研究科　教授（2 章）

一戸　辰夫（いちのへ　たつお）　広島大学原爆放射線医科学研究所　教授（3 章）

本庶　仁子（ほんじょ　やすこ）　広島大学原爆放射線医科学研究所　講師（3 章）

大森　司（おおもり　つかさ）　自治医科大学大学院医学研究科　教授（4 章）

加藤　和人（かとう　かずと）　大阪大学大学院医学系研究科　教授（6 章）

まえがき

ゲノム編集は，2012 年の CRISPR-Cas9 の開発によってすべての研究者の技術となり，以降目覚ましい発展を遂げている。様々な生物で利用できるゲノム編集は，ライフサイエンス研究ではすでに革命的な技術となっている。2020 年にはダウドナ博士とシャルパンティエ博士がノーベル化学賞を受賞したことも記憶に新しい。さらに最近は，海外を中心に新しい CRISPR が発見され，塩基編集やプライム編集の発展技術が次々と発表されている（1 章）。国内では，クラス 1 の CRISPR システムを利用した国産ゲノム編集ツールが開発され，独自の技術開発を利用した基礎から応用分野での開発が進められ，海外に負けない研究が求められている。

CRISPR システムが，日常的に使われる時代は容易に想像できたが，応用研究における開発には目を見張るものがある。中でも医学研究や治療の分野の開発スピードには驚くばかりである。疾患のモデル細胞や動物作製においてはすでに欠かせない技術となり（2 章），さらに海外では，細胞治療や生体内治療において臨床試験の段階に入る研究が複数進んでいる（3 章と 4 章）。この原動力は，CRISPR の簡便さと高い改変効率に加えて，小型化，ウイルスベクターや脂質ナノ粒子での送達法の開発にある。CRISPR-Cas9 を利用した治療は，組織や臓器にもよるが大きな効果を上げつつある。特に，トランスサイレチン型アミロイドーシスの原因遺伝子を改変した治療効果には世界中が驚かされた。しかし，実際の治療となると，ゲノム編集ツールの高額な使用料や特許の複雑性など，解決しなければ使うことができない多くの問題に直面すると予想され，今後も注意が必要な状況は続くと思われる。

ヒト受精卵のゲノム編集研究は，様々な問題を含みつつも，遺伝性疾患の治療や生殖補助医療を視野に入れ進めていくことが必要な段階にある。現状では基礎研究分野で条件つきの研究が認められる一方で，臨床研究では倫理問題と安全性の問題から利用は認められていない（5 章）。このような状況の中，ヒト受精卵の研究は世界的なガイドラインによる登録制での実施がWHO を中心に検討されており，詳しい情報を WHO の委員である加藤氏に記載していただいた（6 章）。

本書は，ライフサイエンス研究と医学研究に興味をもつ学部学生や大学院生を主な対象として執筆した。ゲノム編集の基礎から医学分野での応用や医療，この技術を取り巻く倫理問題とその世界的な動向を扱ったはじめての書籍である。著者らは，国内の医学研究と治療でのゲノム編集の積極的な活用につながることを願い，現状のゲノム編集技術の基礎知識と医学分野での研究動向について記載した。

本書の作成にあたって，執筆が遅れがちな著者たちに辛抱強くつき合っていただいた裳華房編集部の野田昌宏さんに深く感謝する。本書がゲノム編集を利用した治療開発に興味をもっている学生や若い研究者の一助となれば，私としては望外の幸せである。

2022 年 4 月

著者を代表して

山本　卓

目次

1章　ゲノム編集で利用されるツールと技術

山本　卓

2章　ゲノム編集による培養細胞や動物での疾患モデル化

宮本 達雄

3章　ゲノム編集を用いた細胞治療

一戸 辰夫・本庶 仁子

4章　ゲノム編集による治療の実際

大森　司

5章　ゲノム編集の安全性

山本　卓

6章　ヒトゲノム編集の倫理的課題とガバナンス強化に向けて

加藤 和人

制限酵素名や数字の表記に関して

本書では以下のように表記を統一した.

EcoRI，Fok I，I-SceI などの制限酵素やホーミングエンドヌクレアーゼはイタリック体にせず，ローマン体とした.

G1，G2 期などの数字は添字にせず，正体とした.

略 語 表

（アルファベット順）

BCMA：B cell maturation antigen

BE：base editing（塩基編集）

CAR-T：chimeric antigen receptor T cells（キメラ抗原受容体 T 細胞）

CAST-seq：chromosomal aberrations analysis by single targeted linker mediated PCR sequencing

CIRCLE-seq：circulization for *in vitro* reporting of cleavage effects by sequencing

CONAN：Cas3-operated nucleic acid detection

CPP：cell permeable peptide

CRISPRa：CRISPR activation

CRISPR-Cas9：clustered regularly interspaced short palindromic repeat［CRISPR］-CRISPR associated protein 9［Cas9］

CRISPRi：CRISPR interference

DDS：drug delivery system（薬物送達システム）

DETECTR：DNA endonuclease targeted CRISPR trans reporter

Digenome-seq：*in vitro* nuclease-digested whole-genome sequencing

DISCOVER-seq：discovery of *in situ* Cas off-targets and verification by sequencing

DLI：donor lymphocyte infusions

DNMT：DNA methyltransferase（DNA メチル基転移酵素）

DSB：double-strand break（DNA 二本鎖切断）

ES 細胞：embryonic stem cells（胚性幹細胞）

FDC 法：Federal Food, Drug, and Cosmetic Act

G-CSF：granulocyte colony stimulating factor（顆粒球コロニー刺激因子）

GCTP：Good Gene, Cellular, and Tissue-based Products Manufacturing Practice

GNDM：Guide Nucleotide-Directed Modulation

GSD1a：glycogen storage disease type 1a（グリコーゲン貯蔵病）

GUIDE-seq：genome wide, unbiased identification of DSBs enabled by sequencing

GVHD：graft-versus-host disease（移植片対宿主病）

GVL：graft-versus-leukemia（移植片対白血病）

GWAS：genome wide association study（ゲノムワイド関連解析）

HAC：human artificial chromosome（ヒト人工染色体）

HAT：histone acetyl transferase（ヒストンアセチル基転移酵素）

HDAC：histone deacetylase（ヒストン脱アセチル化酵素）

HDR：homology-directed repair（相同配列依存的修復）

HFE 法：Human Fertilisationand Embryology Act（ヒトの受精および胚研究に関する法律）

HFEA：Human Fertilisation and Embryology Authority（ヒト受精・胚研究認可庁）

HHGE：heritable human genome editing

HIV：human immunodeficiency virus

HR：homologous recombination（相同組換え）

ICTRP：International Clinical Trials Registry Platform

IDLV：integrase defective lentiviral vector

IDS：iduronate-2-sulfatase

IDUA：α-L-iduronidase

Il2rg：interleukin-2 receptor subunit gamma

IND：Investigational New Drug

iPS 細胞：induced pluripotent stem cells（人工誘導多能性幹細胞）

ISAP：International Scientific Advisory Panel

ITR：internal terminal repeat

KRAB：krüppel associated box

LINE：long interspersed nuclear element（長鎖散在反復配列）

LNP：lipid nanoparticle

LTR：long-terminal repeat

MEG：maternally expressed gene（母性発現遺伝子）

MMEJ：microhomologymediated end-joining（マイクロホモロジー媒介末端結合）

MVA：mosaic variegated aneuploidy

NGS：next-generation sequencer（次世代シークエンサー）

NHEJ：non-homologous end-joining（非相同末端結合）

ObLiGaRe：obligate-ligation-gated recombination

OMIM：Online Mendelian Inheritance in Man

PAM：protospacer adjacent motif

PBS：primer binding site

PCS：premature chromatid separation

PE：prime editing（プライム編集）

PEG：paternally expressed gene（父性発現遺伝子）
pegRNA：prime editing guide RNA
POCT：point of care test
PPR：pentatricopeptide repeat
RNP：ribonucleoprotein（リボヌクレオタンパク質）
RVD：repeat variable diresidues
SAM：synergistic activation mediator
scFv：single-chain variable fragment（単鎖可変領域フラグメント）
SDSA：synthesis-dependent strand annealing
SHERLOCK：specific high-sensitivity enzymatic reporter unlocking
SIN 化：self-inactivation
SINE：short interspersed nuclear element（短鎖散在反復配列）
SMA：spinal muscular atrophy（脊髄性筋萎縮症）
SNP：single nucleotide polymorphism（一塩基多型）
ssODN：single stranded oligodeoxynucleotides
SST-R：single-strand template repair
SunTag：supernova tag
TAGE：targeted active gene editors
TALEN：transcription activator-like effector nuclease（ターレン）
TCR：T cell receptor（T 細胞受容体）
TET：ten-eleven translocation（DNA 脱メチル化酵素）
tracrRNA：trans-activating crRNA
TREE：three-component repurposed technology for enhanced expression
VIVO：verification of *in vivo* off-targets
VLP：virus-like particle（ウイルス様粒子）
WES：whole exome sequencing（全エクソーム解析）
WGS：whole genome sequencing（全ゲノムシークエンス解析）
X-SCID：X-linked severe combined immunodeficiency（ヒトX連鎖性重症複合免疫不全症）
ZFN：zinc-finger nuclease（ジンクフィンガーヌクレアーゼ）

1章 ゲノム編集で利用されるツールと技術

山本　卓

ゲノム編集 (genome editing) とは，DNA の塩基配列に特異的に切断を導入するゲノム編集ツールを用いて，細胞内や生物個体内で標的遺伝子の塩基配列を自在に改変する技術である。本章では，遺伝子組換えなど既存の遺伝子改変技術から，精密改変が可能なゲノム編集技術がどのような背景で開発されてきたのかを解説する。

さらに，タンパク質型ツール（ZFN や TALEN など）や RNA 誘導型ツール（CRISPR-Cas9 など）のゲノム編集ツールについて紹介すると共に，これらを用いたゲノム編集による遺伝子改変（変異導入やノックイン）について解説する。

1.1　ゲノム編集技術の開発の背景

ゲノムとは, ある生物の細胞核の DNA に含まれる全塩基配列情報（A, G, C, T の並び）を指す用語である。ヒトの細胞核では 24 種類の染色体（常染色体 22 種類と性染色体 2 種類）の中に約 30 億の情報が含まれる。このうち，タンパク質の情報をコードする遺伝子の部分はヒトゲノムでは 1.5% 程度であり，**長鎖散在反復配列**（**LINE**：long interspersed nuclear element）や**短鎖散在反復配列**（**SINE**：short interspersed nuclear element）を含む**レトロトランスポゾン**に由来する繰り返し配列（36% 程度を占める）や**サテライト DNA** のような反復配列や単純な繰り返し配列が多くを占める。核内では遺伝子の部分から転写によってメッセンジャー RNA（mRNA）が作られ，mRNA は加工された後に細胞質へ輸送される。その後 mRNA は，リボ

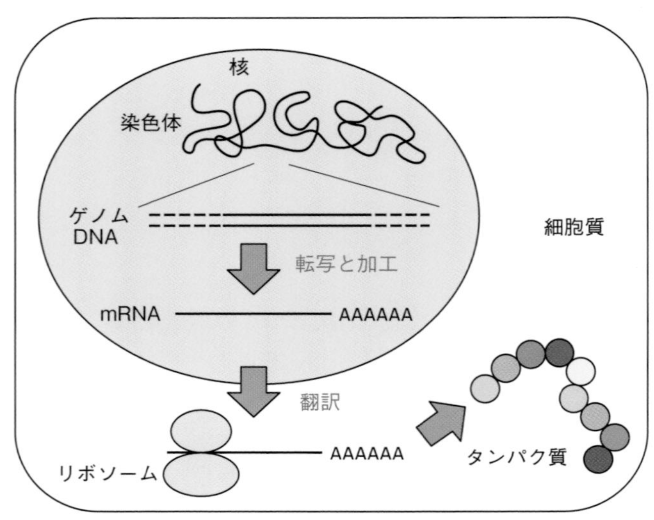

図 1.1　遺伝子の転写と翻訳

ソーム上でのタンパク質の翻訳へと利用される（図 1.1）。塩基配列の情報は，3つの塩基配列（コドン）が1つのアミノ酸情報となり，mRNA の情報を基に 20 種類のアミノ酸が順番に連結されタンパク質が作られていく。タンパク質は複雑な構造をもち，代謝酵素，DNA の複製酵素，抗体や細胞の構造に関わるものなど，ヒトでは約2万個の遺伝子から作られる。この遺伝子（DNA）から mRNA，タンパク質への情報の流れは**セントラルドグマ**とよばれる。

遺伝情報は，細胞の複製過程でコピーが作られ正確に情報が伝達されるが，自然突然変異によって変化が生じる。この変化（変異）は，自然放射線，発がん物質や活性酸素などが原因であることが知られ，塩基レベルから染色体レベルに及ぶ。数塩基から数十塩基での小規模の変異では，主に塩基の置換，塩基の挿入や欠失が起こり，中規模から大規模な変異では頻度は低いが数キロ塩基に及ぶ欠失や逆位，異なる染色体間での転座が起こる（図 1.2）。このような変異が遺伝子部分で起こるとタンパク質を作るための情報が途切れたり，途中で変わることになり，多くの場合，細胞や生物にとって致命的と

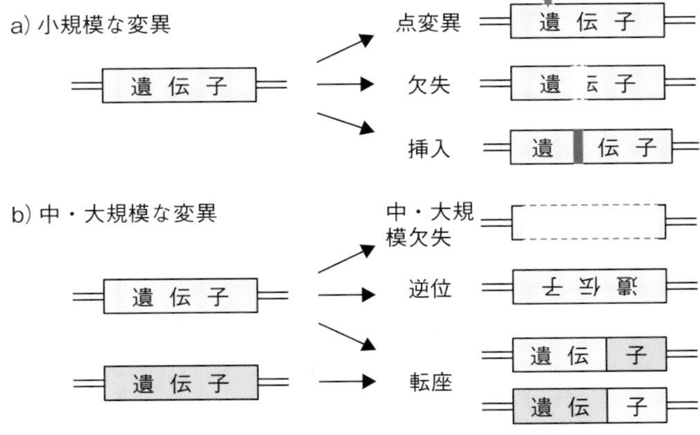

図 1.2　遺伝子に見られる小規模および中・大規模な変異

なる。一方，影響のない変異や影響はあっても細胞の生存が可能な場合，変異の情報が複製され娘細胞へ引き継がれる。これらの変異が次の世代へ引き継がれるのは，精子や卵子を作る生殖細胞に変異が導入された場合だけであり，生殖細胞以外の細胞（体細胞）での核の DNA の変異は子へ受け継がれることはない。

細胞内での予期せぬ遺伝子の変異に対して，研究や産業利用において人為的に細胞中の遺伝子を改変することが可能である。1 つは DNA に損傷を与える**変異原**（放射線や紫外線などの物理変異原や化学変異原）へ暴露する方法で，複数の変異がゲノム中へ導入される。もう 1 つは，**遺伝子組換え**である。遺伝子組換えは，細胞内で遺伝子のつなぎ換えによって，外来の遺伝子（その生物が有していない配列）を挿入する手法である。遺伝子組換えは，微生物の遺伝子改変や農水畜産物の品種改良などに使われる操作という印象が強いが，大腸菌や酵母などの微生物では**相同組換え**（**HR**：homologous recombination）によって遺伝子が組み換えられる。動植物においても，限られた細胞種において遺伝子組換えが利用されている。

精子や卵子になる生殖細胞では，**減数分裂**によって染色体数を半減するが，この過程で相同染色体間での遺伝子の乗り換えが起こる。減数分裂過程では，複製によって倍加し二本の姉妹染色分体が形成され，その後 相同染色体が対合する。4本の姉妹染色分体からなる構造は二価染色体とよばれ，対合した相同染色体間での相同組換えによって部分的に染色体を交換する。有性生殖を行う生物では，この相同組換えによって遺伝的な多様性を高めている。

生殖細胞以外では，免疫細胞の分化過程において特定の遺伝子において遺伝子組換えが起こる。B細胞では様々な抗原に結合する**免疫グロブリン**が，T細胞では様々な抗原に結合する**T細胞受容体**（TCR）が，それぞれの遺伝子のつなぎ換えによって作られる。例えば，免疫グロブリンは2本のH鎖と2本のL鎖からなる（図1.3）。H鎖とL鎖のN末端側には抗原が結合する可変領域があり，この部分をコードする配列の多様性が遺伝子組換えによって生み出されている。ヒトH鎖の組換えではV，DとJのエクソン群からそれぞれ1つのエクソンが選ばれ，約5500通りのH鎖ができる（図1.3）。L鎖の可変領域ではVとJのエクソン群からそれぞれ1つのエクソンが選

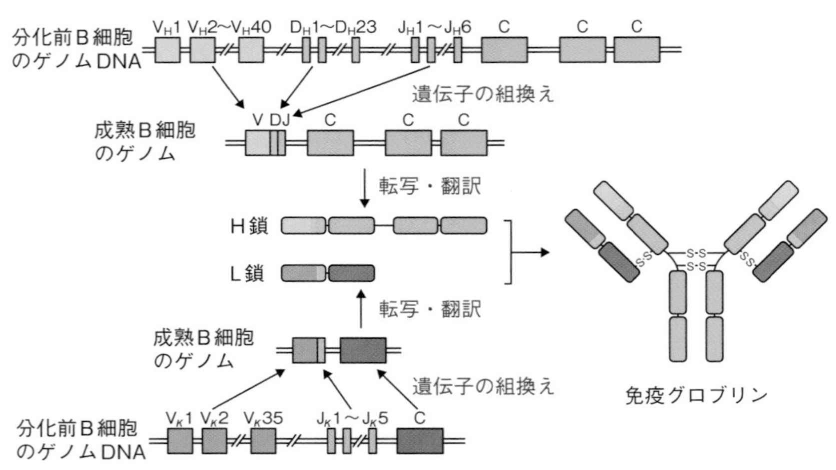

図1.3　ヒトグロブリン遺伝子座での遺伝子組換え

ばれる。L 鎖は κ 遺伝子と λ 遺伝子で計約 300 通りのレパートリーの遺伝子が作り出され，H 鎖と L 鎖の組み合わせで約 1.6×10^6 通りの多様性を生んでいる。さらに，点変異などの突然変異が入ることによって 10^{12} 以上の多様な抗体が作られる。TCR 遺伝子においても免疫グロブリン遺伝子と同様の遺伝子組換えによって多様な TCR が作り出されている。

生殖細胞や免疫細胞以外では，基本的に積極的な遺伝子組換えは起きないものの，自然放射線や紫外線に暴露されると染色体中の DNA に切断が生じ，これをきっかけに遺伝子改変が起こることがある。DNA 切断のうち，遺伝子の分断をまねく **DNA 二本鎖切断**（**DSB**：double-strand break）は，特に有害なので細胞内では複数の修復経路によって修復される。DSB の修復経路は，切断末端を保護して修復する経路と，末端の削り込みを利用して修復する経路の 2 つに大きく分けられる（図 1.4）。末端を保護して修復される

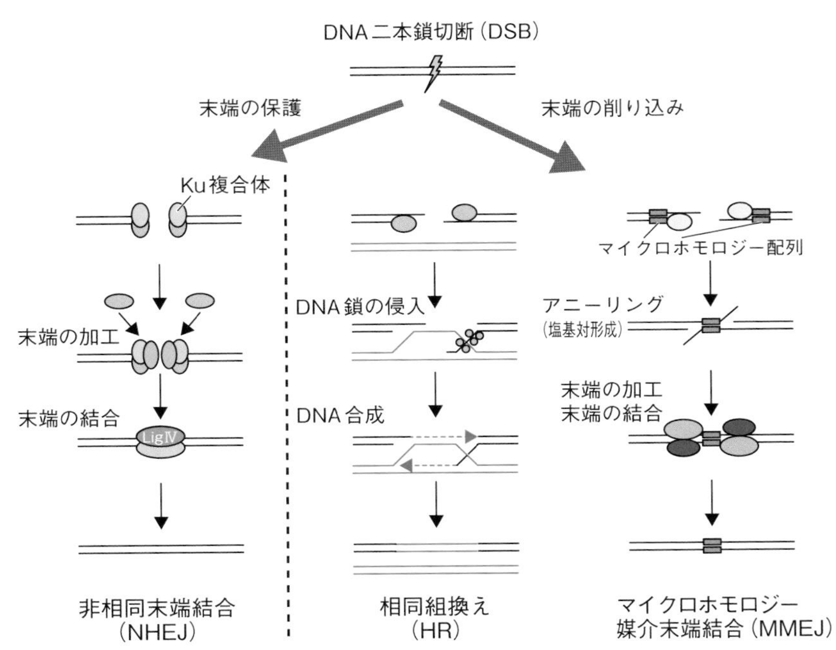

図 1.4　DNA 二本鎖切断の修復経路

経路としては**非相同末端結合**（**NHEJ**：non-homologous end-joining）が最もよく利用される。この経路によって多くの場合，元の塩基配列にもどるように正確に連結されるものの，修復過程でエラーが生じ塩基配列が変わることがある。このような自然突然変異は，小さな欠失・挿入や塩基置換が中心である。末端の削り込みを介した経路としては，姉妹染色分体間の修復に相同組換え（HR）が利用される。HR は 1 kb 以上の長い相同配列を利用した正確性の高い修復経路として知られている。また，削り込み後に切断末端周辺に存在する数塩基から数十塩基の短い相同配列（**マイクロホモロジー配列**）がある場合，この相同性を利用して塩基対形成が起こり修復される。この修復経路は**マイクロホモロジー媒介末端結合**（**MMEJ**：microhomology-mediated end-joining）とよばれる。MMEJ での修復は，マイクロホモロジー間の配列が欠失するため，欠失変異が導入される。末端の削り込みを利用した HR や MMEJ は**相同配列依存的修復**（**HDR**：homology-directed repair）ともよばれる。

変異原を利用して DSB を誘導すると，前述の修復過程のエラーによって培養細胞や生物個体に様々な変異を導入することが可能である。しかしながら，変異原による DSB はゲノム中にランダムに誘導されるので標的遺伝子だけを改変することは困難で，同時に複数の変異が入る。一方，既存の遺伝子組換えでは正確な改変ができると思われがちだが，狙って改変することは変異原を使った改変同様に難しい。細胞や卵子に注入された外来遺伝子（その生物が有していない塩基配列）はゲノム中に挿入されるが，どこに入るかは偶然任せである。**転移因子**（**トランスポゾン**）を使った改変でも転移する遺伝子座をコントロールすることは難しい。このような状況から，ゲノム編集の開発以前においては，狙って遺伝子を改変することができる生物は限られていた。

大腸菌や酵母に加えて，マウスの **ES**（embryonic stem）**細胞**では，HR によって狙って遺伝子組換えが可能である。ES 細胞へドナーベクターをトランスフェクションすることによって，効率は低いが狙った位置に外来遺伝子を HR を介して挿入することができる（図 1.5）。この方法によって遺伝

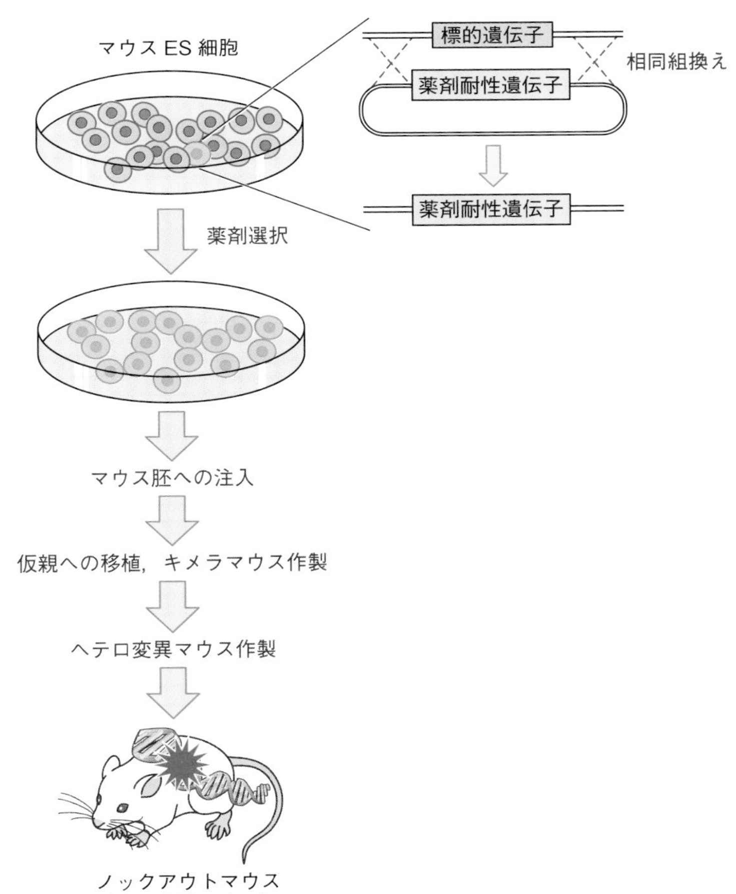

図 1.5　ES 細胞を利用したノックアウトマウスの作製
マウス ES 細胞へ導入されたドナー DNA を利用した相同組換えによって，標的遺伝子へ薬剤耐性遺伝子が挿入される。これによって改変された ES 細胞を薬剤により選択・クローン化する。この ES 細胞をマウス初期胚へ移植し，キメラマウスを作製する。キメラマウスから精子あるいは卵子を採取し，野生型のマウスと交配することによって，ヘテロ変異マウスを作製する。さらに，ヘテロ変異マウス同士を交配することによってノックアウトマウスを作製する。

子が改変されたES細胞を作製し，改変ES細胞をマウスの初期胚に戻しキメラマウスが作製できる。キメラマウスから遺伝子が改変された精子や卵子を得ることによって，ヘテロ変異マウスやノックアウトマウス（ホモ変異マウス）が作製される。この方法は，**遺伝子ターゲティング**とよばれ，実用可能な動物はマウスなどに限られており，他の動物種において標的遺伝子の改変は困難であった。そのため研究者は，長年，狙って遺伝子を改変する新規技術の開発を進めてきた。

ゲノム編集技術開発の発端は，酵母においてDNAの切断を誘導することによって相同組換えが促進されるという1980年代の報告に遡る[1-1]。この研究で用いられたDNA切断酵素は，酵母の**HOエンドヌクレアーゼ**とよばれる酵素であった。HOエンドヌクレアーゼによってDSBを誘導することでHRを介した欠失を導入することが示された。しかし，HOエンドヌクレアーゼなどのホーミングエンドヌクレアーゼは認識する塩基配列が長く特異性は高いものの，自由に標的遺伝子の塩基配列に合わせて作製することは難しかった。DNAの切断を任意の遺伝子に対して誘導するためには，塩基配列に合わせて特異的に結合して切断するツールが必要であった。そこで研究者が目をつけたのが，様々な生物がもつ**転写因子**と細菌の**制限酵素**であった。

転写因子はDNA結合ドメインによって塩基配列特異的に結合し，DNAからmRNAの転写を調節するタンパク質である。一方，制限酵素は，感染したファージDNAを細菌が菌体内で切断し，不活性化するために進化させてきたDNA切断酵素である。制限酵素の多くはDNAの4塩基や6塩基の塩基配列を認識して結合し，DNA切断ドメインによって特異的にDNA二本鎖を切断する。例えば，制限酵素EcoRIは，5′-GAATTC-3′（相補鎖は3′-CTTAAG-5′）の配列が含まれると，この配列を認識・結合して切断する。しかし6塩基長の同じ配列はゲノム中では頻繁に出現し，特異的に遺伝子を改変することができない。そこでゲノム編集のために，転写因子のDNA結合ドメインと制限酵素のDNA切断ドメインを連結したタンパク質型の人工DNA切断酵素（**ゲノム編集ツール**）が開発された（図1.6a）[1-2]。これにより標的遺伝子中の比較的長い塩基配列を特異的に認識・切断し，遺伝子を改

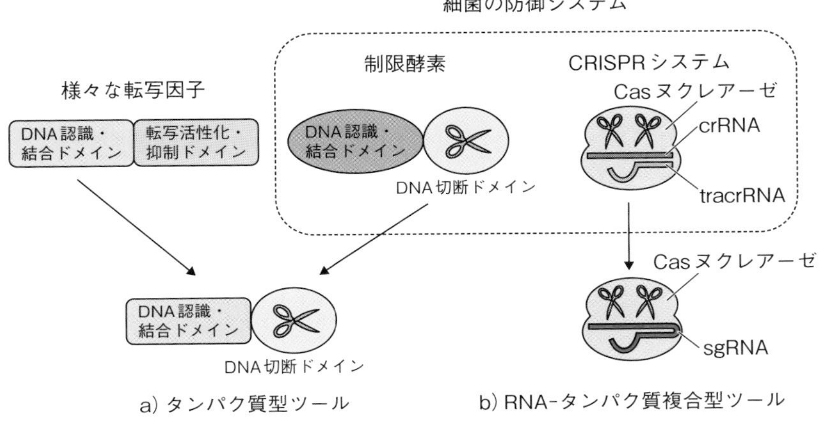

図 1.6　2 つのタイプのゲノム編集ツール

変することが可能となったのである。しかしタンパク質型ツールの作製は特異的な DNA 結合ドメインの選別過程が煩雑であったため，ゲノム編集はなかなか研究者に広がらなかった。これに対して，2012 年に細菌の獲得免疫機構を利用して開発された RNA-タンパク質複合型ツールの **CRISPR-Cas9 システム**は，簡便かつ高効率であり（図 1.6b）[1-3]，主要なゲノム編集ツールとして現在広く利用されている。

1.2　ゲノム編集ツール

1.2.1　タンパク質型ツール

タンパク質型ツールは，標的遺伝子の塩基配列に合わせてタンパク質の DNA 認識・結合ドメインを設計するもので，**ジンクフィンガーヌクレアーゼ**（**ZFN**：zinc-finger nuclease）[1-4] や**ターレン**（**TALEN**：transcription activator-like effector nuclease）[1-5] が有名である。ZFN や TALEN では，DNA 認識・結合ドメインのカルボキシル末端側に制限酵素 Fok I の DNA 切断ドメインを連結させる。制限酵素 Fok I は二量体で働くため，ZFN や

TALENは，ペアで働くように設計されている。異なる鎖の塩基配列を認識し，向かい合って結合するように設計すると，タンパク質型ツールのFokI切断ドメインが二量体となりDNA二本鎖切断（DSB）を誘導する（図1.7）。

ZFNでは，転写因子がもつDNA結合ドメインの**ジンクフィンガー**（約30アミノ酸）の連結体（**ジンクフィンガーアレイ**）が利用される。ジンクフィンガーは亜鉛を配位することによって安定した構造をとり，標的配列特異的に結合する（図1.7a）。ZFNは1996年に開発されて以来，基礎研究や産業開発に利用されてきたが，作製過程が煩雑なことなどの問題があった。また，自然界のジンクフィンガーは5′-GNN-3′（Nはすべての塩基）の塩基配列を認識する傾向にあり，任意の標的配列に対して特異的なZFNの作製が難しい。そのため現在では一部の治療研究や産業利用に留まっている。

TALENでは，植物病原細菌キサントモナス属の**転写因子様エフェクター**（**TALE**）がDNA結合ドメインとして利用される。TALEのDNA結合ドメインには，TALEリピートと呼ばれる34アミノ酸単位の繰り返し配列が含まれる（図1.7b）。この34アミノ酸配列中の12番目と13番目のアミノ酸配列（**RVD**：repeat variable diresidues）が，塩基の結合特異性と結合安定性に関わることが報告され，任意の配列に結合するTALEの作製法が確立された。これによって，2013年以降はTALENを利用した培養細胞や動植物での改変が次々と報告された。日本国内では，筆者らのグループがリピートのアミノ酸配列を改変した高活性型**TALEN**（**Platinum TALEN**）を開発し[1-6]，品種改良や治療用のゲノム編集ツールとして開発を進めている。

国産の技術として注目される**PPR**（pentatricopeptide repeat）は，九州大学の中村らが報告した，植物のオルガネラに発現する核酸結合タンパク質である[1-7]。約30アミノ酸を単位とした繰り返し構造をもち，RNAやDNAに塩基配列特異的に結合する性質を有する。PPRは標的のRNAの制御を目的としたRNA結合型ツールとして開発が進められる一方，遺伝子改変を目的としたゲノム編集ツールとして医療用の国産技術として開発が進行中である。

a) ジンクフィンガーと ZFN

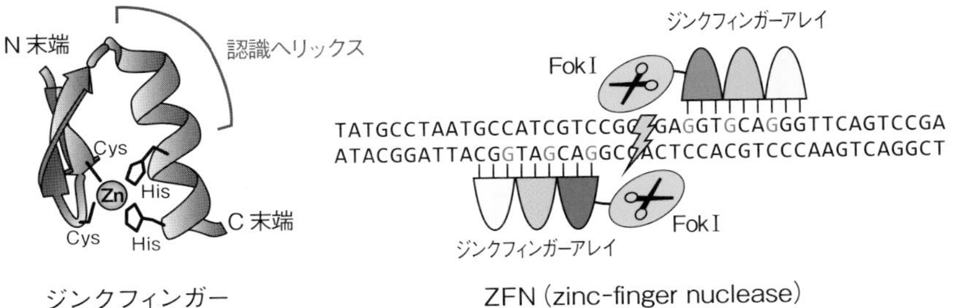

b) TALE リピートと TALEN

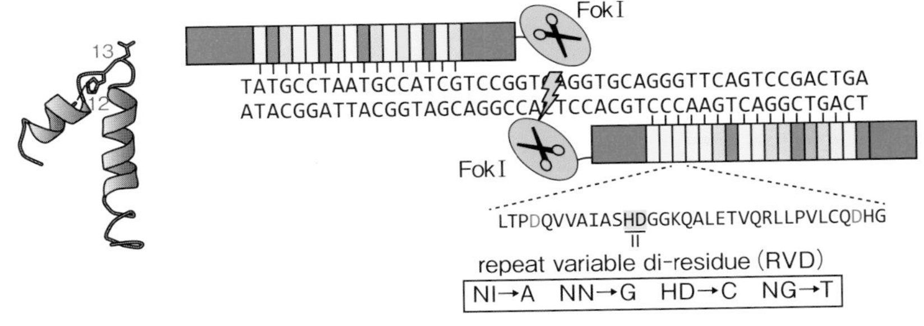

図 1.7　タンパク質型ツールの構造

a) C2H2 型ジンクフィンガーは，2 つの β シートと 1 つの α ヘリックスからなり，亜鉛イオンを配位する。認識ヘリックス部位で塩基を認識し結合する。ZFN はジンクフィンガーの連結体（ジンクフィンガーアレイ）に制限酵素 Fok I の DNA 切断ドメインを連結させた人工 DNA 切断酵素である。1 組の ZFN が標的に結合すると，Fok I の DNA 切断ドメインが二量体を形成し，DNA 二本鎖切断（DSB）を導入する。

b) TALE リピートは，2 つの α ヘリックスからなる 34 アミノ酸残基が 1 単位となり，1 リピートが 1 塩基に結合する。12 番目と 13 番目のアミノ酸は RVD とよばれ，この部分が特異的かつ安定的な結合に関与する。TALEN は，TALE リピートに制限酵素 Fok I の DNA 切断ドメインを連結させた人工 DNA 切断酵素である。ZFN 同様に 1 組で働き，Fok I の DNA 切断ドメインの二量体が DNA 二本鎖切断（DSB）を導入する。

1.2.2　RNA-タンパク質複合型ツール

RNA-タンパク質複合型ツールは，**ガイド RNA** とよばれる短鎖 RNA を利用し，標的核酸（DNA あるいは RNA）との相補的な塩基対形成によって，標的領域に結合する。切断には，ガイド RNA と複合体を形成する核酸の切断ドメインを有するエフェクタータンパク質が使われる。タンパク質型ツールの認識・結合ドメインの作製が煩雑であったのに対して，ガイド RNA は細胞外（*in vitro*）で容易に作製することができる。

RNA-タンパク質複合型ツールとして初めて開発されたのが，化膿連鎖球菌由来の **CRISPR-Cas9**（clustered regularly interspaced short palindromic repeat［CRISPR］-CRISPR associated protein 9［Cas9]）システムである[1-3]。細菌は，ファージなどの感染を受けると，ファージの DNA を断片化して CRISPR 遺伝子座へ取り込む。その後再び，ファージの感染を受けると，CRISPR 遺伝子座からファージ DNA に由来する配列を含む RNA として転写し，断片化して **CRISPR RNA**（**crRNA**）として利用する。この crRNA と別の短鎖 RNA である **tracrRNA**（trans-activating crRNA）が塩基対形成により部分的に結合し，ガイド RNA として働く。さらにガイド RNA は Cas9 ヌクレアーゼ（Cas9）と複合体を形成して，ファージ DNA を切断することにより不活性化する。このように CRISPR システムは本来細菌の獲得免疫機構であるが，2012 年に crRNA と tracrRNA を 1 分子として連結したシングルガイド RNA（sgRNA）が開発され，Cas9 との複合体によって標的特異的に DNA 二本鎖切断を導入することが報告された（図 1.8a）。この研究開発によって，米 UC バークレーの**ダウドナ**（Jennifer Doudna）と独マックスプランク研究所の**シャルパンティエ**（Emmanuelle Charpentier）は 2020 年のノーベル化学賞を受賞した。

CRISPR-Cas9 システムが sgRNA で標的配列と塩基対形成をするためには，DNA 二本鎖を解離する必要がある。このときに解離の目印となるのが標的配列に隣接する **PAM**（protospacer adjacent motif）とよばれる特定の短い塩基配列である。PAM は，細菌のもつ CRISPR のシステムごとに異なり，化膿連鎖球菌の SpCas9 では標的領域の 3′ 側の 5′-NGG-3′，黄色ブドウ球菌

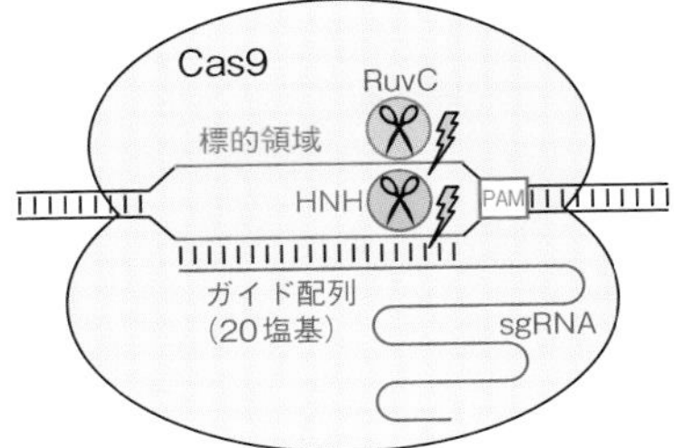

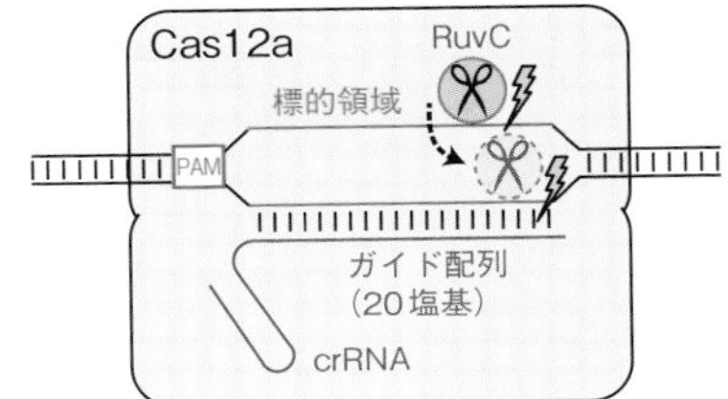

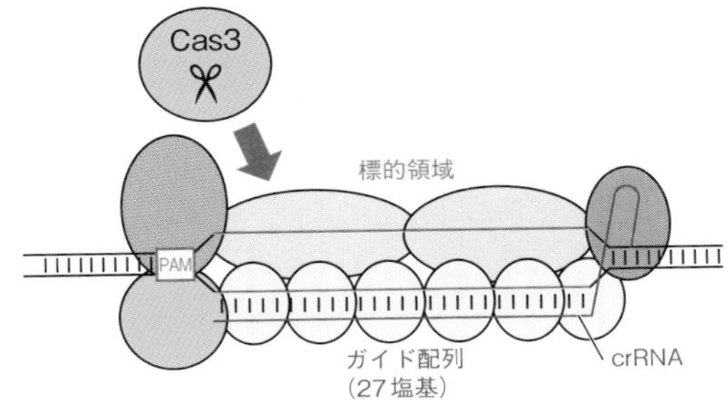

図 1.8　RNA- タンパク質複合型ツールの構造

a) ゲノム編集ツールとしての CRISPR-Cas9 では，crRNA と tracrRNA を連結した sgRNA が利用される。Cas9-sgRNA 複合体は PAM を認識して DNA 二本鎖を解離し，sgRNA を結合させる。Cas9 は 2 つの DNA 切断ドメイン (RuvC と HNH) を利用して DSB を導入する。

b) CRISPR-Cas12a では，crRNA との複合体によって PAM を認識して DNA 二本鎖を解離し，crRNA を結合させる。Cas12a は 1 つの DNA 切断ドメイン（RuvC）を利用して段階的な切断によって，DSB を導入する。

c) CRISPR-Cas3 では，crRNA と複数のエフェクターが複合体を作り，PAM を認識して DNA 二本鎖を解離し，crRNA を結合させる。ここに Cas3 がよびこまれ DNA を切断していく。

の SaCas9 では 3′ 側の 5′-NNGRR(T)-3′ である[1-8]。SpCas9 には 2 つの DNA 切断ドメイン（RuvC ドメインと HNH ドメイン）があることが立体構造解析から明らかにされており，PAM 配列から 3 塩基離れた箇所を平滑末端（あるいは 1 塩基の凸出末端）となるように切断する。一方，Cas9 とは異なる CRISPR である Cas12a（Cpf1）は，単一の crRNA と複合体を形成し，5′ 側の 5′-TTTN-3′ を PAM として 1 つの RuvC ドメインで粘着末端となるように切断する（図 1.8b）[1-9]。

CRISPR システムは，真正細菌と古細菌からこれまでに約 9000 種類が報告されている。CRISPR は切断に関わる因子が複数のエフクェターによって構成されているクラス 1 と，単一のエフェクターのクラス 2 に大きく分類される（図 1.9）。Cas9 や Cas12a は共にクラス 2 の CRISPR であり，すでに広くゲノム編集研究に利用されている。さらにファージから発見された Cas Φ は，非常に小さく Cas9 の半分程度の大きさであることから，ウイルスベクターへ搭載した技術での利用が期待されている[1-10]。

クラス 2 に加えて，クラス 1 の CRISPR システムは特許の面で利用価値が高く，産業開発や医療向けの技術として最近開発が進んでいる。CRISPR

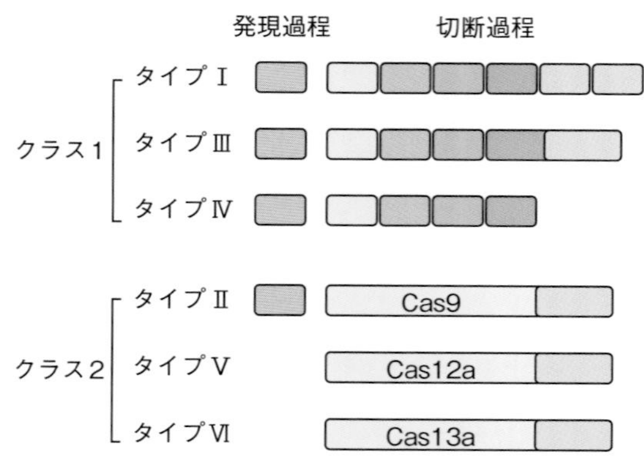

図 1.9　CRISPR の分類
CRISPR は切断過程に関与するエフェクターが複数であるか単一であるかによってクラス 1 とクラス 2 に大きく分けられる。

システムの多くは海外発であるが，東京大学の真下らが開発したCRISPR-Cas3技術（図1.8c）[1-11]や徳島大学の刑部らが開発したCRISPR-TiD[1-12]が国産のクラス1の技術として期待されている。この他，DNAに結合するタイプに加えて，RNAに結合するCas13aなども報告され，RNAの発現制御やRNAの標識によるイメージングへの応用可能性が示されている[1-13]。

1.2.3　ゲノム編集ツールの入手と設計・作製

ゲノム編集ツールの発現ベクターなど実験に必要なプラスミド（DNA）は，基礎研究目的であれば米国の非営利（NPO）プラスミド供給機関のAddgene[1-14]から入手が可能である。企業での基礎研究であれば試薬メーカー等からのライセンスを確認して購入することを勧める（ゲノム編集ツールの商業利用については高額なライセンス料がかかる場合があるので注意が必要である）。

ZFNやTALENについては，標的配列に合わせてジンクフィンガー連結体の作製法やTALEリピートの連結法（Golden Gate法など）が確立している（詳しくは他書へ譲る）。TALENについては任意の標的配列を選ぶことができる一方，ZFNについては（GNN）n（Nはすべての塩基）が存在するゲノム箇所でないと特異性の高いものを自作するのは未だ困難である。このためZFNは一部の臨床研究に利用されているが，作製が難しいことから利用は広がっていない。筆者らは，高活性型の**Platinum TALEN**の作製法を確立しており，これまでに様々な培養細胞や動植物種での改変を報告している。産業分野のゲノム編集の利用においては高い使用料を回避することも重要なので，ZFNやTALENでのゲノム編集開発は今後も利用価値が認められる。

CRISPR-Cas9の設計については，ゲノム情報が解析されている生物種であればWebツール（**CRISPRdirect**[1-15]など）を利用して簡単にsgRNAを設計することができる。その際注意が必要なのは，特異性を担保したsgRNAを設計することである。CRISPR-Cas9をはじめとするCRISPRシステムは類似配列へのDSBを誘導することが知られており，ゲノムが解読されていない生物種では類似配列の存在の有無がわからない。そのため全ゲノムが明らかにされていない生物種では，同じ遺伝子に対して異なる箇所でガイドRNAを作製し，同じ表現型となることを確認する必要がある。

1.3　ゲノム編集による遺伝子改変

1.3.1　ゲノム編集ツールの形状と導入法

ゲノム編集によって標的遺伝子を改変した細胞や個体を作製するためには，効率よくゲノム編集ツールを細胞内へ導入し，核ゲノムの標的遺伝子を切断することが必要である。そのため，ゲノム編集ツールをどの様な形状（DNA，RNAあるいはタンパク質）で導入するかが重要となる。ZFNやTALENはタンパク質型ツールなので，多くの場合発現用プラスミド（DNA）やmRNAとして導入するが，大腸菌などでタンパク質として作製し導入することも不可能ではない。しかしながら，標的配列に対して個別にZFNやTALENのタンパク質を作るのはかなり骨の折れる作業である。これに対して，CRISPR-Cas9の様なRNA誘導型ツールは，ガイドRNAとCas9を発現ベクターやRNAとして作製し導入することに加えて，ガイドRNAとCas9タンパク質の複合体（**リボ核タンパク質：RNP**）として導入することが可能である。ガイドRNAは標的配列に合わせて作製する必要はあるが，Cas9は共通のものを使うことができ，最近では試薬メーカーから購入することができる。

前述のゲノム編集ツールの形状にも依存するが，導入する対象が培養細胞なのか個体（受精卵）なのかによって導入法を考える必要がある。培養細胞で多く利用されているのは，DNAやRNA形状のゲノム編集ツールを**リポフェクション法**によって導入（トランスフェクション）する方法である（図1.10）。専用試薬（カチオン性脂質）とゲノム編集ツールを混合して培養液へ添加することでエンドサイトーシスにより簡便に導入できる。導入効率は細胞株によって異なるので注意が必要である。より高効率に導入したい場合は，電気パルスを利用して細胞に小孔をあけ遺伝子を導入する**電気穿孔法**（エ

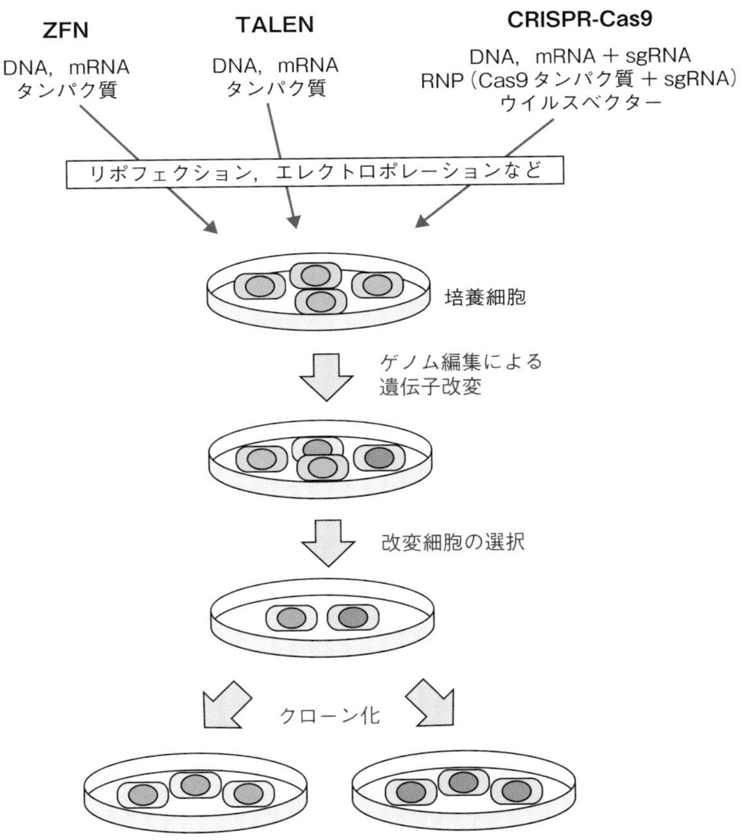

図 1.10　培養細胞でのゲノム編集

レクトロポレーション法）が勧められる。専用装置は必要となるが，幅広い細胞種での導入例が報告されている。CRISPR-Cas9 では，RNP としてリポフェクション法やエレクトロポレーション法によって導入する方法が主流となりつつある。RNP は，DNA や RNA で導入された場合に必要な細胞内での転写や翻訳のプロセスが必要ないので，タイムラグがなくゲノム編集ツールを発現・作用させることができる。

がん細胞や不死化細胞の場合は，前述の方法で十分な効率が確保できると考えられるが，幹細胞，初代培養細胞や増殖活性の低い細胞（神経細胞など）でのゲノム編集ツールのトランスフェクションには注意が必要である。これらの細胞種では，前述の方法でうまく導入できない場合，ウイルスベクターによる導入が推奨される。ウイルスベクターを利用した場合のメリットは，細胞集団に均一かつ高効率での導入が可能な点である。一方，ウイルスベクターの作製には経験が必要とされる。ウイルスベクターとしては，**アデノウイルスベクター**や**アデノ随伴ウイルスベクター**（**AAV**）などが使われるが，ウイルスベクターの種類によって搭載できるDNAのサイズには制限があるので，ゲノム編集ツールによっては利用が困難な場合がある。例えば，SpCas9はAAVに搭載することができないが，SaCas9やCas12aなどはAAVに搭載してウイルス粒子を感染させて細胞内で発現させることが可能である。

動物個体を作製する場合は，受精卵へゲノム編集ツールをマイクロインジェクションにより導入する方法が一般的である。この場合も，DNAやRNAに加えて，CRISPRシステムであればRNPの利用が可能である。最近受精卵においてもエレクトロポレーションによる方法が哺乳類（マウス，ラット，ブタ）において成功している。この方法のメリットは一度に数百個の受精卵への導入が可能な点であり，マイクロインジェクションなどの特殊技術を必要としない。動物個体の胚や組織に導入する場合は，エレクトロポレーション法が有効である。また，臓器への導入についてはAAVベクターを用いて作製した組換えAAVを臓器へ直接注入することで感染させる方法が用いられる。AAVは組織や臓器特異的に感染するセロタイプが知られており，これらの特性を利用することで特異的に発現させることができる。

1.3.2　標的遺伝子への変異導入

ゲノム編集ツールによって標的遺伝子へ誘導されたDSBは，前述の複数のDSB修復経路（p.5参照）によって速やかに修復される。DSB修復経路の中では，細胞周期で広く活性をもつNHEJによって主に修復されるが，NHEJは修復エラーが生じやすいことが知られており，これによって数塩基

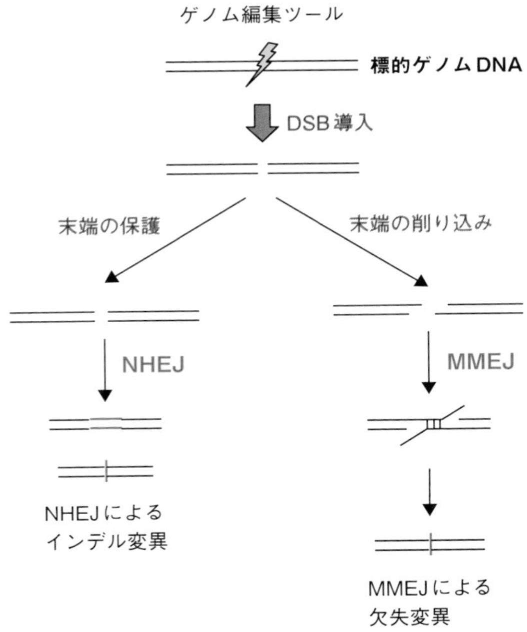

図 1.11 NHEJ と MMEJ を介した変異導入

から数十塩基の**欠失・挿入（indel：インデル）変異**が DSB 部位に挿入される。また, MMEJ 修復経路によって欠失変異を導入することも可能である（図 1.11）。この場合, 切断箇所の周辺のマイクロホモロジーを利用して欠失の長さをある程度予想することもできる。これらのインデル変異の導入によって遺伝子の機能に様々な影響を与えることができる（図 1.12）。遺伝子のコード領域にインデル変異が挿入されると**フレームシフト**やそれに伴うストップコドンの挿入が起こり, 遺伝子の機能が喪失する（**遺伝子ノックアウト**）。遺伝子のプロモーターや上流域にあるエンハンサーなどの調節領域でのインデル変異は, 転写因子の結合を阻害したり, 結合を弱めたりすることがある。また, **マイクロ RNA** のコード領域への変異もマイクロ RNA の正常な二次構造の形成に影響を与える可能性もある。

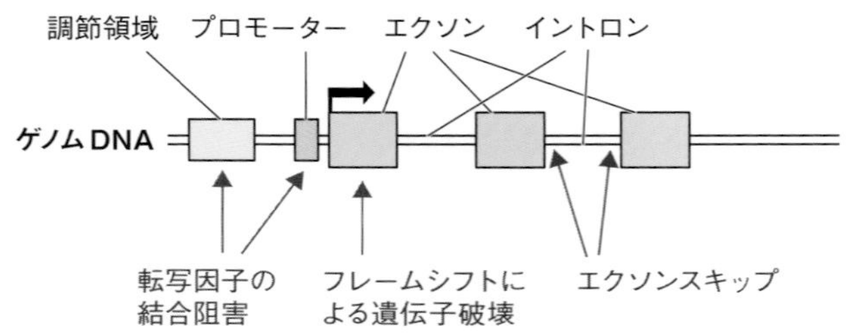

図 1.12　インデル変異による遺伝子の機能阻害

培養細胞においてCRISPR-Cas9で標的遺伝子を破壊したい場合，sgRNAをWebツールなどを利用して設計し，*in vitro* 転写などによって作製する。このsgRNAとCas9を混合して前述の様々な方法によって細胞へ導入する。誘導されたDSBは，NHEJ経路によって修復されるが，正しく修復されると繰り返しDSBが誘導される。この繰り返し過程で導入されたインデル変異によって，sgRNAが結合できなくなると，切断が起こらなくなり変異が固定される。二倍体細胞であれば，標的遺伝子に2つの**対立遺伝子**（アレル）が存在するので，それぞれ独立に修復される。その結果，アレルに異なる変異が入ることが多く，片アレルは破壊されたが片アレルの変異は3の倍数での欠失や挿入でフレームシフトにならず破壊できないケースも起こる。単にDSBを導入するだけでは，変異のタイプは修復の偶然に任せるしかなく，様々な長さのインデル変異が導入される。培養細胞での改変は，第一段階としては細胞集団中に効率よくゲノム編集ツールが発現し，各細胞に変異が入るのを確認することが必要である。集団中のゲノム編集効率（細胞集団のゲノムDNAをもとに増幅した標的配列のシークエンス解析から算出される変異率）が10％を越えない場合は，薬剤選抜などを介して変異細胞のクローン化の効率を上げることが重要となる。

疾患モデルとして遺伝子ノックアウト個体を作製する場合，受精卵へCRISPR-Cas9の発現プラスミドやRNPを導入する方法が簡便である。受精卵の細胞分裂（第一卵割）前に両アレルへ変異が導入された場合は，個体を構成する細胞に同じ改変が受け継がれる。一方，変異が固定される前に卵割が起こると，卵割後に異なる変異が導入され個体中に複数の変異アレルが存在することになる（5 章参照）。この様な問題はあるものの，マウスであればゲノム編集個体を数多く作製することによって解決できている。さらに，これまでノックアウト個体の作製が難しかったラットやブタ，サルなどの非ヒト霊長類での標的遺伝子改変が成功している。

前述の変異導入は，染色体を 1 か所切断することで可能な方法であるが，ゲノム編集ツールで同一の染色体上の 2 か所を切断することによって，改変パターンの幅が広がる。**中・大規模な欠失**を導入することや，頻度は低いが染色体レベルでの**逆位**や**重複**が誘導される（図 1.13）。また，異なる染色体を同時に切断することによって**転座**を誘導することも可能であり，がん細胞やマウス個体において CRISPR-Cas9 を用いて改変が実証されている。

ゲノム編集を利用した変異導入によって目的の改変細胞が得られないケースにしばしば直面する。この原因の 1 つとしては，遺伝子破壊によって培養細胞や受精卵・胚が増殖能を喪失するなどの，致死的な影響を受ける場合が考えられる。このような場合には，ゲノム編集ツールを薬剤誘導システムや組織特異的プロモーターによって発現し，変異導入のタイミングや場所をコ

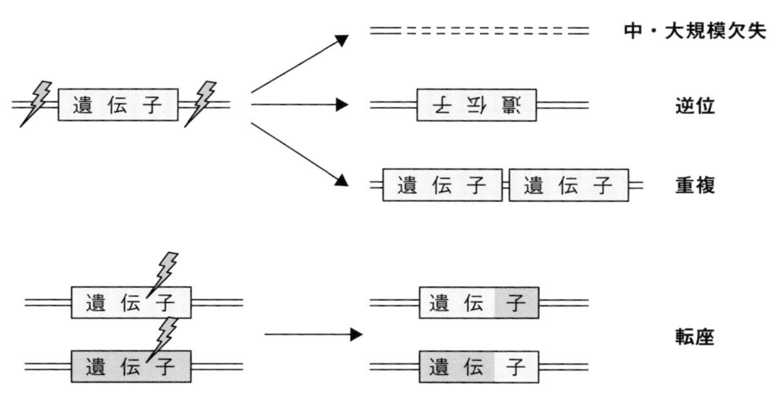

図 1.13　2 か所の切断による染色体レベルでの改変

ントロールする必要があり，細胞でも個体でもゲノム編集の技術的なハードルが高くなる。

1.3.3　標的遺伝子への外来 DNA の挿入

外来 DNA の挿入は，遺伝子の発現をモニターするためのレポーター遺伝子の挿入，疾患遺伝子の挿入や修復，遺伝子破壊など様々な目的で必要とされる。しかしながら外来 DNA の正確な位置への挿入や塩基レベルの改変は，ゲノム編集の開発以前は特に難しかった。前述した通り，限られた生物種において相同組換えによる正確な挿入ができるだけであった。一方，多くの生物では相同組換え活性が低いことが原因で，狙った位置への挿入はできず，ノックインがランダムに起こる。この場合，外来 DNA がゲノム中のどこかへ挿入された**トランスジェニック個体**となる。ゲノム編集によるノックインは，これらの問題を解決しつつあり，様々な生物種においてゲノム編集を利用した標的箇所への外来 DNA 挿入の成功例が報告されている。

ゲノム編集を利用した遺伝子ノックインや塩基レベルの改変では，挿入したい外来 DNA（あるいは手本となる鋳型 DNA）をゲノム編集ツールと同時に導入する（図 1.14）。切断箇所に挿入される過程で，NHEJ や HR などの DSB 修復経路が利用される。そのため，利用したい DSB 修復経路に応じて，外来 DNA（ドナー DNA）の形状（環状あるいは直鎖状）や相同配列の長さを考える必要がある。末端を保護して修復される NHEJ 経路は，様々な細胞や生物種で活性が高いのでノックインの成功例が報告されている。しかしながら，連結部分の配列にインデル変異が入ることがあり，また挿入の方向性が選べないなどの問題がある。最近，NHEJ 経路を用いて正確性と方向性を担保した CRISPR-Cas9 を用いた **HITI 法**が開発され[1-16]，NHEJ 経路が優位な非分裂細胞（神経細胞など）でのノックインが期待されている。

マウス ES 細胞ではドナー DNA の導入だけでも HR によるノックインが可能であるが，効率は非常に低い。この場合も，ゲノム編集ツールによって挿入したい箇所に DSB を入れることでノックイン効率の上昇が見られる。さらに Rad51 遺伝子や切断箇所からの削り込みに関わる酵素（CtIP など）

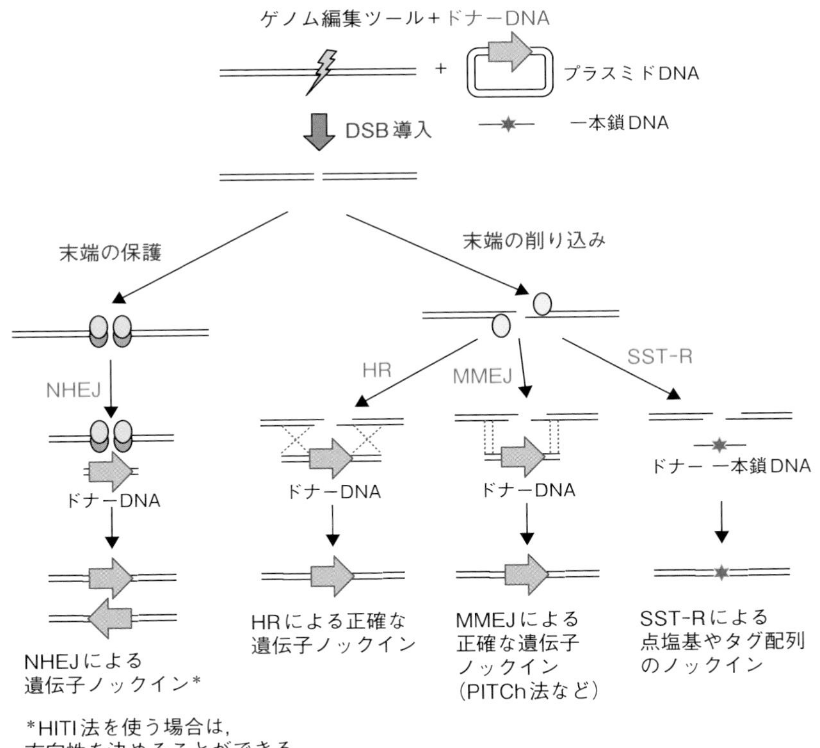

図 1.14 ゲノム編集による様々な遺伝子ノックイン

を過剰発現することによって，HR によるノックイン効率が上がることが報告されている。HR でのノックインは正確である一方，依然として長鎖の外来 DNA の挿入が難しく，細胞種や生物種，遺伝子座に依存することが知られている。この問題を解決する方法として，筆者らは MMEJ 修復を利用したノックイン法（PITCh 法）を開発してきた[1-17]。MMEJ 修復経路は多くの細胞種で活性が見られることから，短い相同配列（数十塩基から 40 塩基程度）を使って効率的かつ正確なノックインを培養細胞やマウスなどの個体において報告している。この方法は，HR で必要な長い相同配列のクローニングを必要とせず，TALEN や CRISPR-Cas9 を利用したプロトコールが公開されている[1-18]。加えて，疾患の原因スニップ（SNP）を導入する目的で，一本鎖の短い DNA（**ssODN**：single-stranded oligodeoxynucleotide）を用いた方法が開発されている[1-19]。この場合，SST-R（single-strand template repair）あるいは SDSA（synthesis-dependent strand annealing）とよばれる修復経路が働き，ssODN を鋳型として修復が起こり，その際 ssODN 中に変異を入れておくことで一塩基の改変も可能である。この方法はマウスなどの哺乳類の受精卵において成功例が多数報告されている一方，培養細胞などでの CRISPR-Cas9 と ssODN による改変は，一塩基の改変によって再切断が起きないような sgRNA を用いることで改善の効率を上昇させることができる。

外来 DNA としてレポーター遺伝子（GFP などの蛍光遺伝子）を挿入すると標的遺伝子の発現をモニターすることが可能になる（図 1.15a）。遺伝子の機能をできるだけ阻害しないように C 末端側に蛍光遺伝子を連結して融合タンパク質として発現させる方法が一般的で，発現する細胞や細胞内局在を観察することができる。一方，連結したことによって機能阻害が起こる場合，**2A ペプチド**（翻訳中にリボソームスキッピングを誘導する約 20 アミノ酸残基）をコードする塩基配列を目的遺伝子と蛍光遺伝子の間に挿入し，遺伝子産物と蛍光タンパク質を分離して発現させることもできる。この方法は，発現する細胞を調べることには有効であるが，細胞内局在は観察できないので注意が必要である。

外来 DNA のノックインは，遺伝子破壊の際にも有効な技術である（図 1.15b）。機能を調べたい遺伝子のコード領域に薬剤耐性遺伝子やレポーター遺伝子を挿入し，遺伝子を分断する。確実に遺伝子を破壊することができるので，単純に遺伝子を破壊したい場合には推奨される。分断がうまくできた細胞を薬剤耐性や蛍光などで効率よく選別することができるので，遺伝子ノックアウト細胞のクローン化に適している。ノックインの手法に依存するものの，この方法は **iPS 細胞**などの幹細胞においても効果的な方法である（2.2.1 項参照）。“iPS 細胞のゲノム編集は難しい”との印象があるが，その

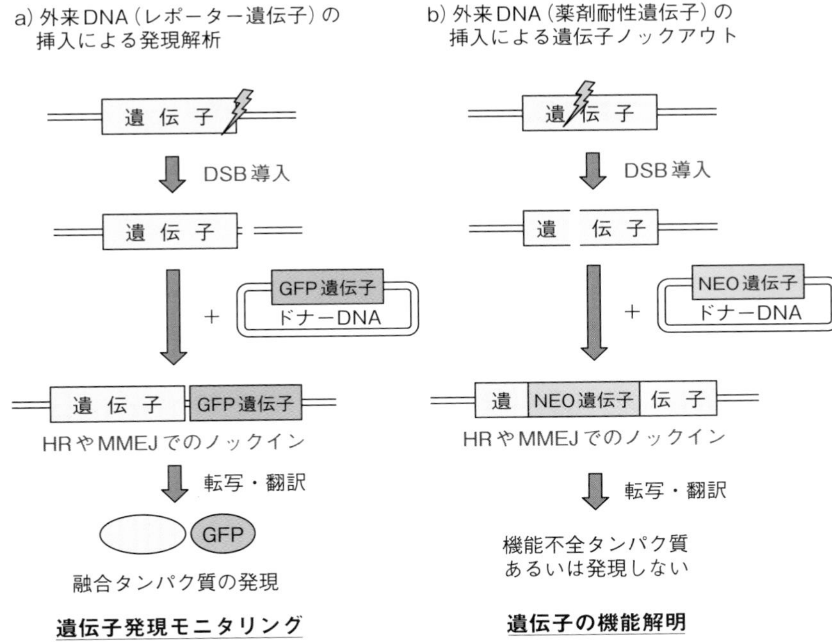

図1.15　外来DNAの挿入による遺伝子発現の可視化と遺伝子ノックアウト

原因はゲノム編集よりもiPS細胞の培養技術やクローン化技術の方にある場合が少なくない。効率的かつダメージの少ない遺伝子導入が研究室で確立できれば，iPS細胞での標的遺伝子の破壊はそれほど難しくないかもしれない。一般に，幹細胞では分化細胞にみられるエピゲノム修飾が進んでいないと考えられる。このことから，幹細胞のゲノム状態はゲノム編集ツールのアクセスが比較的容易であり，場合によっては分化細胞ではクロマチン状態に依存してゲノム編集効率が異なることも予想される。実際，ツールの種類に依存するが，生物種や遺伝子座によってゲノム編集効率が大きく異なることが報告されている。

1.3.4　遺伝子組換えとゲノム編集の比較

ゲノム編集は，遺伝子組換えとしばしば対比される。遺伝子組換えは，外来DNAをゲノム中に挿入した生物を作製する技術を指すので，ゲノム編集によって欠失変異のみ導入された生物個体は遺伝子組換え体に該当しない。しかしながら，ゲノム編集ツールの導入方法（導入形状）によっては，作製過程において発現ベクターが挿入された遺伝子組換え体となる可能性がある（挿入するDNAが導入生物種に由来する場合はセルフクローニング個体として遺伝子組換え体から除外される）。そのためゲノム編集ツールを発現させるために核酸（DNAやRNA）を利用する場合は，遺伝子組換え実験に該当する（図1.16）。CRISPR-Cas9ではsgRNAが加工核酸であるので，RNPとして導入する実験でも遺伝子組換え実験となる。その後，ゲノム編集によって遺伝子改変した生物中にツールの核酸が残存していないことを確

a）動物卵へゲノム編集ツールのみを導入する場合（標的遺伝子への変異導入）

	ZFNやTALENなどタンパク質型ツール		CRISPR-Cas9などのRNA-タンパク質複合型ツール	
形状	【タンパク質】	【mRNAやDNA】	【RNP】	【mRNAやDNA】
実験操作段階での扱い	遺伝子組換えにあたらないがツールの作製段階で遺伝子組換え実験が通常含まれる	外来核酸を導入するため遺伝子組換え実験にあたる	ガイドRNAが外来核酸にあるためCasタンパク質を利用しても遺伝子組換え実験にあたる	外来核酸を導入するため遺伝子組換え実験にあたる
外来DNAの有無の確認前の作製生物の扱い	欠失変異のみが導入された生物は遺伝子組換え生物に該当しない	欠失変異のみが導入された生物でも遺伝子組換え生物と同等の扱い	欠失変異のみが導入された生物でも遺伝子組換え生物と同等の扱い	
外来DNAの有無の確認後の作製生物の扱い		外来DNAが含まれないことが確認された場合，欠失変異体は遺伝子組換え生物から除外することができる	外来DNAが含まれないことが確認された場合，欠失変異体は遺伝子組換え生物から除外することができる	

b）動物卵へゲノム編集ツールとドナーDNAを導入する場合（標的遺伝子への外来DNAの挿入）
どのツールをどんな形状で導入しても外来DNAを導入するので基本的に遺伝子組換え実験となり，組換え生物として扱う（セルフクローニングは除外される可能性がある）

図1.16　動物卵へのゲノム編集ツールやドナーDNAの導入と遺伝子組換え

認できれば，遺伝子組換え体から除外することができる（図 1.16）。

ゲノム編集によるノックインは，外来 DNA が挿入されるので基本的には実験操作は遺伝子組換え実験に，作製された生物は遺伝子組換え体に該当する。しかしながら，ゲノム編集でのノックインと既存の遺伝子組換えでのノックインには，大きな違いがある。これまでの遺伝子組換え技術では，一部のモデル生物を除くと挿入される箇所を狙うことは難しく，さらに複数の箇所へ挿入される可能性が高い。これに対してゲノム編集でのノックインは，DSB を誘導した箇所に限定でき，挿入コピー数もコントロールできる。

ウイルスベクターを利用してゲノム編集ツールを送達させる場合は，組換えウイルスが遺伝子組換え体にあたるので，遺伝子組換え実験に該当する。培養細胞での改変であっても，組換えウイルスを用いるので遺伝子組換え実験に該当するので注意が必要である。

1.4　ゲノム編集の発展技術

1.4.1　ゲノム編集の発展技術とは

ゲノム編集技術は，ゲノム編集ツールによる DNA の切断を基盤とした技

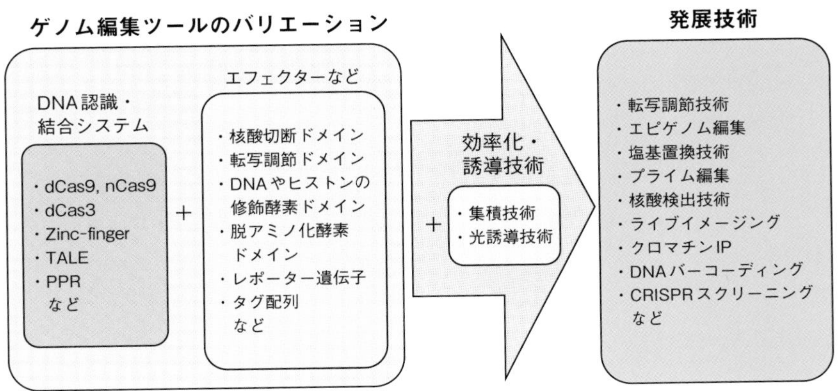

図 1.17　ゲノム編集の発展技術

術であるが，近年，ゲノム編集ツールのDNA認識・結合ドメインを利用した新しい技術が開発されている（図1.17）。ゲノム編集ツールの認識・結合ドメインとしては，ジンクフィンガーやTALEに加えて，Cas9のヌクレアーゼドメインに変異を導入した**ヌクレアーゼ活性欠損型Cas9**（**dCas9**：nuclease- deficient Cas9）やDNAの片鎖にニックを入れる**ニッキング酵素型Cas9**（**nCas9**：Cas9 nickase）が使われる。これらを任意の塩基配列に結合するドメインとして様々なタンパク質（転写因子や修飾酵素，蛍光タンパク質など）を連結した人工の融合タンパク質が開発され，標的遺伝子へ作用させることに成功している。加えて，効率化システムとして複数の因子を集積する技術や，光誘導によって機能させる技術が開発されている。これらの技術を組み合わせることによって，エピゲノム編集や転写調節技術，核酸標識技術など新しい技術が創出されている。

1.4.2　転写調節技術

細胞内で遺伝子発現をコントロールするための方法として，標的遺伝子の転写調節領域に結合して転写活性化や転写抑制を行う転写因子を発現する方法が利用される。この方法には，内在の転写調節因子の解析など発現に関わる因子と結合配列の情報が必要となるが，様々な遺伝子の調節領域の解析は未だ十分とは言い難い。そのため**人工転写因子**によって，プロモーター領域や調節領域と予想される塩基配列に特異的に結合する人工の転写活性化システムによる転写調節技術が期待されている（図1.18）。

TALEやdCas9に転写活性化ドメイン**VP64**（ヘルペスウイルスの転写活性化因子VP16の4連結体）や**VPR**（VP64-p65-Rta：VP64に2つの転写活性化因子p65とRtaを融合した因子）を連結させた人工因子によって培養細胞において効率的な標的遺伝子の転写活性化が可能である。dCas9を用いたシステムとしては**CRISPRa**（CRISPR activation）が注目されている。KRAB（krüppel associated box）などの転写抑制ドメインの連結によって積極的に転写抑制が可能な一方，dCas9などを結合させることによって内在の転写活性化因子の結合を阻害することによる転写抑制**CRISPRi**（CRISPR

a) CRISPRa (CRISPR activation)

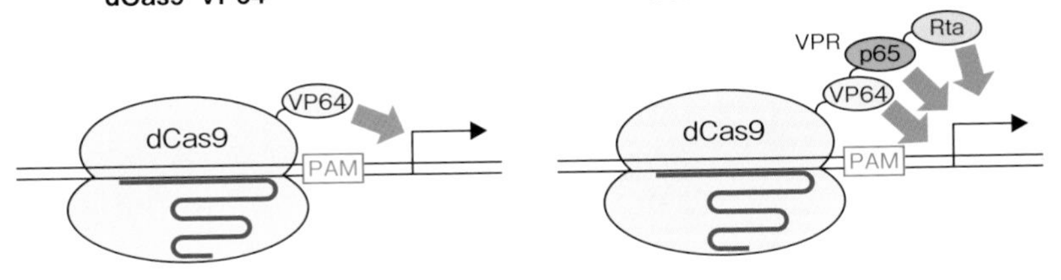

b) CRISPRi (CRISPR interference)

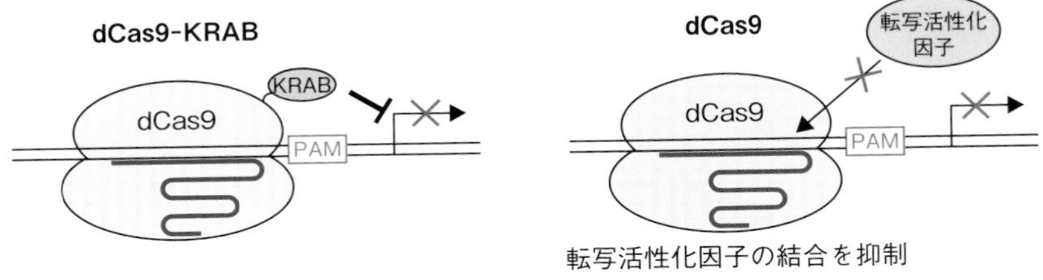

図 1.18　ゲノム編集による転写調節

interference) も可能である。筆者らは，転写活性化因子を集積する SAM (synergistic activation mediator) システム[1-20] と SunTag (supernova tag) システム[1-21] を融合させた TREE (three-component repurposed technology for enhanced expression) システム[1-22] によって内在遺伝子の発現を数十倍以上も上昇させることができることを示している（図 1.19）。

しかしながら，これらの方法については，同じ遺伝子座であっても細胞種や生物種によって効果が異なることが予想される。細胞で対象の遺伝子が発現していない場合は，遺伝子座のエピゲノム修飾によるクロマチン凝縮が起こっている可能性があり，人工転写因子の作用はクロマチン状態に依存する。そのため，1 つの遺伝子に対しても結合位置をずらした複数の因子を作製して試してみることが必要であろう。

a) SAMシステム

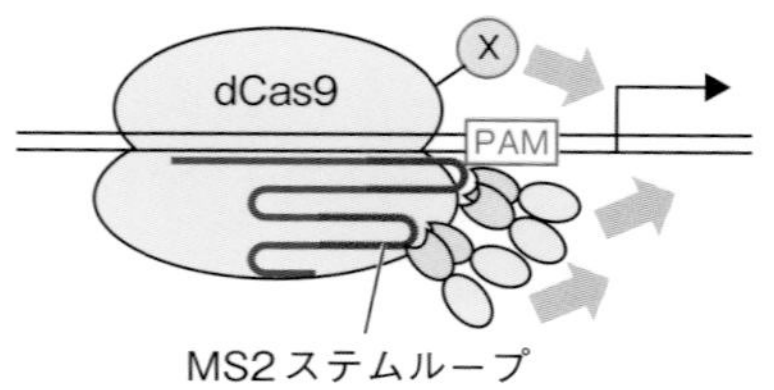

b) SunTagシステム

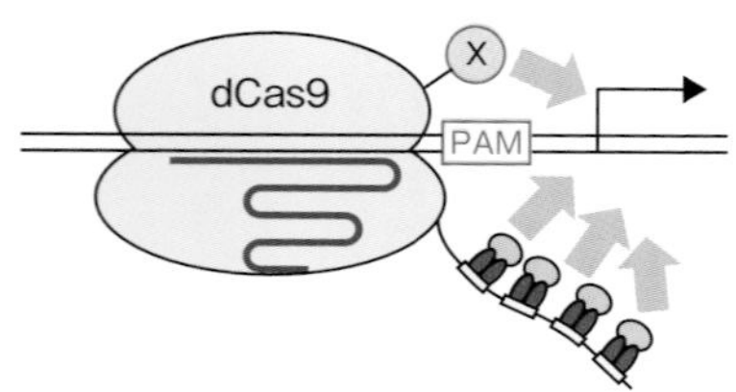

c) TREEシステム

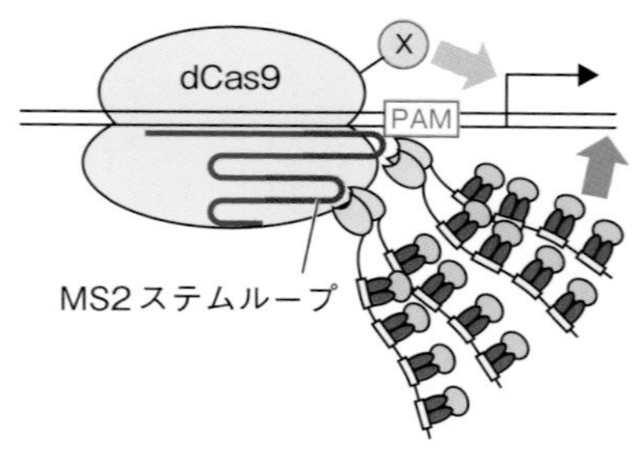

図1.19　エフェクター集積による転写調節

1.4.3　エピゲノム編集技術

ゲノム編集がDNAの塩基配列を改変する技術であるのに対して，**エピゲノム編集**は標的遺伝子領域のDNAや**ヒストン**の化学修飾を変化させる技術である。真核生物の核DNAは，ヒストン八量体に巻きついた**ヌクレオソーム**を単位とした**クロマチン構造**を形成する。ヌクレオソームは約200塩基対ごとに形成され，ヌクレオソーム間に結合するリンカーヒストンによって凝縮する。DNAではシトシンのメチル化によって，クロマチンは凝縮し遺伝子の発現が抑制される。逆に脱メチル化によってクロマチンは弛緩し，遺伝子発現が可能となる。脊椎動物遺伝子のプロモーター領域には，**CpGアイランド**とよばれるCGを単位とする繰り返し配列があり，この部分のメチル化によって遺伝子発現が抑制される。またがん細胞では，がん抑制遺伝子がメチル化によって発現抑制されていることが多く，このメチル化を解消できれば発現を回復できる可能性がある。そのためDNAメチル化や脱メチル化

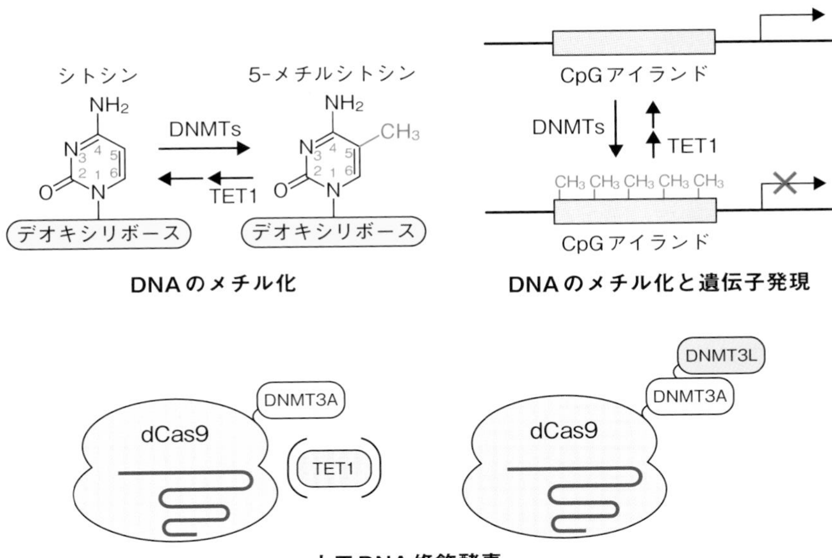

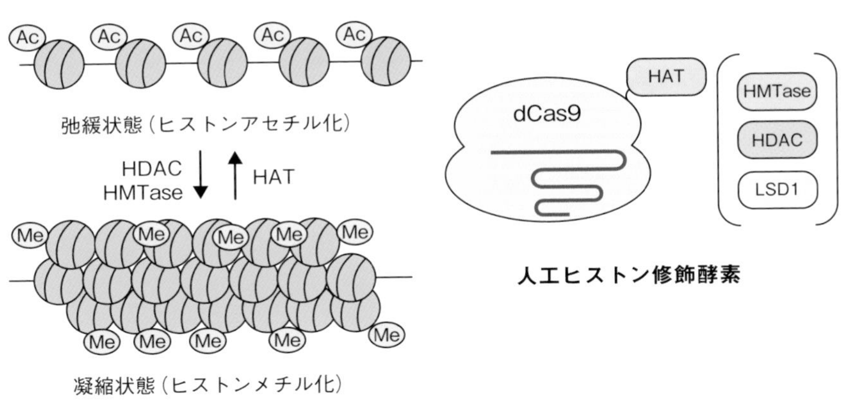

図 1.20　エピゲノム編集

を人為的に操作できれば，塩基配列の変化を必要としない遺伝子発現制御が可能となると考えられてきた（図 1.20）。

DNA のメチル化に関わる酵素としては複数の **DNA メチル基転移酵素**（**DNMT**：DNA methyltransferase）が，脱メチル化に関わる酵素としては **DNA 脱メチル化酵素**（**TET**：ten-eleven translocation）ファミリーが知られている。そこで TALE や dCas9 にこれら DNMT や TET の機能ドメインを連結した人工酵素が作製され，様々な培養細胞での標的のメチル化レベルの改変に成功している。この技術はマウス受精卵においても検証されており，dCas9 に TET を複数集積させることによってマウス受精胚において標的遺伝子の脱メチル化を誘導できることが示された[1-23]。

一方，ヒストンの修飾レベルを特異的に改変する技術も開発されている。クロマチン構造に影響を与える主なヒストンの修飾は，N 末端のテール部分での**アセチル化**（あるいは**脱アセチル化**），**メチル化**（あるいは**脱メチル化**）や**リン酸化**（あるいは**脱リン酸化**）である。これらの修飾は多様な酵素によって行われ，例えばアセチル化は**ヒストンアセチル基転移酵素**（**HAT**：histone acetyl transferase）が，脱アセチル化は**ヒストン脱アセチル化酵素**（**HDAC**：histone deacetylase）が関与する。これまでにアセチル化酵素などのドメインを連結した人工酵素によって特異的な遺伝子座での転写活性化が示されている。

エピゲノム編集は，原理的に様々な遺伝子に適用可能であるが，その成否は標的遺伝子のクロマチン構造やヒストンの修飾状態に左右される。そのため dCas9 を使ったエピゲノム編集技術によって，改変に適したゲノム箇所に sgRNA を設計し効率を上昇させるなどの工夫が必要とされる。

1.4.4　塩基編集技術

シークエンス技術の進歩と**ゲノムワイド関連解析**（**GWAS**：genome wide association study）によって，疾患に関連する多くの SNP が明らかにされている。この SNP を原因とする疾患の発症メカニズムを調べるためには，疾患 SNP を細胞で再現したり，変異を修復したりするための塩基レベルで

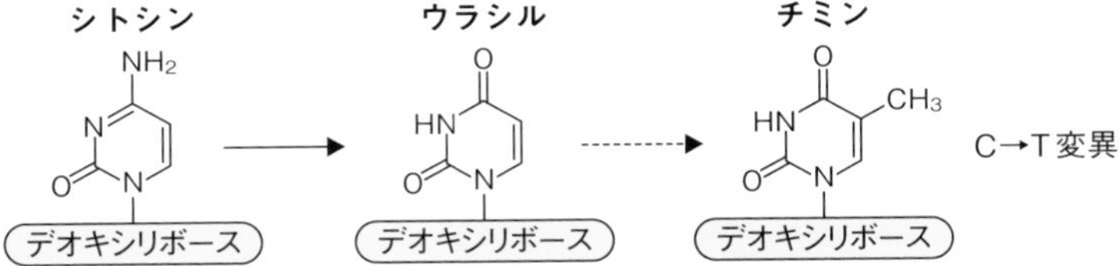

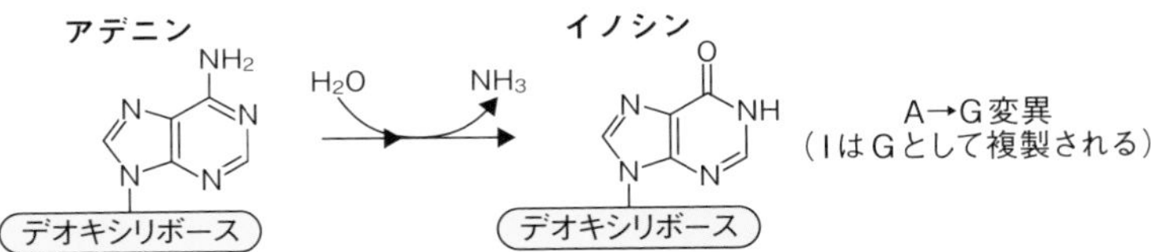

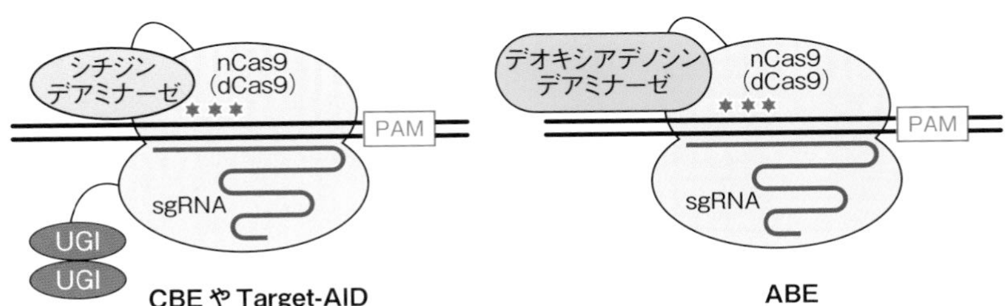

図 1.21　塩基編集

の精密な改変技術が必要となる。ゲノム編集でのこの塩基レベルの改変も可能となっている。塩基レベルのゲノム編集では，DSB を誘導して修復過程での鋳型（二本鎖 DNA あるいは一本鎖 DNA）を介した方法が主流であった。しかし近年，脱アミノ化酵素を連結した発展技術によって標的特異的に塩基改変を導入する**塩基編集**（**BE**：base editing）とよばれる新しい技術が開発されている（図 1.21）。

BE では，ゲノム編集の DNA 認識・結合システムと DNA の塩基の脱アミノ化酵素を連結した人工酵素が利用される。DNA 認識・結合システムとしては nCas9 が効果的なことが示されているが，これは nCas9 によって脱アミノ化が起きた鎖と反対の鎖にニックを入れることによって，ヌクレオチド除去修復を働かせるためである。nCas9 にラットの**シチジン脱アミノ化酵素 APOBEC** を連結させた **CBE**[1-24] や，ヤツメウナギのシチジン脱アミノ化酵素を連結させた **Target-AID**[1-25] が，シトシンの脱アミノ化（図 1.21a）によるウラシル形成によってチミンへ改変（C → T）することが示された。CBE や Target-AID には，ウラシルグリコシラーゼ阻害因子（UGI）を連結することによってウラシルの除去を阻害するように工夫されている。また，大腸菌由来のアデニン脱アミノ化酵素を改変して nCas9 と連結した **ABE** によって，アデニンの脱アミノ化とグアニンへの改変（A → G）が可能となっている（図 1.21b）[1-26]。さらに最近では，C → T と A → G の改変を同時に行うシステムが開発されている。

これらの塩基改変は，トランジション［ピリミジン塩基（C と T）間またはプリン塩基（A と G）間の変換］であるが，シトシンからグアニンへの改変（C → G）などのトランスバージョン（ピリミジン塩基とプリン塩基の間の変換）も可能となっている[1-27]。これらの BE ツールでは，数塩基から 20 塩基以下の領域で同時に複数の塩基改変が起こるが，領域内で標的塩基を限定する技術の開発も進みつつある。

1.4.5　プライム編集技術

ゲノム編集での遺伝子ノックインでは，基本的にゲノム編集ツールと鋳型となるドナー DNA（ssDNA やプラスミド DNA）の共導入が必要となる。ssDNA は化学合成によって作製できるが，プラスミドは大腸菌を用いた分子クローニング技術での構築が必要である。しかし最近，ドナー DNA を必要としない遺伝子改変技術として**プライム編集**（**PE**：prime editing）が開発され，大きな注目を浴びている（図 1.22）[1-28]。

PE では，nCas9 の C 末端にモロニーマウス白血病ウイルス（MMLV）由来の逆転写酵素（RT）を連結した融合酵素（**プライムエディター**）と，sgRNA 中に逆転写の鋳型となる配列を組み入れた **pegRNA**（prime editing guide RNA）を利用する。また同時に，nCas9 によって変異を入れる箇所の

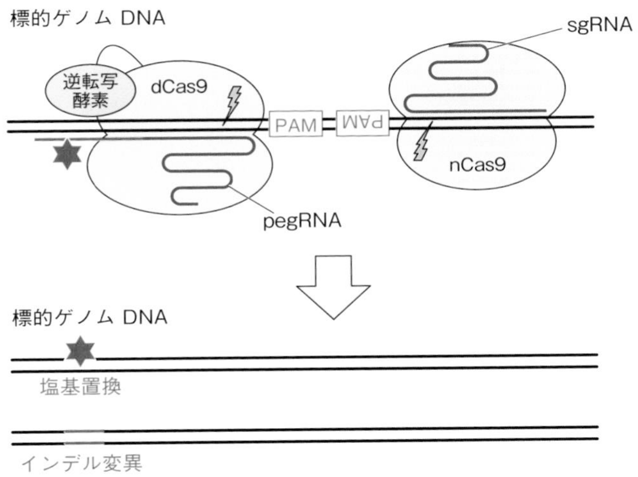

図 1.22 プライム編集

近傍で，pegRNA によって切断される鎖の相補鎖にニックを入れることによって，目的通りの改変が行われた鎖を介した修復の効率が上がる。PE では原理的に，鋳型となる配列への一塩基変異を BE と同じように入れることができる。加えて短い欠失や挿入などの変異を導入することも可能である。長い配列のノックインには不向きと考えられるが，ドナー DNA の構築を必要としない簡便なノックイン法として期待できる。すでにこの方法で培養細胞での改変に加えて，マウスや植物での実施例が報告されている。一点，nCas9 によって両方の鎖にニックを導入することになるので，その間が欠失した変異が導入される可能性について注意が必要である。

1.4.6 核酸標識と核酸検出の技術

ゲノム編集ツールの DNA 認識・結合システムと蛍光タンパク質を連結することによって細胞内で特定の遺伝子座を標識することができる。ゲノム DNA に存在する**サテライト DNA** などの繰り返し配列に結合する TALE や dCas9 に GFP を連結して生細胞中で発現させると，それぞれの染色体に結

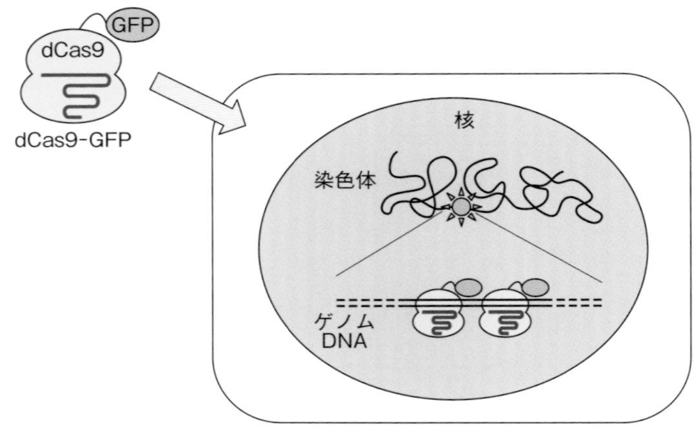

図 1.23　ゲノム編集による遺伝子座の可視化

合したGFPによって染色体の動きを観察できる（図 1.23）。さらに最近では，これらの方法を利用して任意の遺伝子座を検出することも可能になりつつある。筆者らは，特定遺伝子座へファージ MS2の繰り返し配列（**MS2 タグ**）をノックインすることによって，MS2 タグに結合する sgRNA によって dCas9-GFP で遺伝子座を可視化すると同時に，転写された MS2 の繰り返し配列をもつ mRNA を MS2 結合タンパク質と蛍光タンパク質の融合タンパク質によって検出することに成功している[1-29]。

ウイルスや病原菌の検出については，配列特異的なプライマーを利用した PCR 法が一般的であるが，高感度かつ定量的な解析においてはリアルタイム PCR 装置など高価な装置を用いた長時間の解析が必要となる。そのため，医療現場において特殊な機器を用いない簡便かつ高感度で短時間に解析するその場での検出（**POCT**：point of care test）の開発が必要とされてきた。この目的のためゲノム編集を利用した微量核酸の検出方法が近年開発されてきた（図 1.24）。ブロード研究所のチャンらが開発した **SHERLOCK**（**specific high-sensitivity enzymatic reporter unlocking**）**法**[1-30]は，Cas13a の標的 RNA 切断後の非特異的な一本鎖 RNA の切断活性（**コラテラル活性**）

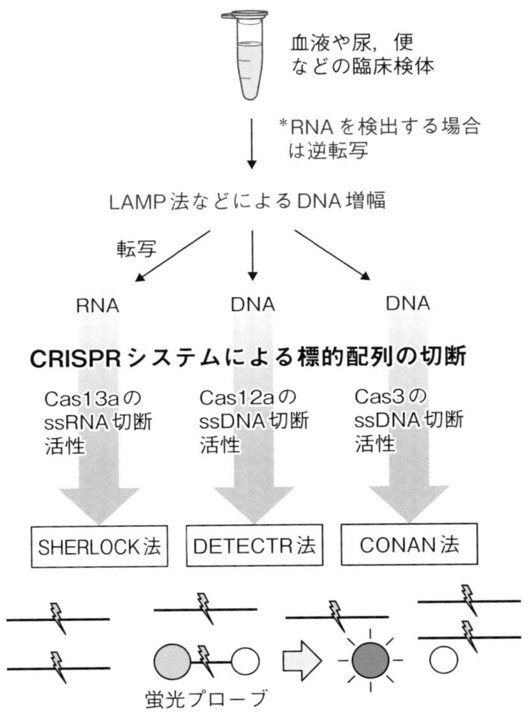

図 1.24　ゲノム編集による核酸検出

を利用した方法である。標的配列が存在すると Cas13a はコラテラル活性を獲得するので，この活性をレポーター蛍光によって検出する。この方法を活用した **STOPCovid 法**では，1 つのチューブに採取した唾液から 30 分程度で高感度での SARS-CoV-2 の検出が可能である。一方，UC バークレー校のダウドナらは，Cas12a の標的 DNA 切断後の非特異的な一本鎖 DNA 切断活性を利用した **DETECTR（DNA endonuclease targeted CRISPR trans reporter）法**によって，30 分程度で SARS-CoV-2 を検出している[1-31]。臨床試料に含まれる微量なウイルスや病原細菌を等温 DNA 増幅法（**LAMP 法**）によって増幅し，標的切断後のコラテラル活性を利用して 40 分程度で検出を完了する。原理的にアトモル（10^{-18} モル）濃度からフェムトモル（10^{-15} モル）濃度での検出が可能であり，試験紙を使った検出も可能であることから POCT として期待されている。国内においては，東京大学の真下らが Cas3 のコラテラル活性を利用した **CONAN**（**C**as3-**o**perated **n**ucleic **a**cid detectio**n**）**法**を開発し，SARS-CoV-2 を最短で 40 分で検出できることを示した[1-32]。これらの方法は原理的に，塩基レベルでの変異の検出にも利用可能で，様々な疾患やがんの変異の検出にも適用できる。

1 章 引用文献

1-1) Rudin, N., Haber, J. E. (1988) Mol. Cell. Biol., **8**: 3918-3928.

1-2) 山本 卓 (2018)『ゲノム編集の基本原理と応用』裳華房.

1-3) Jinek, M. *et al*. (2012) Science, **337**: 816-821.

1-4) Kim, Y. G. *et al*. (1996) Proc. Natl. Acad. Sci. USA, **93**: 1156-1160.

1-5) Christian, M. *et al*. (2010) Genetics, **186**: 757-761.

1-6) Sakuma, T. *et al*. (2013) Sci. Rep., **3**: 3379.

1-7) Yagi, Y, *et al*. (2013) RNA Biol., **10**: 1419-1425.

1-8) Nishimasu, H. *et al*. (2015) Cell, **162**: 1113-1126.

1-9) Zetsche, B. *et al*. (2015) Cell, **163**: 759-771.

1-10) Pausch, P. B. *et al*. (2020) Science, **369**: 333-337.

1-11) Morisaka, H. *et al*. (2019) Nat. Commun., **10**: 5302.

1-12) Osakabe, K. *et al*. (2020) Commun. Biol., **3**: 648.

1-13) Abudayyeh, O. O. *et al*. (2017) Nature, **550**: 280-284.

1-14) https://www.addgene.org

1-15) https://crispr.dbcls.jp

1-16) Suzuki, K. *et al*. (2016) Nature, **540**: 144-149.

1-17) Nakade, S. *et al*. (2014) Nat. Commun., **5**: 5560.

1-18) Sakuma, T. *et al*. (2016) Nat. Protoc., **11**: 118-133.

1-19) Danner, E. *et al*. (2017) Mamm. Genome, **28**: 262-274.

1-20) Konermann, S. *et al*. (2015) Nature, **517**: 583-588.

1-21) Tanenbaum, M. E. *et al*. (2014) Cell, **159**: 635-646.

1-22) Kunii, A. *et al*. (2018) CRISPR J., **1**: 337-347.

1-23) Morita, S. *et al*. (2016) Nat. Biotechnol., **34**: 1060-1065.

1-24) Komor, A. C. *et al*. (2016) Nature, **533**: 420-424.

1-25) Nishida, K. *et al*. (2016) Science, **353**: 6305.

1-26) Gaudelli, N. M. *et al*. (2017) Nature, **551**: 464-471.

1-27) Kurt, I.C. *et al*. (2021) Nat. Biotechnol., **39**: 41-46.

1-28) Anzalone, A. V. *et al*. (2019) Nature, **576**: 149-157.

1-29) Ochiai, H. *et al*. (2015) Nucleic Acids Res., **43**: e127.

1-30) Gootenberg, J. S. *et al*. (2017) Science, **356**: 438-442.

1-31) Chen, J. S. *et al*. (2018) Science, **360**: 436-439.

1-32) Yoshimi, K. *et al*. (2022) iScience, **25**: 103830.

2章　ゲノム編集による培養細胞や動物での疾患モデル化

宮本 達

疾患モデル化とは，患者体内で生じる病態を，何度でも再現でき，実験操作が可能なシステムに変換することである。ゲノム編集技術を用いた，様々な種類の細胞や動物における疾患モデル化は，疾患の理解や克服を目指した医学・生物学研究にとって今や必須の技術となっている。本章では，ヒト細胞および哺乳類個体における，ゲノム編集を介した疾患モデル化の基本的な考え方と知識について概説する。

2.1　疾患モデル化のデザイン

2.1.1　標的疾患の原因は何か？

標的疾患の成り立ちを理解することは，疾患モデル化の最初のステップである。疾患の発症は，遺伝要因と環境要因のバランスによって決定される（図 2.1）。遺伝要因の支配が大きな**単一遺伝子病**は，**変異**（mutation）によってほぼ確実に発症する。一般に，単一遺伝子病の変異の多くは，ヒト集団内での頻度は低く，稀な疾患（rare disease）となる傾向がある（図 2.2）。一方で，高血圧や糖尿病のような生活習慣病など，ありふれ

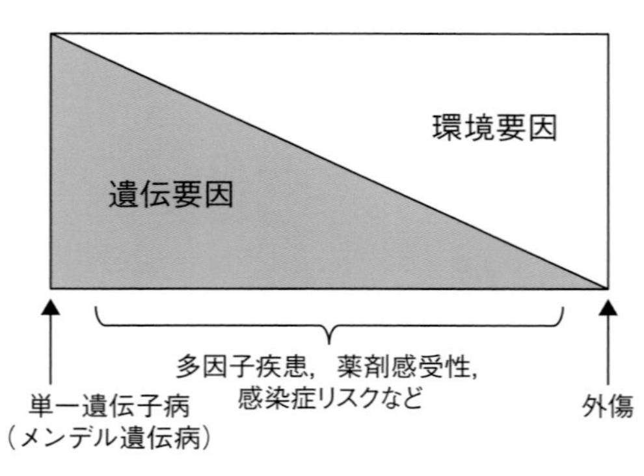

図 2.1　疾患発症を決定する遺伝要因と環境要因

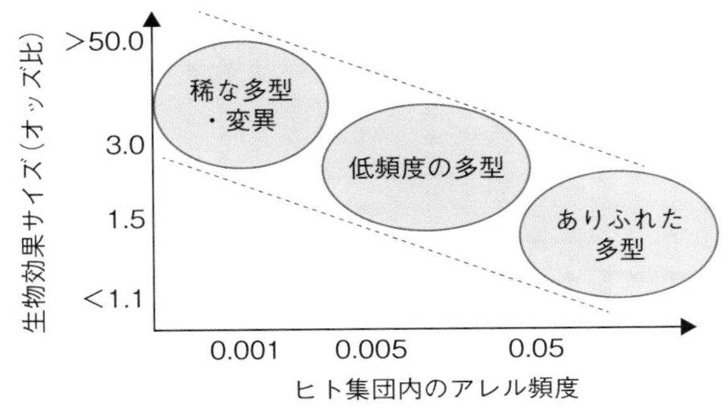

図 2.2　変異・多型の集団内頻度と生物効果サイズ

た疾患（common disease）は，複数の遺伝子が関与する遺伝要因と食生活などの多様な環境要因の双方が発症に寄与するため，多因子疾患として位置づけられている。多因子疾患の遺伝要因は，各疾患に関連する遺伝子の**多型**（polymorphism または variant）であり，ヒト集団内でのそれらの頻度は単一遺伝子病の原因変異に比べて高い（図 2.2）。OMIM（Online Mendelian Inheritance in Man）データベースによると，2022 年 2 月現在，単一遺伝子病は 6022 疾患，多因子疾患は 692 疾患が登録されている。

これらの遺伝要因は，生殖細胞を介して次世代に伝達される。単一遺伝子病の場合，次世代での発症様式によって，定義が細分化される（図 2.3）。

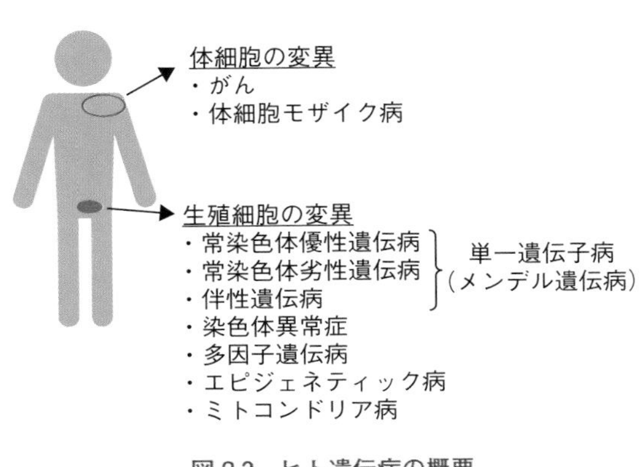

図 2.3　ヒト遺伝病の概要

常染色体優性遺伝病は，両親から伝達された1対の対立遺伝子のうち，片方の変異のみで発症する。一方，**常染色体劣性遺伝病**は，両方の対立遺伝子に変異が存在した場合に発症する。近親婚による常染色体劣性遺伝病では，両方の対立遺伝子の変異が同一となる**ホモ接合**として頻繁に検出される。同一遺伝子の変異でも対立遺伝子間で異なる場合は，**複合ヘテロ接合**とよばれている。**伴性遺伝病**では，変異が性染色体に存在する。特にX染色体上の変異によって生じる遺伝病は，XY型の男性の方が女性よりも発症リスクが高い。このように，多くの単一遺伝子病はメンデル遺伝によって発症様式が説明できるため，メンデル遺伝病とよばれる。

ヒトゲノム上の多くの遺伝子は，親の由来にかかわらず，同等に発現(転写)するが，一部で，父親由来対立遺伝子のみが発現する父性発現遺伝子（PEG：paternally expressed gene）や，母親由来対立遺伝子のみ発現する母性発現遺伝子（MEG：maternally expressed gene）といったインプリンティング遺伝子が存在する。15番染色体長腕微細領域（15q11.2）の欠失が父親由来染色体で生じた場合は，PEGの機能喪失によるプラダー・ウィリ症候群が発症する（図2.4）。一方，同じ微細欠失が母親由来染色体で生じた場合は，MEGである*UBE3*遺伝子の不活性化によるアンジェルマン症候群が発症する（図2.4）。このように，同一の変異であっても，どちらの親に由来する染色体で生じるかによって病態が異なる疾患をエピジェネティック病とよんでいる。

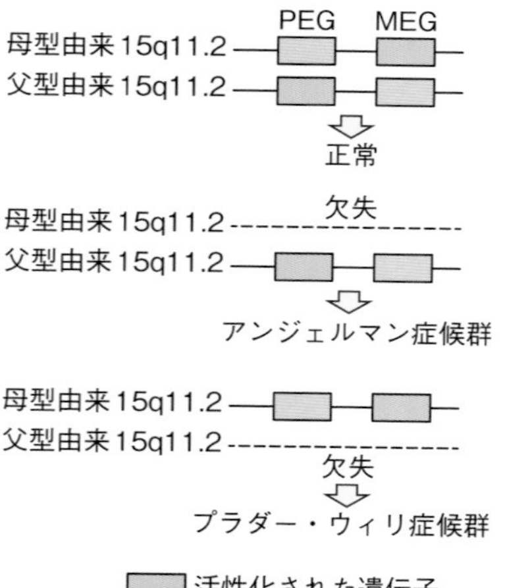

図2.4　アンジェルマン症候群とプラダー・ウィリ症候群の発症機序

この他にも，生殖細胞によって伝達されるが，メンデル遺伝を示さない疾患がある（図2.3）。加齢によって減数分裂過程で染色体不分離が生じた卵細胞が正常精子と受精した場合，ダウン症候群（トリソミー21）やクラインフェルター病（XXY）などの染色体異常症が生じる。生殖細胞において新たに生じる変異（***de novo* 変異**）による疾患は，臨床的には，常染色体劣性遺伝病のように見えてしまうが，両親の体細胞では検出されず，患者の体細胞でのみ検出される。興味深いことに，約80%の *de novo* 変異は精子に由来しており，加齢によって変異率が上昇することが知られている[2-1)]。精子と卵細胞が受精する場合，精子からは核ゲノムと微小管の重合を担う中心体が卵細胞内に供給される。すなわち，精子のミトコンドリアは次世代には伝達されない。このため，ミトコンドリアゲノム異常によって生じる疾患は，卵細胞のミトコンドリアに由来する母系遺伝を示す。

遺伝性乳がん卵巣がん（HBOC）のように，生殖細胞を介して伝達された変異が原因となるがんは遺伝性腫瘍とよばれている。一方，多くのがんは，体細胞における遺伝子変異の蓄積によって腫瘍化するが，次世代へ変異が伝わることはない。すなわち，がんの変異といっても，体細胞由来と生殖細胞由来の違いによって，その生物学的解釈が大きく異なる。他にも体細胞の遺伝子変異が原因となる疾患として，体細胞モザイク病がある。例えば，個体発生の初期過程の一部の細胞において，がん遺伝子 *AKT1* の c.49G>A（p.Glu17Lys）変異が生じて，皮膚，骨格や脳などが過成長するプロテウス症候群が発症する。非モザイク状態では致死的に働く変異が，体細胞モザイク状態になることで疾患の原因となることが知られている。OMIM データベースには，約230の体細胞モザイク病が登録されている。このように，遺伝要因が疾患発症に及ぼす影響は多様であるため，標的疾患の遺伝様式を理解することが極めて重要である。

2.1.2　ゲノム解読の技術革新

ヒトゲノムは，3 Gbp（30億塩基対）からなる。20世紀後半に始まった国際プロジェクトでは，サンガー法によるシークエンサー（「第1世代」シークエンサー）を用いて，2003年にヒトゲノムの塩基配列が完全解読されたが，約12年の時間と約4000億円の膨大な時間的・経済的コストが必要であっ

	第1世代	第2世代	第3世代

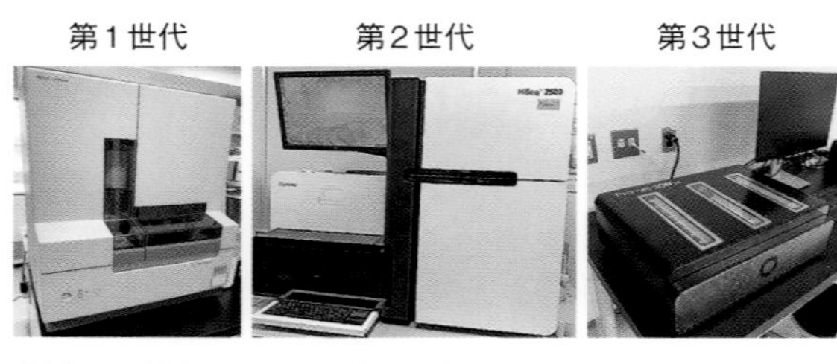

	第1世代	第2世代	第3世代
断片あたりのリード長	500〜1,000 bp	50〜500 bp	10〜50 kbp
ヒトゲノム解読所要時間	＞10年	1日〜2週間	数時間〜1日
ヒトゲノム解読コスト	＞1,000億円	10〜20万円	10〜50万円

図2.5　シークエンサーの進化

た。2000年代後半になると，何百万もの短いDNA断片を大規模並列処理方式で塩基配列を決定する**次世代シークエンサー**（NGS：next-generation sequencerまたは**ショートリード・シークエンサー**ともよばれる）が登場した（図2.5）。現在では，「次世代」ではなく「第2世代」シークエンサーと位置づけられている。最新の「第2世代」シークエンサーを用いると，数日間で約10万円のコストでヒトゲノムが解読できる。

一般に，アミノ酸をコードする領域や，スプライシングに重要なエクソンとイントロンの境界部分の塩基配列変化は，疾患の原因変異になりやすい。相補的なオリゴヌクレオチドプローブを用いて，ゲノム中の約1.3%に相当するすべてのエクソンを回収して，「第2世代」シークエンサーによって全エクソンの塩基配列を決定する**全エクソーム解析**（WES：whole exome sequencing）が，変異を同定する上で有効な手段である。決定された全エクソンの塩基配列のうち，患者に特異的な変化を抽出することによって，すでに数多くの単一遺伝子病の原因遺伝子が同定されてきた。

しかし，全エクソーム解析によって原因変異が同定できないことがある。転写調節領域やプロモーター領域，さらにアミノ酸はコードしないが多様な生理活性をもつノン・コーディングRNAに原因変異が存在した場合，**全ゲノムシークエンス解析**（WGS：whole genome sequencing）による変異探索が必要である。また，全エクソーム解析では，オリゴヌクレオチドプローブによって回収できないエクソンが一定数存在することから，エクソン内の変異であっても，全ゲノムシークエンス解析によってはじめて変異が同定されるケースもある。これまで，循環器疾患，糖尿病，自己免疫疾患や精神疾患など多因子疾患の遺伝要因の解析手法として，健常者集団と患者集団を比較して，患者集団で共通する**一塩基多型**（**SNP**：**single nucleotide polymorphism**）を同定し，SNPと疾患との関連を統計学的に解析する**GWAS**（**genome-wide association study**）が行われてきた。GWAS研究によって，多くの疾患感受性遺伝子多型・変異が同定されてきたが，それらの生物効果サイズはオッズ比で1.5未満がほとんどであり，遺伝要因の一部しか解明できていない。従来のGWASでは，SNPを含むオリゴヌクレオチドを貼り付けたDNAチップが用いられてきたが，GWASに全ゲノムシークエンス解析を導入することによって，多因子疾患の遺伝要因がより解像度高く明らかになることが期待されている。

近年，DNA一分子を直接シークエンスする「第3世代」シークエンサーが実用化された。「第2世代」シークエンサーの出力が数百bp程度のショートリードに対して，「第3世代」シークエンサーでは数十kbpの連続した塩基配列の解読が可能であるため，**ロングリード・シークエンサー**ともよばれている（図2.5，図2.6）。ロ

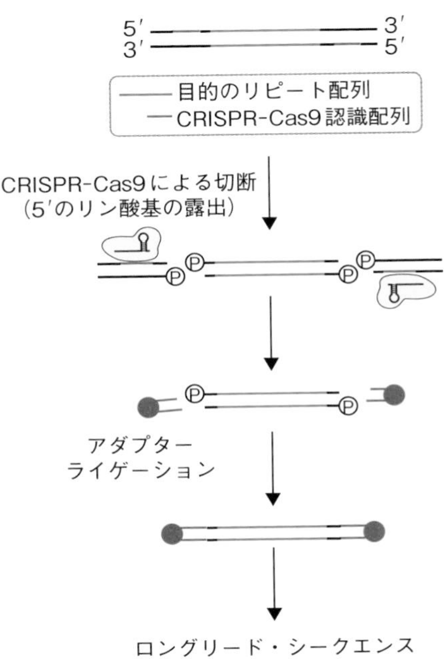

図2.6　リピート病解析における CRISPR-Cas9の利用

ングリード・シークエンサーは，ショートリード・シークエンサーでは検出が困難な，ゲノム構造多型（欠失・挿入・増幅・逆位・転座など）やリピート配列異常の同定が可能である。神経核内封入体病は，神経細胞の核内にタンパク質の凝集体が形成される神経変性疾患であるが，ロングリード・シークエンサーの活用によって，1番染色体の*NOTCH2NLC*遺伝子のGGCリピート配列が異常に伸長することが原因であることが明らかになった[2-2]。なお，ロングリード・シークエンサーを用いて異常リピート数を正確に評価するためには，患者ゲノム中から該当領域をCRISPR-Cas9で切り出す工夫がされており，「順」遺伝学アプローチにおいてもゲノム編集技術が活用されている（図2.6）。このように，ゲノム解読技術の革新的な発達によって，多くの疾患の遺伝要因が明らかにされており，これらの遺伝情報は，ゲノム編集技術を用いた疾患モデル化にとって重要なリソースである。

2.1.3　研究目的に沿ったモデル選択

ゲノム解読によって疾患と遺伝要因との「相関関係」を探索する手法を「順」遺伝学アプローチとよぶのに対して，遺伝要因を操作して，疾患との「因果関係」を探索する手法を「逆」遺伝学アプローチとよんでいる（図2.7）。

患者から得られる末梢血や病変組織などの検体は，年齢，性別，飲酒や喫煙などの生活習慣による影響を受けることに加えて，多様な遺伝的背景を有している。このため，健常者から得られた検体と単純に比較しただけでは，注目している変異・多型が病態に与える影響を正確に評価することが難しい。

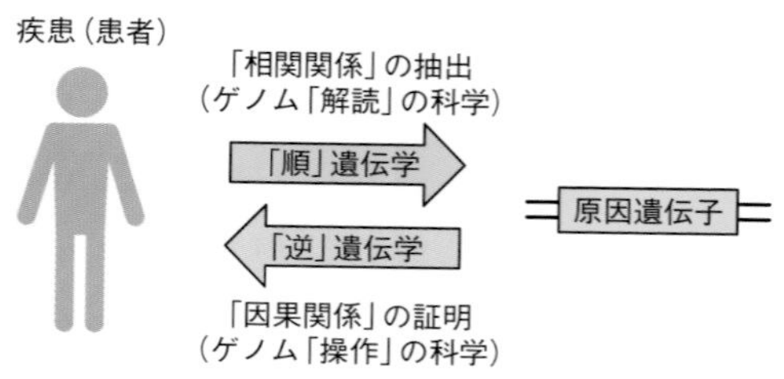

図2.7　「順」遺伝学と「逆」遺伝学

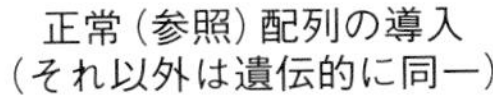

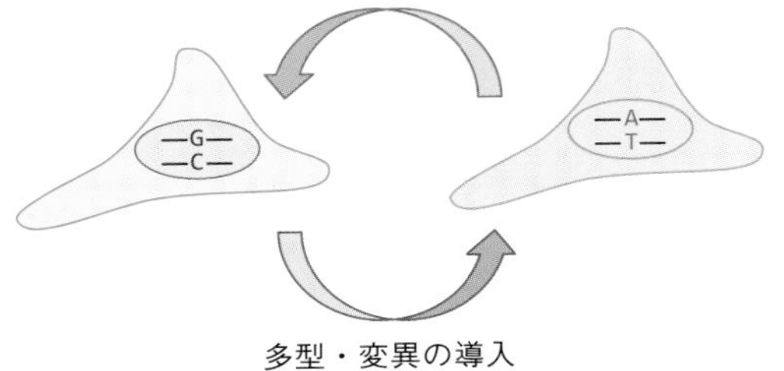

図 2.8　同一遺伝的背景での（isogenic）実験系

また，予期していた表現型が得られたとしても，厳密な意味では，疾患との「因果関係」を証明したことにはならない。そこで，均一な遺伝的背景をもつ細胞株や実験動物にゲノム編集技術を用いて注目している変異・多型を導入してコントロール細胞・動物と比較解析するか，患者細胞における標的となる変異・多型を正常配列に変換したゲノム編集細胞と患者細胞との同一の遺伝的背景（isogenic）での比較解析が，疾患との「因果関係」を証明する上で正確な研究アプローチとなる（図 2.8）。このようなアプローチは，患者（家系）が世界中で 1 例またはごく少数しか存在しない場合の遺伝子診断（N of 1 問題）の解決法としても有用である。

ゲノム編集技術を用いた疾患モデル化の研究デザインでは，ヒト疾患で見つかる変異，多型の位置によってモデル化戦略を立てなければならない（図 2.9）。すなわち，ノックアウト（遺伝子破壊）でよいのか，難易度が高いノックインをするのかを判断する必要がある。次に，変異，多型または原因遺伝子の実験動物との保存性が確認できた場合，モデル「系」を選択する。つまり，ゲノム編集を「細胞」と「動物（個体）」のどちらで行うかを研究目的に沿って決定する必要がある。細胞レベルでの疾患モデル化は，生化学や細胞生物学解析が可能であり，分子・オルガネラレベルでの解像度で疾患の発症機序を明らかにする上で有力な実験「系」である。また，ハイスループッ

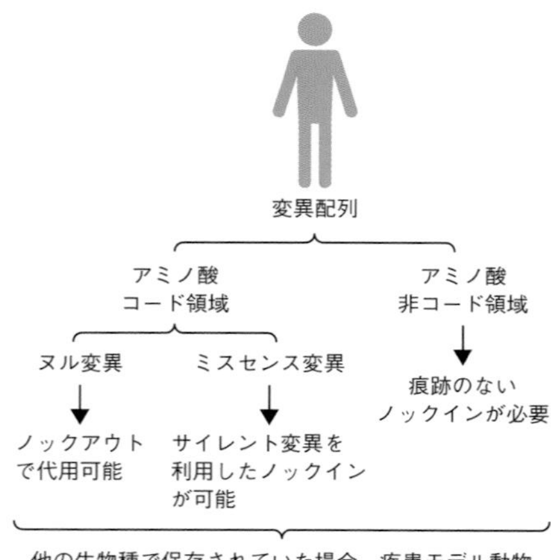

図 2.9　変異配列に基づく疾患モデル化の戦略

トな薬剤スクリーニング系としても有用である。一方，疾患モデル動物は，個体レベルでの発症機序の理解や薬剤の作用・副作用を評価する上で強力な実験「系」となる。このように，疾患モデル「細胞」と「動物（個体）」は相互補完的な関係にある。現在，ゲノム編集技術を用いた疾患モデル化は，ヒト疾患の基礎から，臨床・創薬研究を推進する上でも，必要不可欠な技術基盤となっている。次節以降で，「細胞」と「動物」におけるゲノム編集技術を用いた疾患モデル化の具体例を上げて，その医学的意義と技術的な課題について概説する。

2.2　ヒト細胞における疾患モデル化

2.2.1　ゲノム編集技術を用いたヒト培養細胞株での遺伝子破壊

“培養細胞”といっても，**初代培養細胞**，**不死化細胞株**，**ES 細胞**（embryonic stem cells：**胚性幹細胞**）や **iPS 細胞**（induced pluripotent stem cells：**人工誘導多能性幹細胞**）など，その多様性は大きく，ゲノム編集技術にとって重要な要素である核型（染色体数），分裂限界，DNA 修復能，培養コストも細胞種ごとに異なっている（図 2.10）。一般的に，初代培養細胞は，遺伝子導入効率が低く分裂限界があるため，ゲノム編集クローンを単離することが困難である。そこで，細胞レベルでのゲノム編集は，多くの場合，不死化細胞が用いられる。染色体末端配列・テロメアを延長する酵素であるヒトテロメラーゼ（hTERT）を恒常的に発現させて分裂限界を回避した健常人網膜色素上皮細胞株（hTERT-RPE1 細胞）や，がん組織から樹立された細胞

	初代培養細胞	不死化細胞株	幹細胞
（例）	皮膚線維芽細胞	hTERT−RPE1細胞	iPS細胞
			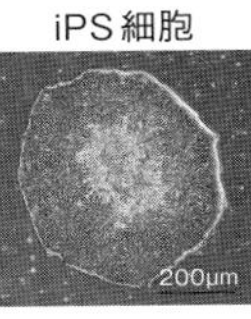
分裂限界	あり	なし	なし
核型	安定	一部安定	安定
培養コスト	やや高	低	高
培養操作	難	易	難
ゲノム編集			
（ノックアウト）	可	易	可
（ノックイン）	難	可	可

図 2.10　細胞種の特性

株がある。ヒト不死化細胞は，$2n=46$ の核型が乱れる傾向があるので，正常核型を保持する細胞株を選択することが疾患モデル化にとって重要である。幹細胞も，不死化細胞のように分裂限界がなく，核型も比較的安定しており，ゲノム編集に向いた細胞である。ただ，培養操作の難易度と培養コストが高いという難点がある。

遺伝子破壊（ノックアウト）は最も簡便なゲノム編集である。タンパク質をコードするエクソン領域に設計された人工ヌクレアーゼやその発現ベクターを，リポフェクション，エレクトロポレーション，ウイルス感染によって培養細胞に導入する。その後，限界希釈を行い，標的配列に挿入・欠失（indel：インデル）が導入されフレームシフト変異を起こしたノックアウト細胞クローンを単離する方法によって，多くの疾患モデル細胞が樹立されてきた。ノックアウト細胞クローンの作製効率を高める工夫として，薬剤耐性遺伝子をターゲティングドナーとして人工ヌクレアーゼとともに導入して，薬剤選択を行う手法がある。ターゲティングドナーとなる薬剤耐性遺伝子の両端に，ゲノム上の標的配列の両端の 500 ～ 1000 bp に相当する領域をホモロジーアームとして連結したプラスミド DNA を用いる。このようなターゲ

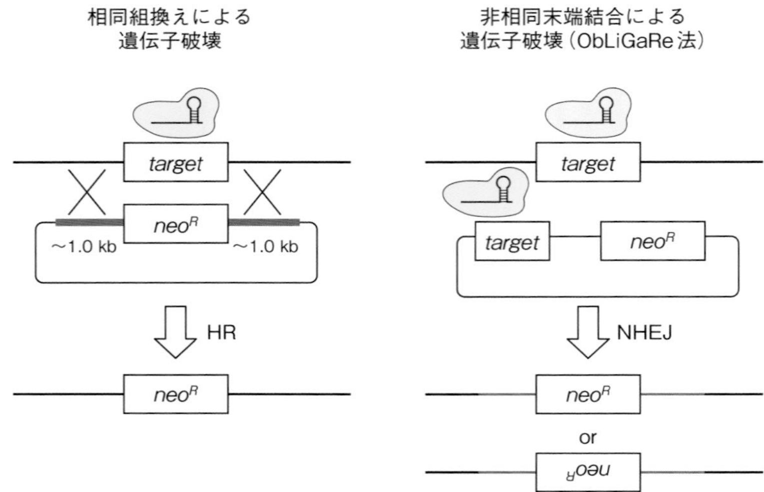

図 2.11　相同組換えによるノックアウトと非相同末端結合によるノックアウト

ティングドナーは，**相同組換え（HR）**によって，ゲノム上の標的配列に取り込まれる（図 2.11 左）。HR 活性は細胞種ごとに大きく異なっているため，このアプローチはあまり汎用的であるとはいえない。

一方，細胞種を越えて高い活性が維持されている**非相同末端結合（NHEJ）**を介して標的配列にターゲティングドナーを挿入する ObLiGaRe（obligate-ligation-gated recombination）法というアプローチがある。人工ヌクレアーゼが認識するゲノム上の標的配列を薬剤耐性遺伝子のプラスミドベクターにも付加して，人工ヌクレアーゼとともに細胞に導入して，薬剤選択を行う手法である（図 2.11 右）[2-3]。細胞内で，人工ヌクレアーゼによって切断されたターゲティングドナーが，同時に切断されたゲノム上の標的配列に NHEJ を介して高効率に挿入されるため，多くの細胞種で利用できる方法である。ただし，HR によるターゲティング・ドナーは任意の方向で標的遺伝子座に挿入されるが，ObLiGaRe 法ではターゲティング・ドナーの挿入方向はランダムとなる（図 2.11）。筆者らは，ObLiGaRe 法を利用して，細胞の感覚器官として働く一次繊毛の異常で多発性嚢胞腎などを発症する疾患群（繊毛病）

や prime editing は，オフターゲット作用の低減や改変された細胞クローンの選択方法の改良が待たれるが，今後，一塩基対改変法として，さらに拡がっていくことが期待される。また，CRISPR ライブラリーと同様の原理で，base editing を用いて網羅的に塩基対改変した細胞集団を作製する技術も作られている [2-14]。プレシジョン・メディシン（precision medicine）実現のためにがん遺伝子パネルの普及が進んでいるが，抽出された遺伝子多型が変異であるかどうかの診断が困難な場合がある。base editing ライブラリーで作製された細胞集団に同じ多型をもつ細胞があれば，迅速な診断が可能になる。つまり，base editing ライブラリーは，臨床を先回りした疾患モデル化として注目すべき技術である。

2.2.3 iPS 細胞におけるゲノム編集技術

2006 年に，山中伸弥博士は，体細胞に *Oct4*，*Sox2*，*Klf4*，*c-Myc* の 4 遺伝子を導入するだけで，発生初期の内部細胞塊のような未分化な状態に初期化（リプログラミング）できることを明らかにした [2-15]。初期化された細胞は iPS 細胞とよばれ，ほぼ無限の細胞増殖能と，あらゆる組織へ分化できる多分化能をもつ。患者の末梢血や皮膚線維芽細胞から作製された iPS 細胞は，病変部位と同じ組織に分化誘導することによって，試験管内で病態を再現できる。このように，患者由来 iPS 細胞は，侵襲性が高く，生検が困難な病変組織でも疾患モデル化できる点で極めて有用である。

ゲノム編集技術を用いて，患者由来 iPS 細胞の原因変異を正常配列に変換，または，健常者 iPS 細胞に原因変異を導入することで，isogenic な比較実験が可能になる。筋萎縮性側索硬化症（ALS）は，運動ニューロンが変性する難病である。約 10％の患者は遺伝性であり，これまでに *SOD1*，*FUS*，*C9ORF72*，*Optineurin* などが原因遺伝子として同定されている。*SOD1* 遺伝子変異をもつ ALS 患者由来 iPS 細胞と，ゲノム編集技術を用いて正常配列に変換した iPS 細胞から分化誘導した運動ニューロンを用いた薬剤スクリーニングの結果，慢性骨髄性白血病のボスチニブ（bosutinib）が，*SOD1* 遺伝子変異をもつ運動ニューロンの細胞死を抑制して ALS 病態を改善することが報告された[2-16]。このように，iPS細胞におけるゲノム編集は，疾患発症の理解だけでなく，創薬スクリーニングにも貢献できる点で，大きな意義をもつ疾患モデル化である。

iPS細胞作製技術とゲノム編集技術の併用は，メンデル遺伝を示さない疾患の病態解明においても重要である。ダウン症候群（トリソミー21），エドワーズ症候群（トリソミー18），パトー症候群（トリソミー13）はメンデル遺伝病とは異なり，ほとんどの場合，「家系」を形成しない。ダウン症候群患者の皮膚線維芽細胞を初期化すると，低い頻度ではあるが，トリソミー21を維持したiPS細胞だけでなく，ダイソミー21に転換したiPS細胞が得られることが報告された（図2.16）[2-17]。すなわち，ヒト細胞には，トリソミーがダイソミーに転換する染色体数可塑性があることが示された。トリソミー型のiPS細胞において，トリソミーを起こした染色体の1本に薬剤耐性遺伝子を挿入して，「負」の薬剤選択を行うことにより，ダイソミーに転換したiPS細胞を効率的に作製できる手法が知られている[2-18]。このように，「家系」

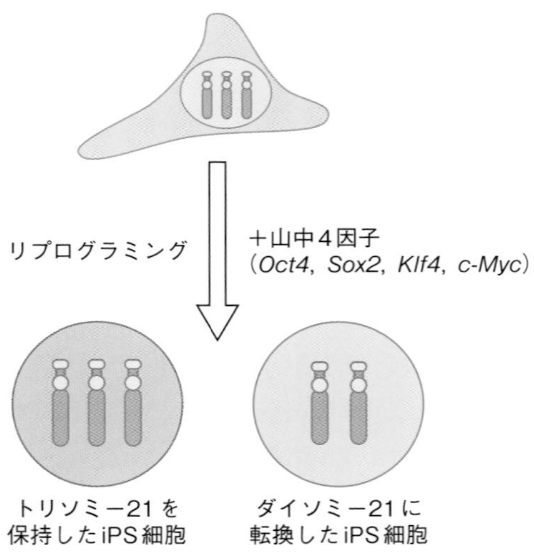

図2.16　細胞初期化によるトリソミーからダイソミーへの転換

のないトリソミー症候群でも，isogenic な iPS 細胞の比較解析によって病態解明研究を進めることができる。

2.3　哺乳類個体における疾患モデル化

2.3.1　ゲノム編集技術を用いたヒト変異導入マウスの作製

動物「個体」における疾患モデル化は，病変と周辺組織・臓器との連関を解析・評価できる点で細胞レベルでの疾患モデル化に比べて大きな優位性がある。ショウジョウバエ，線虫，メダカ，ゼブラフィッシュ，アフリカツメガエルなどが，それぞれの生物学的な利点を生かして，実験モデル動物として利用されている。マウス，ラットは，齧歯類に属する小型動物であり，体の構造や臓器の生理機能，遺伝子が比較的ヒトと類似しており，医学研究で最も広く用いられている。これまでも，マウス ES 細胞の遺伝子ターゲティング法を用いて多くの疾患モデルマウスが作製されてきたが，キメラ胚の作製などの技術的難易度が高く，ホモ個体を得るまでに半年から 1 年もの時間が必要であった。

CRISPR-Cas9 を用いたゲノム編集では，標的配列を切断するための化学合成した crRNA/tracRNA と Cas9 タンパク質との RNP（RNA-protein）複合体と，目的の変異，多型を搭載した ssODN をエレクトロポレーション法（図 2.17）で導入した受精卵を，仮親の子宮に移植するだけで，ssODN ノックイン個体が得られる。その後の交配を経て，数か月でホモ個体を作製できる。また，base

胚操作のための実体顕微鏡とエレクトロポレーション装置

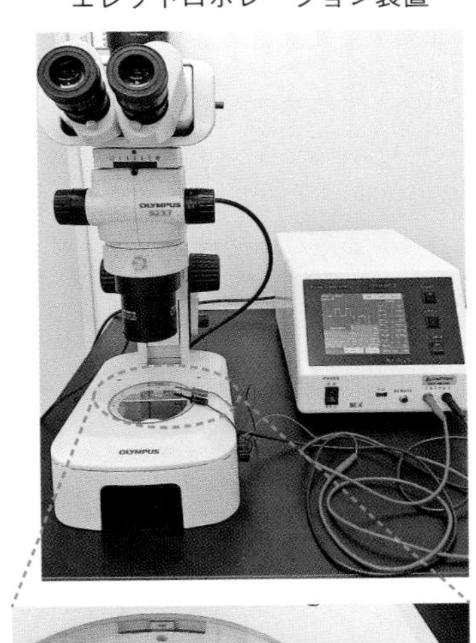

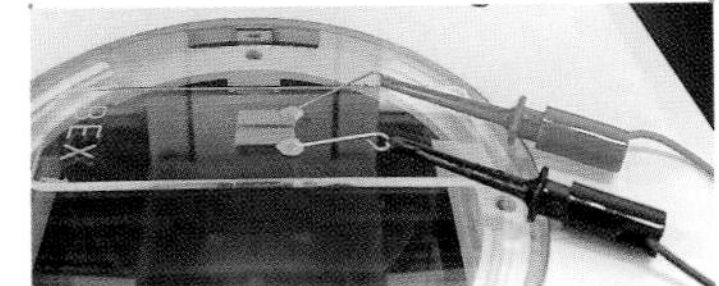

受精卵を並べるステージと電極

図 2.17　エレクトロポレーション装置

editingの受精卵への導入による疾患モデルマウスも作製されている。さらに，エピゲノム編集ツールをマウス受精卵に注入することによって，エピジェネティック病であるSilver-Russell症候群のモデルマウスも報告されている[2-19]。マウス受精卵のゲノム編集操作は，ラット受精卵にも適用でき，疾患モデルラットも医学研究において重要な位置にある。マウスとラットは形態的に似ているが，ラットの体重はマウスの10倍程度であり，血液や細胞を多く採取でき，実験操作が容易である。また，ラットは，マウスに比べて学習能力が高く，記憶・学習などの神経科学研究に用いられてきた。さらに重要なことに，同じ遺伝子を操作した場合でも，ヒトに見られる表現型がマウスで観察できずに，ラットにだけ現れることもある。このように，マウスとラットの受精卵でのゲノム編集による疾患モデル化は，相互補完的な関係にある。

歴史的に，化学物質や放射線をマウスに曝露して，体細胞における多段階の遺伝子変異を誘発することで，がんモデルが提供されてきた。マウスの発生工学が確立されると，標的臓器における再現性の高いがんモデルとして，組織特異的にがん遺伝子を強力に発現するトランスジェニックマウスや，条件的にがん抑制遺伝子を破壊するマウス（コンディショナルノックアウトマウス）が用いられてきた。しかし，それらの作製には多大な労力と時間が必要であった。近年，ゲノム編集技術の登場によって，いくつかの新しいがんモデル系が提供されている。がん抑制遺伝子である*p53*遺伝子と*PTEN*遺伝子に対するsgRNAと*Cas9*遺伝子を肝臓特異的に遺伝子導入できる急速静脈注射（ハイドロダイナミックス注入法）により，肝臓がんモデルが作製できる[2-20]。他にも，Cas9遺伝子を条件的に発現するマウスに，がん抑制遺伝子を標的としたsgRNAを発現するウイルスベクターを標的臓器に感染させて，がんを誘導することができる[2-21]。この方法を用いて，肺，膵臓，肝臓など他の臓器での発がんも可能であり，汎用的ながんモデルとして有用である。

一部のがんでは，染色体の再配置が原因となる場合がある。非小細胞肺がんの約5～7%はヒト2番染色体上の*EML4*と*ALK*遺伝子の再配置によっ

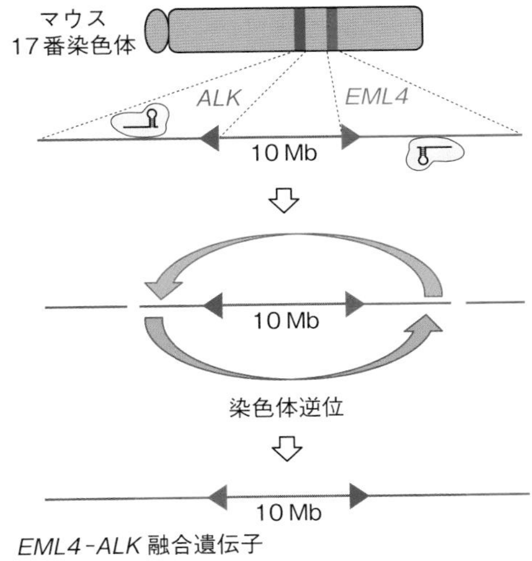

図 2.18 染色体再配置によるがん化

て生じる。マウスの 17 番染色体上で 10 Mb 程度離れた *EML4* と *ALK* 遺伝子 2 か所を切断する CRISPR-Cas9 のアデノウイルスベクターをマウス肺に感染させて，*EML4-ALK* 融合遺伝子によって肺がんを誘導する実験系もある [2-22]（図 2.18）。異なる 2 つの染色体を人工ヌクレアーゼで切断して，染色体転座を起こさせることも可能であり，染色体レベルでの大規模なゲノム編集もがん化モデルを作製する上で基盤的な技術の 1 つである。

2.3.2 ヒト化動物の作製

創薬において，生体内における候補薬剤の効果（薬効）と毒性，患部への伝達と体外への排出といった薬物動態を評価する上で，疾患モデル動物は重要な生物資源となる。しかし，実験動物とヒトでは，薬物代謝酵素の特性に種差があることが指摘されている。ヒトでは，イブプロフェンは鎮痛，解熱，抗炎症作用，ワルファリンは抗凝固作用を示すが，齧歯類では両剤とも毒性を示す。一方，最近では多発性骨髄腫やハンセン病に対する薬剤として使用されるサリドマイドは，ヒトでは四肢に対する催奇形性を示すが，齧歯類では発生異常を引き起こさない。このように，実験動物で得られた候補薬剤の安全性や薬物動態がヒトへ外挿できない場合がある。そこで，ヒト生体を模倣したヒト化動物における候補薬剤の安全性試験・薬物動態試験が大きな役割を担うと考えられている。

ヒト化動物は，ヒトの細胞や組織・臓器をもつ実験動物と，ヒト遺伝子を部分的にもつ実験動物とに大別される。前者の場合，拒絶反応を示さない免疫不全動物にヒト細胞，組織を移植して得られる「細胞性のヒト化動物」となる。試験管内では増殖できないヒト肝細胞を，免疫不全マウスの肝臓に移植して，ヒト肝細胞を正着・増殖させたヒト肝キメラマウスは，薬物代謝モデルとして創薬研究に利用されている。しかし，「細胞性のヒト化動物」の場合，交配による供給ができないために，毎回移植を行う必要があり，多大な労力や経済的なコストが生じる。後者は，ゲノム編集技術を用いて，実験動物の遺伝子（群）をヒト相同遺伝子（群）に置換した「遺伝性のヒト化動物」となる。薬物代謝に重要な酵素群の1つであるヒト*CYP3A*遺伝子クラスター（*CYP3A4*，*CYP3A5*，*CYP3A7*，*CYP3A43*）を含む約700 kbpを含むヒト人工染色体（HAC：human artificial chromosome）を保有するマウスを作製した後，マウスの内在性*Cyp3a*を破壊することで，ヒト化*CYP3A*マウスが作製された[2-23]。他にも，*Cyp2D*クラスター（58 kbp）がヒト*CYP2D6*遺伝子（6.2 kbp）に置換されたゲノム編集ラットが報告されている[2-24]。「遺伝性のヒト化動物」の作製には，高度な人工染色体技術や難易度の高い大きな遺伝子断片のノックイン技術が必要であるが，一度作製できれば，交配によって安定供給できるため創薬研究において有用である。

感染症研究においても，ヒト化動物は重要な生物資源である。新型コロナウイルス・SARS-Cov-2は，ヒト細胞表面に発現しているアンギオテンシン変換酵素Ⅱ・ACE2との相互作用によって，宿主細胞内に侵入する。野生型マウスでは，SARS-Cov-2を曝露してもヒトのCovid-19に見られる肺炎などを発症しない。ゲノム編集技術を用いてヒト*ACE2* cDNA遺伝子をマウス*ACE2*遺伝子座にノックインしたヒト化*ACE2*マウスは，SARS-Cov-2に感

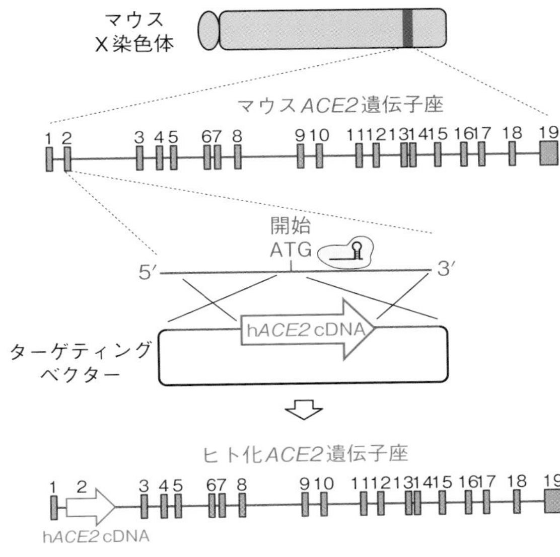

図 2.19　ヒト化動物を用いた感染症研究

染することが実証された[2-25)]（図 2.19）。このように，新興ウイルスによる感染・発症機序の理解，治療薬開発においても，ゲノム編集技術を用いた疾患モデル化は強力なアプローチを提供している。

2.3.3　齧歯類以外の疾患モデル動物

齧歯類ではヒトの病態が再現できない場合，他の哺乳類個体でのゲノム編集による疾患モデル化が試みられている。

中大型哺乳類のブタは，ヒトに類似した解剖学的，生理学的特徴をもち，多産であり成長も速いため，優れた実験モデル動物である。疾患モデルブタの作製には，体細胞クローニング技術とゲノム編集技術が併用されている。培養細胞（体細胞）で標的遺伝子のゲノム編集を行い，その核を未受精卵の細胞質に移植して，クローン個体を得ることで，ブタでの疾患モデル化が行われている（図 2.20）。常染色体優性多発性嚢胞腎（ADPKD）は，4000

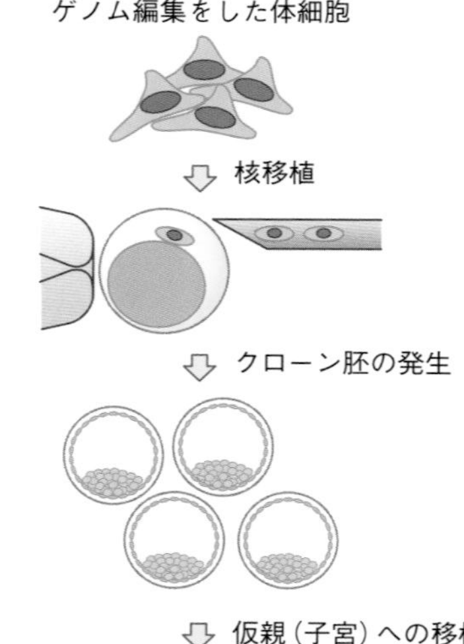

図 2.20　体細胞クローニングを用いた疾患モデルブタの作製

～8000人に1人の頻度で見られる遺伝性の慢性腎不全である。約半数の患者で，60歳までに両側の腎臓に嚢胞が進行性に形成され，腎機能が低下する。ADPKDの原因遺伝子として，尿細管や集合管の一次繊毛に局在して細胞増殖を制御する機械受容性受容体とカルシウムイオンチャネルをそれぞれコードする *PKD1* 遺伝子と *PKD2* 遺伝子が同定されている。これまでに，*PKD1*，*PKD2* 遺伝子の変異マウスが作製されてきたが，ヘテロ接合体では嚢胞腎を発症せず，ホモ個体では嚢胞腎を発症するが胚性致死となってしまう。一方，CRISPR-Cas9を用いて作製された *PKD1* 遺伝子ヘテロノックアウトブタは，ADPKD患者と同様に，嚢胞腎を発症する[2-26]。現在，バソプレッシン受容体拮抗薬（トルバプタン）がADPKDの進行抑制薬として上市されているが，いまだに根治療法はない。*PKD1* 遺伝子ヘテロノックアウトブタは，ADPKDの治療法の確立にとって有効な疾患モデル動物である。

霊長類実験動物は，体の構造や生理機能がヒトに近いだけでなく，高次脳機能をもつために，精神・神経疾患のモデル化に有用である。非ヒト霊長類のなかでは，アカゲザル，カニクイザルやコモンマーモセットが使用されている。カニクイザル受精卵に，興奮性シナプスの形成に必要な *SHNAK3* 遺伝子を標的としたsgRNAと *Cas9* 遺伝子mRNAを注入して得られた *SHNAK3* 遺伝子破壊カニクイザルは，ヒトで見られる社会性行動の異常などで特徴づけられる自閉症スペクトラムを示した[2-27]。また，霊長類のなかで，性成熟が1.5～2歳と格段に速く，一度に2～4匹妊娠，出産可能なコモンマーモセットでのゲノム編集を用いた疾患モデル化も進められており，*Il2rg*（interleukin-2 receptor subunit gamma）遺伝子破壊によるヒトX連鎖性重症複合免疫不全症（X-SCID：X-linked severe combined immunodeficiency）モデルが報告されている[2-28]。ssODNをターゲティングドナーに用いたゲノム編集技術などの改良が進むことによって，最もヒトに近い疾患モデル動物が自在に作製できると期待される。ただし，霊長類での疾患モデル動物作製に限らず，あらゆる動物実験における3R（replacement（代替），reduction（削減），refinement（改善））の理念に基づいて，使い道のない個体が作出されることを回避するための工夫を取り入れた研究デザインが，動物個体における疾患モデル化には必要である。

2.4　ゲノム編集技術による疾患モデル化の今後の展望

疾患モデル化の最大の目的は，ヒトの病態を再現することであり，ヒト細胞で構成されるモデル系の確立と利用の方向に向かって，医学・創薬研究は進んでいくと考えられる。したがって，今後の疾患モデル化には，ゲノム編集技術そのものだけでなく，ヒト細胞の培養技術の進歩も必要不可欠である。

器官形成を担う幹細胞や前駆細胞を試験管内で適切な液性環境で3次元培養すると，自己組織化（self-organization）とよばれる半自律的なプロセスによって，ヒトの各器官に類似したオルガノイド（organoid）が得られる[2-29]。オルガノイドは，疾患iPS細胞から分化誘導した前駆細胞や体性幹細胞を含む患者検体から作製できるため，患者の生体に最も近い疾患モデルといえる。オルガノイドを構成する細胞を解離して，CRISPR-Cas9システムを各細胞に導入して遺伝子ノックインやノックアウトを行い，自己組織化を利用して，再度，オルガノイドを作ることができる。この手法を用いて，特定の細胞に発現する遺伝子座に*GFP*遺伝子をノックインして可視化することで，ヒト組織構造を保持した状態で生理的または病理的な振る舞いを捉えることができる。これまでに，様々な臓器のオルガノイド作製法が報告されており，オルガノイドにおけるゲノム編集は，病態解明だけでなく創薬研究においても重要な研究アプローチとして期待される。

チップ上のマイクロ流路内で血流などの生体内の微小環境を再現した条件でヒト細胞を培養することにより，特定の組織・臓器を試験管内で模倣するorgan-on-a-chip技術も，今後の疾患モデル化に有望である[2-30)]。このような高度な細胞培養技術とゲノム編集技術との融合によって，よりヒトの生体に近く，スループット性の高い実験系を用いた前臨床試験を行うことが可能となる。

このように，疾患モデル化は，革新的な技術の総体として実現され，進歩していくため，最先端のライフサイエンスの結晶といっても過言ではない。また，疾患モデル化は，病気を理解し，治療法を開発するためだけでなく，医学・生物学にとって，ヒトを理解するための本質的なアプローチとして今後も発展していくことが期待される。

2章 参考書

・福嶋義光 監修 (2019)『新 遺伝医学 やさしい系統講義19講』メディカル・サイエンス・インターナショナル.
・山本 卓 (2018)『ゲノム編集の基本原理と応用』裳華房.
・山本 卓，佐久間哲史 編 (2019)『実験医学別冊 完全版 ゲノム編集実験スタンダード』羊土社.
・山本 卓 企画 (2020)　週刊医学のあゆみ 第5土曜特集『ゲノム編集の未来』医歯薬出版株式会社.

2章 引用文献

2-1) Kong, A. *et al.* (2012) Nature, **488**: 471-475.

2-2) Sone, J. *et al.* (2019) Nat. Genet., **51**: 1215-1221.

2-3) Maresca, M. *et al.* (2013) Genome Res., **23**: 539-546.

2-4) Miyamoto, T. *et al.* (2020) EMBO J., **39**: e103499.

2-5) Shalem, O. *et al.* (2014) Science, **343**: 84-87.

2-6) Chen, S. *et al.* (2015) Cell, **160**: 1246-1260.

2-7) Paix, A. *et al.* (2017) Proc. Natl. Acad. Sci. USA, **114**: E10745-10754.

2-8) Miyamoto, T. *et al.* (2017) Hum. Mol. Genet., **26**: 4429-4440.

2-9) Ochiai, H. *et al.* (2014) Proc. Natl. Acad. Sci. USA, **111**: 1461-1466.

2-10) Yusa, K. *et al.* (2011) Nature, **478**: 391-394.

2-11) Kim, S. I. *et al.* (2018) Nat. Commun., **9** : 939.

2-12) Konor, A. C. *et al.* (2016) Nature, **533**: 420-424.

2-13) Koblan, L. W. *et al.* (2021) Nature, **589**: 608-614.

2-14) Cuella-Martin, R. *et al.* (2021) Cell, **184**: 1081-1097.

2-15) Takahashi, K., Yamanaka, S. (2006) Cell, **126**: 663-676.

2-16) Imamura, K. *et al.* (2017) Sci. Transl. Med., **9**: eaaf3962.

2-17) Hirota, T. *et al.* (2017) Science, **357**: 932-935.

2-18) Li, L. B. *et al.* (2012) Cell Stem Cell, **11**: 615-619.

2-19) Koblan, L. W. *et al.* (2021) Nature, **589**: 608-614.

2-20) Xue, W. *et al.* (2014) Nature, **514**: 380-384.

2-21) Platt, R. J. *et al.* (2014) Cell, **159**: 440-445.

2-22) Maddalo, D. *et al.* (2014) Nature, **516**: 423-427.

2-23) Kazuki, Y. *et al.* (2013) Hum. Mol. Genet., **22**: 578-592.

2-24) Yoshimi, K. *et al.* (2016) Nat. Commun., 7 : 10431.

2-25) Sun, S. H. *et al.* (2020) Cell Host Microbe, **28** : 124-133.

2-26) 長嶋比呂志 (2018)『医療応用をめざすゲノム編集』真下知士 , 金田安史 編 , 化学同人 , p.100-107.

2-27) Zhou, Y. *et al.* (2019) Nature, **570**: 326-331.

2-28) Sato, K. *et al.* (2016) Cell Stem Cell, **19**: 127-138.

2-29) Kim, J. *et al.* (2020) Nat. Rev. Mol. Cell Biol., **21**: 571-584.

2-30) Nikolaev, M. *et al.* (2020) Nature, **585**: 574-578.

3章　ゲノム編集を用いた細胞治療

一戸 辰夫・本庶 仁

細胞医薬品は，人体を構成する細胞を原料として作出される新しい治療モダリティであり，その起源は輸血療法にさかのぼる。今日では，再生医療，がん免疫療法などの領域において，人為的に加工された細胞を実際の臨床に用いることが可能となっており，このような細胞治療のさらなる発展に寄与する技術としてゲノム編集の活用に大きな期待が持たれている。

本章では，急速に進展しているゲノム編集を用いた細胞医薬品の開発に関して以下の基本的な事項を学ぶ。①創薬技術の発展，②「細胞治療」の歴史，③細胞医薬品開発におけるゲノム編集技術の役割，④細胞医薬品開発に必要なゲノム編集ツールの特性，⑤ゲノム編集を用いた細胞治療の実例

3.1　はじめに：創薬技術の発展

3.1.1　低分子化合物の合成技術が誕生するまで

人類の歴史において，医薬品を作り出す技術は，どのように発展を遂げてきたのであろうか。黄帝内経（こうていだいけい）やヒポクラテス医学の時代以来，何世紀にもわたり，医術を行う者は，草木や鉱物などの天然物から薬理作用のあるものを発見し，その経験の蓄積を利用していた。中世になるとヨーロッパにおいてイスラム社会から伝道された錬金術（アルケミー）の興隆が起こり，膨大な試行錯誤の繰り返しの末，塩酸・硫酸・硝酸などを化学反応によって作ることが可能となる。また，錬金術は，「万能薬（エリクサー）」など医薬品を作

り出すこともその目的としていた。

このような先代の財産を礎として，18 世紀に錬金術の時代は「化学（ケミストリー）」の時代に移行する。特に，フランスのラボアジェ（Antoine-Laurent de Lavoisier）は，近代的化学の創始者として名高い。19 世紀になると低分子化合物の合成技術が産声をあげ，この時代を象徴するマイルストンとして，1897 年，ドイツのホフマン（Felix Hoffmann）は，アスピリン（アセチルサリチル酸）の人工合成に成功した。これが，まさに人類にとって歴史上初めての医薬品製造となったのである。以後，今日まで，低分子化合物は多種多様な医薬品として活用されており，20 世紀末における分子標的薬の登場など，科学的根拠に基づく医療の確立に大きく貢献してきた。

3.1.2　バイオ医薬品の登場と細胞創薬

1953 年の DNA 二重らせん構造解明を契機として，いよいよ分子生物学の時代が幕を開けると，実際に体内で利用されている生体高分子（核酸，タンパク質，多糖類など）の合成技術が発展する。特に生理活性作用を有するタンパク質は，新しい医薬品の有力なシーズであり，1979 年には米国ジェネンテック社のボイヤー（Herbert Boyer）が，ヒト型インスリンを大腸菌に合成させることに成功し，1982 年に遺伝子組換え型インスリンが医薬品として承認される。これを端緒として，20 世紀後半には遺伝子工学を用いて生産したタンパク質を主成分とする薬品の開発が進展した。それらを総称して「**バイオ医薬品**」とよぶ。現代の医療現場で使用されているバイオ医薬品には，エリスロポエチン，顆粒球コロニー刺激因子（G-CSF：granulocyte colony stimulating factor）などの造血促進因子，インターフェロンなどのサイトカインおよびその阻害薬，成長ホルモン・ゴナドトロピンなどの内分泌系作動薬，**モノクローナル抗体医薬品**など様々なクラスのものがあり，多くの疾病の標準治療薬として普及している。実際，これらのバイオ医薬品は，世界の医薬品市場の約 30％（2019 年時点）を占めるに至っており，中でも抗体医薬品の発展がきわめて著しい。

そして，現在，これらの低分子創薬，生体分子創薬に次ぐ第 3 の創薬技術

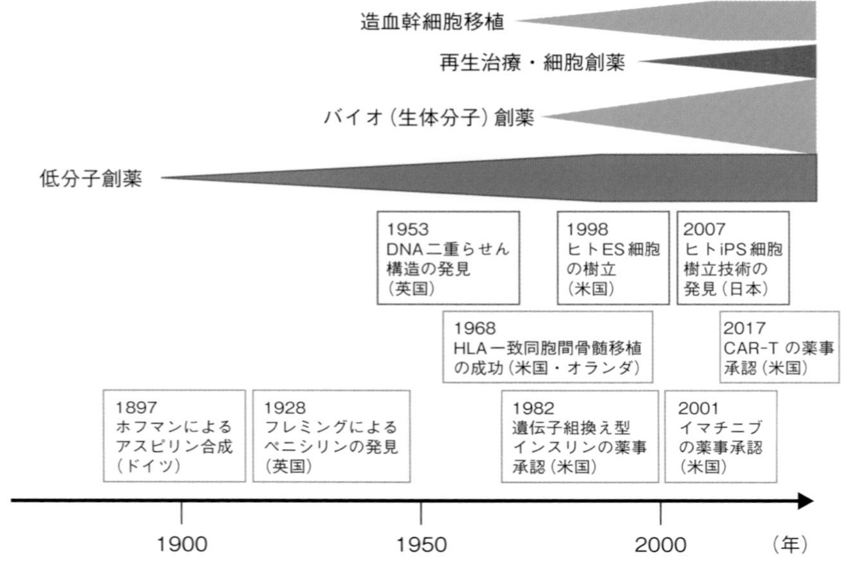

図 3.1 低分子創薬から細胞創薬に至るマイルストン

19 世紀末に人類が手にした低分子創薬技術は，20 世紀後半に「分子標的薬」の誕生をもたらし，慢性骨髄性白血病に対してイマチニブが劇的な成功を収めることとなる。一方，1990 年代以降，バイオ医薬品の開発が相次いでおり，特に抗体医薬品の発展が著しい。キメラ抗原受容体遺伝子導入 T 細胞（CAR-T）の医薬品としての承認は，これらの創薬技術の進歩に加え，造血細胞移植の普及を通じて蓄積された造血免疫系細胞の治療的応用の経験が下敷きになっている。

として注目を浴びているのが，特定の疾病を治療するために自家あるいは他家（同種）細胞を原料として利用する「細胞創薬」である（図 3.1）[3-1]。

3.2 「細胞治療」の歴史

3.2.1 細胞医薬品の登場

生命を理解することは，細胞を理解することと言っても過言ではない。人体は約 37 兆（3.7×10^{13}）個の多種多様な細胞から構成されている。それぞれは全能性を有する受精卵より生じ，卵割，原腸・三胚葉（外胚葉・中胚葉・内胚葉）の形成を経て，各組織特異的に分化した「**組織幹細胞**」（tissue stem cells）により再生・維持されている。多くの疾病は，これら特定の組織を構成する細胞に量的異常や機能異常が生じることによって引き起こされる。したがって，もし，異常が発生した組織の細胞を人工的に作り出した「健康な細胞」や「機能の高い細胞」で置き換えることができれば，現代の医学では有効な治療手段を得られない難病に対して，新しい「夢の治療」を産み出すことができるかもしれない。このような次世代医療の姿を目指して，現在，様々な「**細胞医薬品**」の開発が競争的に進行しており，すでに実際の臨床現場において，細胞が本来保有している生物学的機能を活用した治療が実現を見るに至っている。

3.2.2 細胞治療のプロトタイプ

このような細胞治療の原型として，最も長い歴史を有するものは，第一次世界大戦を契機に確立された輸血療法である。輸血は，他者の血球を用いた細胞療法であり，現在では，赤血球や血小板を濃縮分離した**血液成分製剤**が標準的に使用されている。まさに「足りない細胞を補充する」治療法の代表と言えよう。

ついで，1970 年代になると，難治性血液疾患の治療法として**同種骨髄移植**（他者に由来する造血系細胞の移植法）が確立される。骨髄移植では，全身放射線照射などの前処置により一旦患者自身の造血・免疫機能を強力に抑制し，その後にドナーの骨髄を移植することにより，造血・免疫系の再構築を行う（図3.2）。この細胞治療法が成立する原理は，造血幹細胞の自己複製能・多分化能に基づくドナー由来造血能の回復，ドナー由来免疫系細胞による残存腫瘍細胞の排除機構の存在である。後者は，特に本治療法にユニークな現象として，「**移植片対白血病（GVL：graft-versus-leukemia）効果**」とよばれている。腫瘍細胞のクローンマーカーとしてフィラデルフィア染色体を有する慢性骨髄性白血病に対しては，移植後に白血病が再発した場合，再移植を行うのではなく，あらためてドナーから採取したリンパ球を輸注（DLI：donor lymphocyte infusions）するだけで，フィラデルフィア染色体の消失

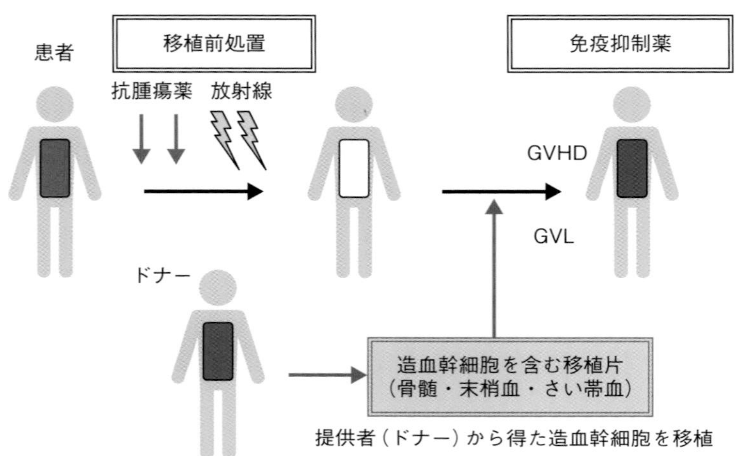

図 3.2　同種造血幹細胞移植の原理
同種造血幹細胞移植は，まず患者に強い免疫抑制性の移植前処置を行った後，カルシニューリン阻害薬を含む免疫抑制薬の投与を併用しながら，ドナー由来の造血幹細胞を含む移植片を経静脈的に輸注し，造血免疫系の再構築を行う治療法である。ドナー由来細胞による造血免疫能が回復すると，およそ半数の患者に皮膚・消化器・肝臓の炎症を主徴とする急性移植片対宿主病（GVHD）が発症する。また，このような GVH 反応が，患者の体内に残存する腫瘍細胞を非自己として免疫学的に排除する現象を移植片対白血病（GVL）効果とよぶ。

に至るほどの著明な有効性が得られることが経験され，T 細胞を利用した養子免疫療法の先駆けとなった。

このように骨髄移植の経験は，**造血幹細胞**による造血・免疫系の再生が可能であることを臨床的に証明するとともに，現在言われるところの**免疫細胞療法**の源流となった。その後，臍(さい)帯血やサイトカイン投与後の末梢血も造血幹細胞の移植源として利用されるようになり，近年では，**同種造血幹細胞移植**と総称される細胞治療に発展し，難治性造血器疾患や一部の先天性疾患の標準治療法として世界中に普及するに至っている[3-2]。

3.2.3　再生医療の登場

さて，現代的な概念に通じる，より包括的な意味での細胞治療の出立は，

1980年代後半，米国において自家培養表皮が薬事承認を受けたことに端を発する「組織工学（ティッシュ・エンジニアリング）」に求められる。その後，1998年に米国のトムソン（James A. Thomson）により，**ヒト胚性幹細胞**（**ES細胞**：embryonic stem cells）が樹立されると，細胞や組織を用いた治療開発を目指した「**再生医療**（regenerative medicine）」の概念が誕生する。ちなみに，この“regenerative medicine”という用語は，1999年にイタリアのコモ湖で開催された会議において，ヒトT細胞白血病ウイルスやヒト免疫不全ウイルス（HIV：human immunodeficiency virus）の研究者として高名な米国ハーバード大学のハーゼルチン（William Haseltine）が，遺伝子療法，幹細胞治療，組織工学，生体補綴治療などを包含した概念として初めて提唱したものとされている。そして，2007年に公表された山中伸弥博士によるヒト体細胞の初期化技術，すなわち**iPS細胞**（induced-pluripotent stem cells）の樹立方法の開発は，これらの研究を一気に加速化することとなった[3-3)]。

3.2.4 細胞治療にかかわる法的規制

このように，自家あるいは他人に由来する細胞を原材料として「細胞」を用いた治療開発や臨床研究が活発に行われるようになり，実際に患者に投与される細胞の安全性や有効性をどのように担保していくかという問題が生じている。特に細胞は，同じ方法で加工しても不均一な性質をとることが多く，従来の医薬品に求められていた基準をそのまま適用できないことより，新しい**レギュラトリーサイエンス**が求められている。

理想的には，使用する細胞の特性や治療の目的に応じてバランスの良い規制を定めることが合理的であるが，現在，そのような基準として国際的にコンセンサスの得られたものは存在していない。開発先進地域である米国と欧州の間でも相違があるが，特に2016年，米国で成立した「21st Century Cures Act」は注目を集めている。この法律は，現在の医学では解決ができていないアンメットニーズに対応可能な医薬品や医療機器の開発を推進することを主旨としており，その中では，細胞医薬品の販売承認迅速化のための規定が設けられている。

わが国では，2013年に「再生医療を国民が迅速かつ安全に受けられるようにするための施策の総合的な推進に関する法律（通称，「**再生医療等推進法**」）」が成立し，先進的な研究開発の促進，臨床環境の整備，細胞医薬品の薬事審査体制の整備などがうたわれている。また，実際に細胞治療を行う際に必要とされる事項を定める法律としては，**再生医療等安全確保法**と**医薬品医療機器法**（通称，「**薬機法**」）があり，それぞれが規制する対象と内容の概略を理解しておく必要がある（表3.1）。

再生医療等安全確保法では，ヒトを対象とする治療あるいは臨床研究を行うための細胞を製造する施設が満たすべき要件，製造された細胞を投与する治療計画・研究計画の妥当性を審査する仕組み，実際に細胞を投与する際の要件，有害事象が発生したときの対応などが定められている。また，細胞の加工を行う製造手順などは，「**再生医療等製品の製造管理及び品質管理の基準に関する省令（GCTP省令）**」（**GCTP**：Good Gene, Cellular, and Tissue-based Products Manufacturing Practice）に準拠する必要がある。

作出した細胞を医薬品と同様に**薬事承認**（製造や販売が可能となること）を受けることを目指す場合には，薬機法に定められる規準に従い，**治験**を行う。次いで，治験を通じて，細胞の品質や安全性と有効性に関する審査が行われ，その結果に基づき，ヒトの治療を目的として当該の細胞を製造・販売する認可を受けることとなる。このような過程を経て保険診療で使用される

表3.1　再生医療等安全確保法と医薬品医療機器法（薬機法）

	再生医療等安全確保法	医薬品医療機器法（薬機法）
規制対象	再生医療等製品に該当しない細胞加工物	再生医療等製品 （薬事承認を受け，製造・販売される細胞加工物等）
実施形態	保険外診療・臨床研究	治験・保険診療
審査機関	認定再生医療等委員会（第3種） 特定認定再生医療等委員会（第1種・第2種） 厚生科学審議会（第1種）	医薬品医療機器総合機構（PMDA）
違反時罰則	あり	あり

細胞医薬品などを「**再生医療等製品**」とよぶ。

なお現時点では，ゲノム編集技術を用いた医薬品に関する法的規制についても，各国間で統一された基準は定められておらず，国内においても重要な検討課題として活発な議論が行われている段階である。

3.2.5 再生医療等製品開発の現状

わが国では，2007 年に自己表皮由来細胞シートが製造承認を受けたことを皮切りに，自己軟骨由来組織，同種骨髄間葉系幹細胞，自己骨格筋由来細胞，自己 T 細胞などを主成分とした 7 種類の再生医療等製品が保険適用を受けている（2021 年 8 月末現在）（表 3.2）。特に，2017 年には，世界で初めての遺伝子改変型 T 細胞医薬品である「キムリア®」（一般名：チサゲンレクルユーセル）が米国で薬事承認され，47.5 万ドルにも及ぶそのきわめて高額な薬価とともに大きな話題をよんだ（わが国では 2019 年 3 月に承認）。「キムリア®」は，後述するように，**キメラ抗原受容体 T 細胞**（CAR-T：chimeric antigen receptor T cells）とよばれる新しいクラスの遺伝子改変型免疫細胞医薬品であり，免疫グロブリンの抗原結合部位と **T 細胞受容体**

表 3.2 わが国で薬事承認を受けている再生医療等製品（CAR-T をのぞく）

一般名	商品名	効能・効果	承認日
ヒト（自己）表皮由来細胞シート	ジェイス	重症熱傷 / 先天性巨大色素性母斑 / 栄養障害型表皮水疱症および接合部型表皮水疱症	2007 年 10 月 3 日
ヒト（自己）軟骨由来組織	ジャック	膝関節における外傷性軟骨欠損症または離断性骨軟骨炎（変形性膝関節症を除く）の臨床症状の緩和	2012 年 7 月 27 日
ヒト（同種）骨髄由来間葉系幹細胞	テムセル HS	造血幹細胞移植後の急性移植片対宿主病	2015 年 9 月 18 日
ヒト（自己）骨格筋由来細胞シート	ハートシート	薬物治療や侵襲的治療を含む標準治療で効果不十分な虚血性心疾患による重症心不全	2015 年 9 月 18 日
ヒト（同種）骨髄由来間葉系幹細胞	ステミラック	脊髄損傷に伴う神経症候および機能障害の改善	2019 年 12 月 28 日

表 3.3　医薬品市場に上市されているキメラ抗原受容体導入 T 細胞（CAR-T）

一般名	商品名	標的抗原	適応症
Tisagenlecleucel（チサゲンレクルユーセル）	Kymriah（キムリア）	CD19	成人のびまん性大細胞型 B 細胞リンパ腫（濾胞性リンパ腫の形質転換例を含む） 25 歳未満の急性リンパ性白血病
Axicabtagene ciloleucel（アキシカブタゲン　シロルユーセル）	Yescarta（イエスカルタ）	CD19	びまん性大細胞型 B 細胞リンパ腫，縦隔原発大細胞型 B 細胞リンパ腫，高悪性度 B 細胞リンパ腫など
Lisocabtagene maraleucel（リソカブタゲン　マラルユーセル）	Breyanzi（ブレヤンジ）	CD19	びまん性大細胞型 B 細胞リンパ腫，縦隔原発大細胞型 B 細胞リンパ腫，高悪性度 B 細胞リンパ腫など
Idecabtagene vicleucel（イデカブタゲン　ビクルユーセル）	Abecma（アベクマ）	BCMA	骨髄腫
Brexucabtagne autoleucel	Tecartus（本邦未承認）	CD19	マントル細胞リンパ腫

（**TCR**：T cell receptor）のシグナル伝達領域を有する人工キメラ受容体を，遺伝子導入により発現させた自家 T 細胞である。B 細胞特異的抗原である CD19 を標的としており，CD19 を発現する難治性の急性リンパ性白血病や悪性リンパ腫に劇的な治療効果をもたらしている[3-11]。CAR-T は，現在，開発が最も進んでいる免疫細胞医薬品であり，上記の「キムリア®」を皮切りに，CD19 を標的とするもの 4 品目，多発性骨髄腫に高発現する **BCMA**（B cell maturation antigen）を標的とする 1 品目が米国で薬事承認を受けている（表 3.3）。

2020 年 1 月時点において，世界で臨床開発が進められている再生・細胞治療用医薬品は 500 種類を超えていると報告されており，まさに 21 世紀の人類は「細胞治療の時代」を迎えようとしつつある。

3.3 細胞医薬品開発におけるゲノム編集技術の役割

3.3.1 ゲノム編集の応用による細胞創薬の可能性

さて，このように新規の治療モダリティとして発展が期待される細胞医薬品の作出に有用な技術として，現在，ゲノム編集に大きな期待が寄せられている。すなわち，理論的には，原料となる体細胞にゲノム編集を施し，特定の機能を不活化することや，新しい機能を付与することにより，疾病の治療に最適化する新しい細胞創薬技術が確立される可能性があるためである。

これらは，ゲノム編集を用いて体外で作出した細胞を患者に投与する「*ex vivo* 治療」と，標的細胞特異的なゲノム編集ツールを患者の体内に投与する「*in vivo* 治療」に大別され（図 3.3），従来，**遺伝子治療**として開発が進められてきた研究領域と融合しながら進展しており，すでに一部は臨床試験として実施されるに至っている。前者の「*ex vivo* 治療」では特定の細胞集団を純化してゲノム編集を行うことが比較的容易に行えるが，後者の「*in vivo* 治療」の実現には，投与するゲノム編集ツールを目標とする細胞に特異的に導入する方法が課題となっており，細胞種特異的ベクターなど優れた**薬物送**

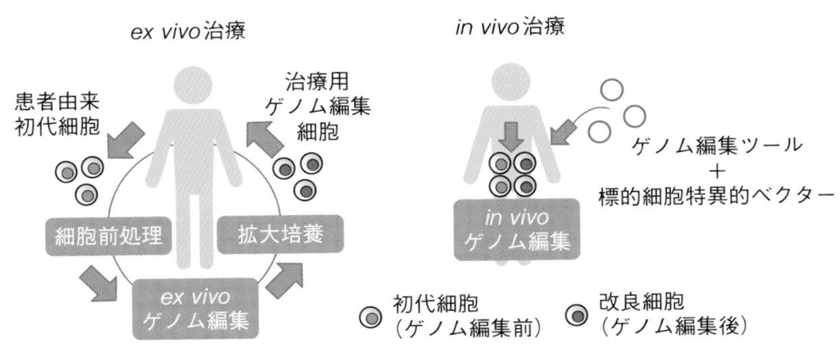

図 3.3　*ex vivo* 治療と *in vivo* 治療
ゲノム編集ツールを用いた *ex vivo* 治療と *in vivo* 治療の概念を模式的に示す。*ex vivo* 治療は，一度，患者あるいは健常ドナーから必要な細胞を採取し，それらを純化した後にゲノム編集による加工を施し，再度，患者に移植する。一方，*in vivo* 治療は，ゲノム編集ツールを直接体内に投与し，標的細胞に特異的な活性を発揮することを期待するものである。

達システム（**DDS**：drug delivery system）の開発が求められている。

3.3.2　遺伝子の不活化

もし読者がゲノム編集を用いた研究に従事していれば，最も初めに行った実験は，標的となる遺伝子配列に**DSB**（double-strand break）を生じさせることによって，特定の遺伝子の機能を不活化させることであったろう。特定の遺伝子上の標的配列にDSBが生じると，DNA修復時にフレームシフトを来した細胞では，当該遺伝子からの正常なRNAおよびタンパク質の発現が抑止される。このような標的特異的なノックアウトは，現在のゲノム編集ツールが最も得意とするところであり，後述するように，現在まで，さまざまな細胞治療の開発に応用されている。

また，ゲノム編集によって生じるこのフレームシフトは，**機能獲得型（gain-of-function）遺伝子変異**が原因となる疾患の治療法に活用できる可能性もある。具体例として，**ハンチントン舞踏病**では，ハンチンチン（*HTT*）遺伝子に生じたCAG反復過剰アレルに由来する変異RNAと変異タンパク質の発現が発症に関与しているが，CRISPR-Cas9を用いてこの変異アレルにフレームシフトを導入すると，正常アレルの機能には影響を与えず，変異アレル由来異常タンパク質の発現量を特異的に減少させることが可能であることがマウスモデルで示されている[3-4)]。

3.3.3　既存遺伝子配列の除去

マウス細胞株などを用いた実験により，2種類の標的配列が異なるゲノム編集ツールを細胞に導入し，特定の遺伝子配列の両端にDSBを同時に生じさせることにより，kbからMbの単位で，はさまれた配列全体をゲノムから取り除くことが可能であることが示されている（“targeted chromosomal deletion”）。実際にこのような大きな遺伝子配列を取り除くことにより，疾病の治療に応用する試みとして，赤芽球系列関連遺伝子である*BCL11A*のエンハンサー領域を削除することにより，**胎児型ヘモグロビン**（**HbF**）の発現を増加させ，サラセミアや鎌状赤血球症などの**ヘモグロビン異常症**の治療を目指した研究が行われている。また，デュシェンヌ型筋ジストロフィー症などの**ジストロフィン異常症**では，ジストロフィン遺伝子内の欠損配列により，フレームシフトが生じ，正常ジストロフィンが発現できなくなっていることが病因となっている。ジストロフィンは79個のエクソンから成る巨大な遺伝子であるが，ゲノム編集により特定のエクソンを取り除くことにより，部分的にジストロフィンの機能を回復させることが可能であることが培養細胞やマウスモデルにおいて示されている[3-5]。

3.3.4 新規遺伝子配列の挿入

遺伝子治療の究極的な目標は，疾病の原因となっている体細胞の変異を当該の細胞特異的に修復することである。このような画期的な治療を実現可能にするものとして，ゲノム編集が大きなインパクトを与えているのが，所望の遺伝子配列を「狙った場所へ正確に」挿入する**ノックイン技術**である。

細胞周期が回転している際，ゲノムDNAの修復は**NHEJ**（**非相同末端結合**）や**HDR**（**相同配列依存的修復**）によって行われる。HDRが作用している際，細胞の外部より，DNA修復の鋳型となる配列を導入すると，当該の鋳型配列（ドナーDNA，テンプレート）もDNAの複製に利用される。この機構を活用し，ゲノム編集ツールと鋳型DNA配列をあわせて細胞に導入することにより，DSBが生じた標的配列を含む遺伝子配列を，鋳型に含まれる新規の配列に置換することが可能となる。具体的には，先天性の免疫不全症，代謝酵素異常症，凝固因子欠乏症（血友病）など，単一遺伝子の**機能喪失型**（**loss-of-function**）**変異**が原因となって発生する疾患では，変異アレルを正常アレルに置換した自家細胞を作出し，移植することにより，疾病に関連する症状が緩和されることが期待される。

従来，ドナーDNA配列の供給源としてはプラスミドが頻用されていたが，近年では比較的短い一本鎖DNA（ssODN：single stranded oligodeoxynucleotides）でもHDRの鋳型として十分に機能することが明らかになっている。また，プラスミドやssODNの導入効率が低い細胞では，インテグラーゼ欠損型レンチウイルスやアデノ随伴ウイルス（AAV）による導入法を選択することも可能である。

3.4　細胞治療開発に必要なゲノム編集ツールの特性

3.4.1　細胞治療開発に必要なゲノム編集ツールの特徴

ゲノム編集技術の急速な進歩により，現在，実験室においては，様々な編集ツールを利用することが可能となっているが，臨床使用を目的とする細胞を製造するためには，導入のしやすさ，標的配列への正確な結合性，高いDNA 切断活性などに加え，大量生産の容易さ，品質の均一性，免疫原性などが有用性の指標となる。また，人体に投与後，ゲノム編集を施された細胞が，長期間にわたり体内で生存することを想定した場合，腫瘍化などのリスクを最小化するための特性が備わっていることが望ましい。その点から，標的遺伝子以外のゲノム領域に対する影響，とりわけ，予期しない遺伝子変異など「**オフターゲット作用**」の発生を可及的に回避できる設計が求められる。加えて，ゲノム編集技術の臨床的な利用に関連する特許権やライセンス費用，製造費用などの実業的な要素も非常に重要であり，これらのライセンス取得にかかわる費用の高騰化が社会的問題にもなっている。

3.4.2　細胞治療に用いられるゲノム編集ツールの比較

上記の観点から，これまで人体に投与される細胞の加工に使用されてきた3種類のゲノム編集ツールの特徴を整理しておく（表 3.4）。ZFN や TALEN は，センス鎖結合用・アンチセンス鎖結合用の一組のペアで切断標的配列を認識するため，理論的にはオフターゲット作用が起こりにくいという利点を有する。一方，現在，最も汎用されている CRISPR-Cas9 は，ガイド（guide）RNA の一本鎖 DNA に対する相補性のみで標的配列を認識するため，オフターゲット作用が起こりやすい可能性が指摘されている。また，ZFN は，標的配列の自由度に制限が多く，一般に設計に多大な労力を要する点が広い臨床応用への障壁となっている。一方，TALEN や CRISPR-Cas9 は，標的配列の自由度が高く，ほぼ任意の場所に設計できる利点があり，複数遺伝子

表 3.4　細胞医薬品製造の観点から見たゲノム編集ツールの比較

	ZFN	TALEN	CRISPR-Cas9
標的 DNA 配列への結合様式	タンパク質－ DNA 特異的結合	タンパク質－ DNA 特異的結合	RNA － DNA の相補的結合
DNA 切断酵素	Fok I（二量体）	Fok I（二量体）	Cas9（1 分子）
DNA 切断活性	低	中間	高
設計	困難	容易	非常に容易
細胞内導入ツール	mRNA（2 種類）	mRNA（2 種類）	RNP（1 種類）
大量生産	可能	可能	比較的容易
導入方法	電気穿孔法	電気穿孔法	電気穿孔法
オフターゲット作用	リスク低い	リスク低い	リスクあり
複数遺伝子の改変	困難	可能	効率よく可能
免疫原性	なし	なし	Cas9 への抗体産生の可能性あり
臨床使用にかかわるライセンス関係	比較的単純	比較的単純	複雑

を同時に編集することも比較的容易である。

細胞への導入にあたっては，ZFN および TALEN の場合，mRNA の**電気穿孔法（エレクトロポレーション）**によって行われるのが一般的であるが，これらをコードする長鎖 mRNA の人工合成は容易ではないことや，対象となる細胞に最適な電気穿孔プロトコルの確立には機器の選定を含めて多くの試行錯誤を必要とする点に留意が必要である。その点，CRISPR-Cas9 では，Cas9 とガイド RNA のリボヌクレオタンパク質（RNP：ribonucleoprotein）を用いることから，導入ツールの製造は比較的容易であり，電気穿孔法以外にウイルスベクターを用いた導入も可能である。

なお，ゲノム編集の応用が最も進んでいる T 細胞の遺伝子改変に関しては，これまで，ZFN，TALEN，CRISPR-Cas9 いずれの技術を用いて製造された細胞も人体に投与されており，自家・同種によらず，これらによってゲノム編集を受けた細胞が体内で数か月以上生存可能であることが確認されている[3-6]。

3.4.3　ゲノム編集の対象となる細胞側の条件

これまで，ほぼすべてと言ってよいほど多くの系列の哺乳類由来細胞に対するゲノム編集が試みられてきているが，細胞側の有する特性が編集ツールの導入効率・細胞内での安定性・編集効率などに大きな影響を与えることが判明している。また，多くの基礎的実験では株化細胞が用いられるため，特に臨床応用にあたって重要となるヒト初代細胞に対するゲノム編集の経験はまだ十分に蓄積されていない。特に，細胞種によってDSBが生じた際，主要に働く**DNA修復機構**には相違がある点にも留意が必要である。したがって特に，目的の遺伝子を不活化するのみではなく，その後に新規の配列を挿入しようとする際には，原料となる初代細胞ごとに最適なドナーDNAの導入条件などについて詳細な予備的検討を行うことが必要である。

3.5　ゲノム編集を利用した細胞治療の実例

3.5.1　*CCR5*遺伝子のゲノム編集によるヒト免疫不全ウイルス感染症治療

ゲノム編集を施して作出した遺伝子改変細胞を用いて行われた初めての臨床試験は，HIV感染者を対象としたものである。HIVは宿主の細胞に感染する際，細胞表面に発現する**C-Cケモカイン受容体5型（CCR5）**を必要とする。実際，*CCR5*遺伝子の非機能変異型（第1エクソンに32塩基の欠損を伴うためCCR5 Δ 32とよばれる）の保有者では，正常CCR5の発現量が低下し，HIV感染への耐性を獲得していることが明らかとなっている（図3.4）[3-7]。また，HIV感染者に対する同種造血幹細胞移植において，CCR5 Δ 32アレルのホモ接合者をドナーに選択することにより，抗HIV薬を中止してもHIV-RNAが持続的に陰性化することが報告されている[3-8]。

2008年，米国のジューン（Carl H. June）らのグループは，サンガモ社との共同研究として*CCR5*遺伝子第1エクソンに標的配列を有するZFNを設計し，キメラ型アデノウイルスベクターを用いてヒトCD4+T細胞に導入することにより，CCR5の発現をノックアウトすることに成功した。また，このようにして作出されたCCR5欠損CD4+T細胞はHIVの感染を免れる

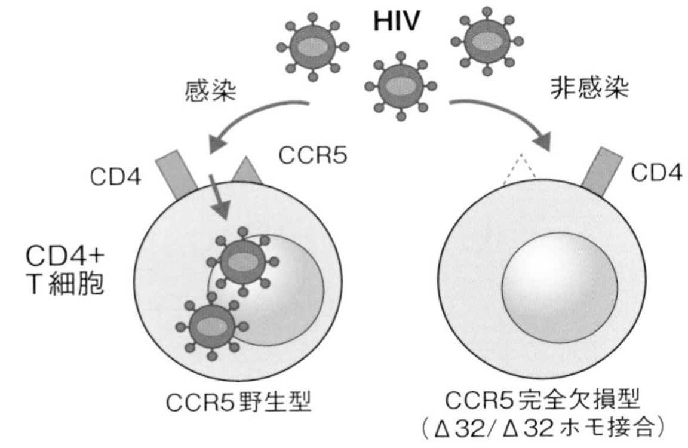

図 3.4　HIV 感染における CCR5 受容体の役割
C-C ケモカイン受容体 5 型（CCR5）は，G タンパク質共役型の 7 回膜貫通型受容体であり，HIV が標的細胞に感染する際の受容体として機能している。

ことがヒト化マウスモデルを用いて検証された。それに引き続き，実際にHIV 感染者の末梢血より自己 CD4+T 細胞を純化し，ZFN で *CCR5* 遺伝子の不活化を施した後に再輸注を行い，安全性を評価する臨床試験が 2009 年5 月より開始された。まさに驚異的な速度での臨床開発であった。

先行する抗 HIV 薬による治療に対する CD4+T 細胞の回復が比較的良好な 6 名と不良な 6 名を含む 12 名の患者が登録され，細胞数としておよそ $0.5 \sim 1.0 \times 10^{10}$ のゲノム編集を施した CD4+T 細胞分画が投与された。有害事象として発熱・悪寒・筋肉痛などの輸注時反応が多く観察され，一部は重篤化したものの全例とも回復した。12 名全員において CD4+T 細胞数が輸注前と比較して約 1.3 倍から 14 倍の範囲内で増加し，末梢血中における CCR5 改変 CD4+T 細胞数は，輸注 1 週間後に最大となり（中央値で総 CD4+T 細胞数の 14％），その後も長期間にわたり残存し，半減期は 48 週程度と推定された。先行治療への反応性が良好であった 6 名に対して，輸注の 4 週間後から抗 HIV 薬を 12 週間中止する介入が行われた。全例で HIV-RNA の増加が確認されたものの，3 名では休薬期間中に再び HIV-RNA が減少する傾向が観察された[3-9]。

HIV 感染症に対する CCR5 欠損 T 細胞輸注の医学的有効性については，さらなる検証を待つ必要があるものの，ゲノム編集を行った自家 T 細胞を用いた治療法の実現可能性を示した点において，本研究はきわめて先駆性の高いものであった。

3.5.2　T 細胞受容体遺伝子のゲノム編集を行った同種 CAR-T による白血病の治療

現在，悪性腫瘍に対する新しい細胞免疫療法のモダリティとして急速に CAR-T の開発が進展している（3.2.5 項参照）。CAR は，1987 年，わが国の桑名・黒澤らによってその原型が提案された人工抗原受容体であり，免疫グロブリンの抗原結合最小領域である**単鎖可変領域フラグメント**（**scFv**：single-chain variable fragment）に，共刺激分子（CD28，4-1-BB など）の活性化シグナル伝達部位と TCR 複合体の CD3ζを直列に連結した構造を有している。その著明な有効性への期待から，国際的レジストリの集計によれば，CAR-T による治療を受けた患者数は 2020 年途中の時点で少なくとも 4200 名を超えており，それに並行して数百件にも及ぶ臨床試験が実施されている。その一方，個々の患者に使用する CAR-T は，自家 T 細胞を原料として作出するため，細胞の製造に時間を要することや，化学療法などによる T 細胞の疲弊を背景として，増殖不良などの問題が生じ得ることが次に克服すべき課題となりつつある[3-10]。

このような問題を解決し，「投与が必要なときに投与できる」CAR-T として，ゲノム編集技術の活用により，健常者をドナーとする同種（他家）CAR-T の開発が進められている（図 3.5）。2015 年，ロンドン大学のグループは，フランスのセレクティス社との共同研究として，健常者の細胞バンクに由来する T 細胞を用いて製造した CD19 標的 CAR-T の安全性と有効性に関する臨床研究を実施した[3-11]。まず，同種免疫応答による**移植片対宿主病**（**GVHD**：graft-versus-host disease）が発生することを予防するため，ドナーが保有する TCRα 鎖遺伝子を TALEN でノックアウトした後，CD19 を認識する CAR-T をレンチウイルスで導入した。TCR は α 鎖遺伝子と β 鎖遺伝

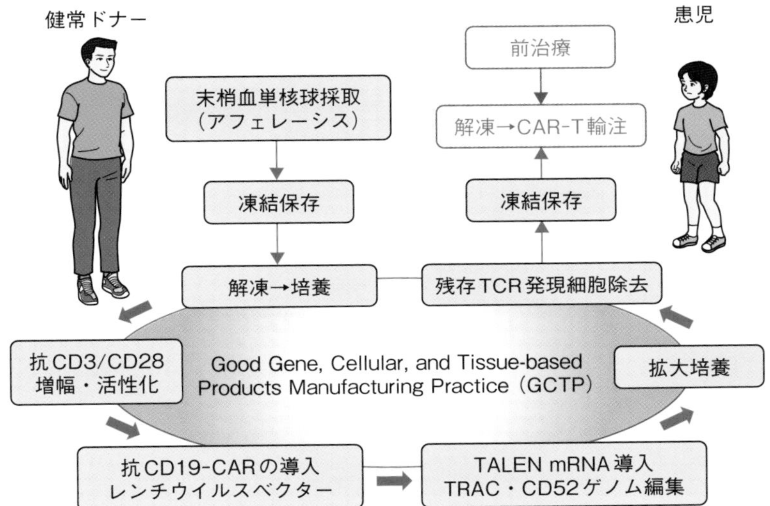

図 3.5 健常ドナーから採取した初代 T 細胞を用いた同種 CAR-T の製造工程 [3-11)]
ロンドン大学で実施された CD19 を標的とする同種 CAR-T の製造過程を模式的に示す。GVHD を回避するため，ドナー T 細胞に内在する T 細胞受容体 α 鎖遺伝子の定常領域（TRAC）が TALEN で不活化された。なお CAR-T を投与する前には，患者自身のリンパ球を減少させるため，フルダラビン・シクロホスファミドに加え，抗 CD52 抗体（Campath-1H）による前治療が行われたため，汎リンパ球抗原である CD52 のノックアウトも同時に実施されている。

子が異なる染色体にコードされており，片側の遺伝子をノックアウトすると細胞表面に TCR-CD3 複合体の発現が見られなくなる。このようにして作出された同種 CAR-T が，造血幹細胞移植後に再発した難治性の B 細胞性急性白血病の女児 2 名に投与され，残存する白血病細胞の持続的消失が確認された。なお，この研究では，CAR-T の投与を行う前治療として，患者のリンパ球を減少させるために抗 CD52 モノクローナル抗体を用いるプロトコルとなっており，TCRα 鎖遺伝子に加え，TALEN による *CD52* 遺伝子のダブルノックアウトが行われている。

現在，多くのグループにより，CRISPR-Cas9 を用いて作製した同種

CAR-T の開発が進められており，CAR-T 療法のさらなる臨床現場への普及や低価格化に寄与することが期待されている[3-12)]。

3.5.3　*BCL11A* 遺伝子のゲノム編集によるヘモグロビン異常症の治療

世界人口の約 7% がグロビン遺伝子の変異を保因していると推定されており，その中でも，**βサラセミア症候群**と**鎌状赤血球症**は，最も多い単一遺伝子疾患として知られている。いずれも重症例では，生命に影響が及ぶ合併症を併発するが，現在，根本的な治癒をもたらす医学的手段としては，同種造血幹細胞移植が唯一のものとなっている。興味深いことに，これらの疾患においては，代償的に産生される HbF の比率が高いと予後が比較的良いことが経験的に知られていた（3.3.3 項参照）。

2013 年，ゲノムワイド関連解析により HbF の産生量を規定する SNP が，第 2 染色体の *BCL11A* 遺伝子内に存在することが判明し，高産生型 SNP の保因者では，βサラセミア症候群と鎌状赤血球症の重症化が起こりにくいことが報告された[3-13)]。BCL11A タンパク質は HbF を構成する γ グロビンの発現を負の方向に制御する転写因子であり，中枢神経系にも発現が認められるが，赤血球以外の造血系には影響を及ぼさない。したがって，造血系細胞特異的に *BCL11A* 遺伝子を不活化することができれば，HbF の産生を回復させ，ヘモグロビン異常症に伴う臨床症状を緩和できる可能性が想定される（図 3.6）。

最近，米国の産学共同研究グループは上記の仮説に基づき，輸血依存性βサラセミア症候群と鎌状赤血球症の患者それぞれ 1 例を対象として，末梢血に動員した CD34 陽性の自家造血前駆細胞分画に CRISPR-Cas9 によるゲノム編集を施し，*BCL11A* 遺伝子を不活化の上，患者体内に再輸注を行う臨床試験を行った[3-14)]。編集効率については，平均約 80% と非常に良好であり，ゲノム編集後の CD34 陽性細胞分画を赤芽球系に分化培養を行ったところ，HbF の産生量が非編集 CD34 陽性細胞と比較して，約 3 倍に増加していた。また，編集した細胞の全ゲノムを対象として，オフターゲット作用の有無をスクリーニングしたが，少なくとも 0.2% の感度で検出されるオフター

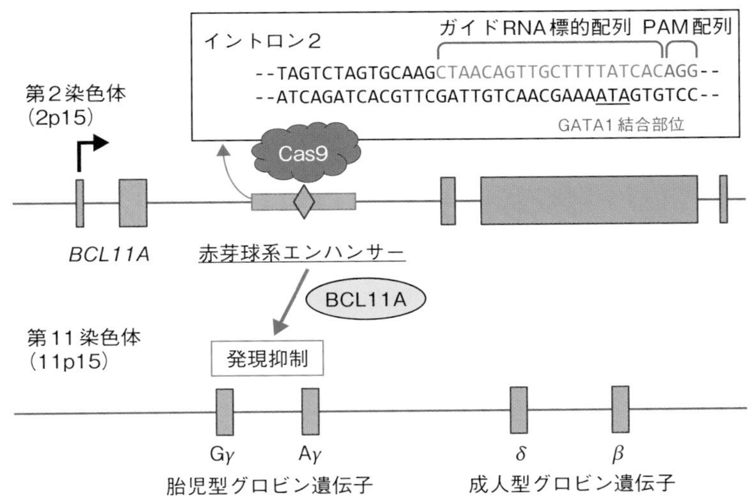

図 3.6　CRISPR-Cas9 による *BCL11A* 遺伝子の不活化

BCL11A は，GATA1 や TAL1 と結合し，胎児型グロビン鎖（γ 鎖）の発現を抑制する転写因子である。*BCL11A* 遺伝子のイントロン 2 は赤芽球への分化に関連するエンハンサーとして機能することが知られている。純化した CD34 陽性細胞を対象として，該当配列を CRISPR-Cas9 で切断し，赤芽球系に分化させると胎児型ヘモグロビン（HbF）の産生量が増加する。

ゲット部位は存在しなかった。大量のアルキル化薬（ブスルファン）による前処置が行われ，ゲノム編集後の CD34 陽性細胞が移植されたが，2 例とも約 1 か月で好中球・血小板の生着が確認され，ヘモグロビン値の経時的回復と正常化が認められた。全ヘモグロビン中における HbF の割合は，β サラセミア症候群例では移植前 3% から 90% 以上，鎌状赤血球症例においても 9 % から 40 ～ 50 % と著明に増加していた。

本試験の結果をどのように解釈すべきかについては，さらに長期間の観察が必要であるが，造血・免疫系の単一遺伝子疾患を自家 CD34 陽性細胞のゲノム編集によって治療可能であることを初めて示した点で重要な意義を有するものと考えられる。

3.6　おわりに：今後の展望

本章では，21 世紀となり，きわめて急速な進展を認めている「細胞治療」の現状を概観し，今後の細胞創薬において，ゲノム編集技術が有するポテンシャルをいくつかの実例とともに示した。紹介できなかった前臨床段階の開発には実に多数のものがあり，特に iPS 細胞を用いた再生医療開発研究では，ゲノム編集の応用に関する基礎研究の結果が最も多く蓄積されているので，他の成書をぜひ参考にされたい。

しかしながら，これだけ高度に生命科学が発展した現代においても，人類は有機化合物から細胞を作り出すことはできない。まさにヴィルヒョウ（Rudolf Ludwig Karl Virchow）が述べたごとく，**「細胞は細胞から」**であり，すべての細胞医薬品は自己あるいは自己以外の健常ドナーに由来する細胞を原料としている。一方で，現在上市されている細胞医薬品の多くはきわめて高価格であり，それを必要とするすべての患者に提供するためには，多くの課題が残されている。ゲノム編集による細胞加工技術の発展により，それらの課題が解消され，より多くの患者に細胞治療を届けることができる日が待望されている。

コラム　T 細胞のゲノム編集

近年，登場した CAR-T を含め，T 細胞を用いた細胞治療を行うためには，組換えウイルスベクターを用いた遺伝子改変が汎用されている。しかし，現在，主流であるレトロウイルス科ベクターによる改変法では，ゲノム上にランダムな挿入が発生することを避けられず，ベクターの作製やウイルスの製造，安全性の試験のため長い時間と高額な費用が必要である（図 3.7）。

近年，ゲノム編集技術の導入により，このような T 細胞医薬品の製造方法にも革新がもたらされつつある。一例を紹介すると，細胞の生存率や機能を保持したまま，CRISPR-Cas9 を用いてヒト初代 T 細胞ゲノム DNA の特定の位置に 1 kbp 以上もの長い DNA 配列を効率的に挿入する方法が開発されて

従来型
遺伝子改変T細胞

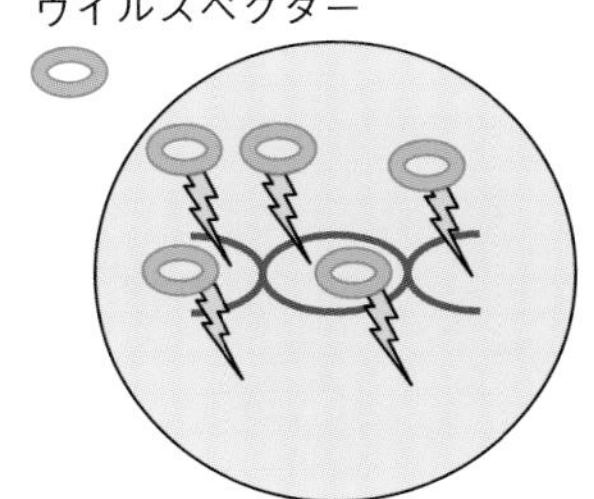

ベクターがどのゲノム領域に
導入されるかを予測できない
（ランダム組み込み）

ゲノム編集型
遺伝子改変T細胞

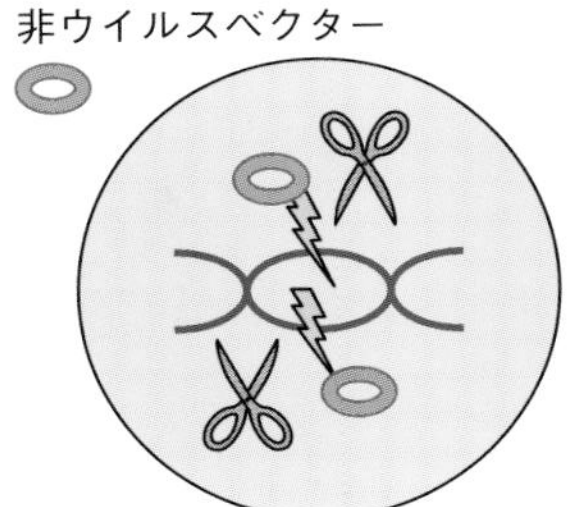

ベクターを所望のゲノム領域に
「狙って」導入できる
（オンターゲット導入）

図 3.7　ゲノム編集を用いたより生理的な遺伝子改変 T 細胞の作出
現在，汎用されているレトロウイルス系ベクターで T 細胞の遺伝子改変を行う場合の問題として，左図のようにベクターの挿入位置を制御できないことがある。ゲノム編集技術を活用することにより，標的配列の切断部位に所望の遺伝子配列をオンターゲットで挿入することが可能となる。

いる[3-15]。当該の研究では，HDR を利用しており，挿入箇所左右 300 bp の相同配列を含む二本鎖 DNA 配列をベクターとして準備し，RNP とともに抗 CD3/CD28 抗体で刺激した T 細胞に電気穿孔法で導入する。

実際に，この方法の臨床応用を展望した実験例として，以下のような 2 種類の遺伝子改変が行われている。1 つ目は，IL-2 受容体 α 鎖遺伝子（*IL2RA*）の配列に点変異が入ることで，制御性 T 細胞の機能が低下し，自己免疫疾患を発症する家族性疾患の例である。あくまで *in vitro* の検討であるが，患者から採取した T 細胞に内在する *IL2RA* の変異配列を正常配列に置換することにより，IL-2 受容体の下流シグナル伝達が向上し，制御性 T 細胞の機能も向上した。2 つ目は，点変異の修正だけでなく，より長い配列の挿入も可能なことを示すため，内在性の TCR 遺伝子をノックアウトし，がん関連抗原である NY-ESO-1 に特異的に反応する TCR 配列へと置換した例である。ベクターには NY-ESO-1 を HLA-A*02:01 拘束性に認識する TCR α 鎖配列と β 鎖配列が自己切断2A配列によって結合されている約1.5kbの二本鎖DNAを用いた。TCRα鎖遺伝子の定常領域（*TRAC*）を標的とするCRISPR-Cas9システムを利用し，ベクターと同時に電気穿孔でヒト初代T細胞に導入することにより，切断された標的領域内にNY-ESO-1特異的TCR配列を挿入することが可能であった（以後，この方法を“TRAC-KI”法と記載する）。これにより，内在性のTCRα鎖は発現されなくなり，置き換えられたTCRを発現するT細胞はHLA-A*02:01依存的にNY-ESO-1を発現する腫瘍細胞株を特異的に認識し，マウスモデル内でも効率よく細胞傷害性を発揮した。

この方法を応用して，より高度なTCRのゲノム編集として，α鎖遺伝子，β鎖遺伝子をそれぞれノックアウトし，所望の抗原特異的なTCRに置換する技術も開発されている[3-16]。特定のTCRをT細胞に遺伝子導入する際には，導入したα鎖とβ鎖が別々に発現するため，もともとドナー細胞に内在するTCRα鎖・β鎖と互い違いのペア形成（ミスペアリング）が起こり得ることが大きな問題となる。加えて，TCRはCD3と複合体を形成して細胞表面に発現するため，内在性のTCR遺伝子が存在する場合には，CD3との結合に競合が生じることにより，導入したTCRの発現が抑制される。

実際に，HLA-A*02:01拘束性のCMV抗原を認識するTCRを発現させる目的で，従来から行われてきたレトロウイルスを用いた遺伝子導入と，TRAC-KI法で作出した細胞を比較した。TRAC-KI法によってCMV特異的TCRを導入したT細胞は，CMV抗原ペプチドへの感受性やサイトカイン産生能についてレトロウイルスによる遺伝子導入T細胞と遜色がなかった。しかし，TRAC-KI法では，ウイルスでTCRを導入した細胞よりも高い頻度で内在性TCRα鎖と導入したβ鎖とのミスペアリングが起こっていることが判明した。この現象は，TRACと同時に内在性TCRβ鎖定常領域（*TRBC*）のノックアウトを行うことで劇的に改善することがわかった。

このような複雑なゲノム編集では，目的外の箇所への遺伝子配列の導入が起こりうることが問題となる。そこで，CMV特異的TCR配列の挿入部位を全ゲノムレベルで検索したところ，*TRAC*に加え，同時にゲノム編集を行った*TRBC*の切断領域への導入は確認されたが，それ以外の部位へのオフターゲット挿入は検出されなかった。

これらの研究成果は，ゲノム編集技術による非ウイルスベクターを用いたTCR遺伝子の導入方法の開発によって，生理的な条件に近いTCRの発現が可能となり，より適切な状態で，ヒト初代T細胞に治療目的の改変を加えることが可能なことを前臨床レベルで示唆しているものと言えよう。

3 章 参考書

・坂井建雄 (2020)『医学全史』（ちくま新書）筑摩書房.
・山本　卓 (2020)『ゲノム編集とはなにか』（ブルーバックス）講談社.

3 章 引用文献

3-1) 一戸辰夫 (2019) 日本内科学会雑誌 , **108**: 1355-1358.

3-2) Little, M. T., Storb, R. (2002) Nat. Rev. Cancer, **2**: 231-238.

3-3) Yamanaka, S. (2020) Cell Stem Cell, **27**: 523-531.

3-4) Oikemus, S. R. *et al.* (2022) Hum. Gene Ther., **33**: 25-36.

3-5) Nelson, C. E. *et al.* (2016) Science, **352**: 403-407.

3-6) Bailey, S. R., Maus, M. V. (2019) Nat. Biotech., **37**: 1425-1434.

3-7) Huang, Y. *et al.* (1999) Nat. Med., **2**: 1240-1243.

3-8) Gupta, R. K. *et al.* (2019) Nature, **568**: 244-248.

3-9) Tebas, P. *et al.* (2014) New Engl. J. Med., **370**: 901-910.

3-10) Larson, R. C., Maus, M. V. (2021) Nat. Rev. Cancer, **21**: 145-161.

3-11) Qasim, W. *et al.* (2017) Sci. Transl. Med., **9**: eaaj2013.

3-12) Fix, S. M. *et al.* (2021) Cancer Discov., **11**: 560-574.

3-13) Bauer, D. E. (2013) Science, **342**: 253-257.

3-14) Frangoul, H. *et al.* (2021) New Engl. J. Med., **384**: 252-260.

3-15) Roth, T. L. *et al.* (2018) Nature, **559**: 405-409.

3-16) Schober, K. *et al.* (2019) Nat. Biomed. Eng., **3**: 974-984.

4章　ゲノム編集による治療の実際

大森

ゲノム編集は遺伝性疾患に対する究極の根治療法として注目されている。倫理面，安全性の観点から，生殖細胞や胚でのゲノム編集治療は認められていない。そのため，ゲノム編集ツールを生体の体細胞にどのように届け，治療に結びつけるかがポイントである。すでに複数の遺伝性疾患を対象としたヒト臨床試験が開始され，二本鎖 DNA の切断によるノックアウトやノックインだけでなく，塩基編集や相同組換えを利用した疾患治療も予定されている。本稿ではゲノム編集治療の現状について概説する。

4.1　セントラルドグマとゲノム編集

個体は種々の臓器からなり，臓器は組織特異的な体細胞で構成されている。各臓器の機能は違うが，同一個体のそれぞれの染色体 DNA は同一の遺伝情報をもつ。遺伝情報は同じでも，染色体 DNA のエピジェネティックな変化，その後の転写や翻訳，翻訳後修飾が，個々の細胞で異なることで，各臓器の特異的な機能を発揮する。ゲノム編集治療を理解するために，**セントラルドグマ**という概念を復習したい。セントラルドグマとは染色体 DNA の遺伝情報が mRNA からタンパク質に伝達される過程を指す（図 4.1）。

染色体 DNA は mRNA 前駆体として**転写**（transcription）され，スプライシングを受けて mRNA になる。mRNA は小胞体で 3 つずつのコドンによりタンパク質に**翻訳**される（translation）。DNA から mRNA への転写は，いわばコピーである。一方，翻訳は塩基情報をタンパク質にするため，まさ

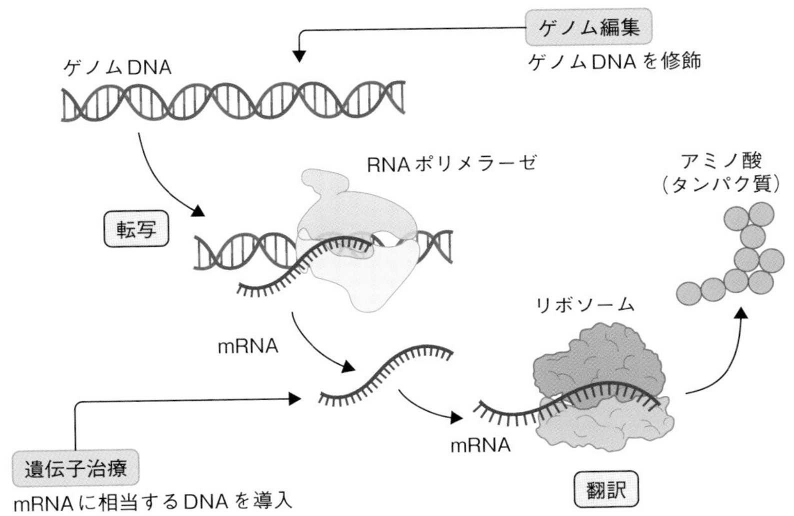

図 4.1　セントラルドグマと遺伝子治療・ゲノム編集治療
染色体のゲノム DNA からポリメラーゼによって mRNA が転写される。mRNA はリボソーム内で 3 つのコドンでアミノ酸（タンパク質）に翻訳される。遺伝子治療は mRNA に相当する正常 DNA を細胞内に補充する方法である。ゲノム編集は染色体 DNA 自身にアプローチし疾患治療を目指す方法である。

に違う言語にする，という意味である。

遺伝性疾患では染色体 DNA に変異が生じている。その変異 DNA 由来のタンパク質の欠乏，または異常タンパク質の蓄積によって疾患を発症する。がんは，染色体 DNA の先天的な がん抑制遺伝子の遺伝変異や，体細胞の二次的な遺伝子変異が複雑に絡み合い，細胞の無秩序な増殖を引き起こして発症する。

4.2　新たなバイオ医薬品としてのゲノム編集治療薬

これまでの疾患治療薬は主にタンパク質を標的としてきた。疾患の病態解析から，疾患の標的となる受容体や酵素を同定し，それに対する阻害薬やアゴニストによって，疾患の病態をタンパク質レベルで調節することが基本であった。その後，薬剤は低分子化合物から，いわゆるバイオ医薬品である抗体医薬，遺伝子組換えタンパク質にシフトしてきている。中でも核酸医薬や遺伝子治療，ゲノム編集治療など，タンパク質ではなく遺伝子にアプローチする治療法が注目されている。

ここで，**ゲノム編集治療**と**遺伝子治療**の違いを明確にしておきたい。現在行われている遺伝子治療の大部分は，正常の遺伝子を外来性に細胞に導入し，自身のもつタンパク質合成経路を使用して正常タンパク質を作り出させる方法である（図 4.1）。基本的には染色体 DNA にはアプローチしない。つまり異常な設計図となる DNA はそのままで，これに正常な設計図を上書きするような手法である。細胞を用いた遺伝子組換えタンパク質の発現も細胞外での遺伝子治療の 1 つである。一方，ゲノム編集治療は広義の遺伝子治療に含まれるが，タンパク質の設計図でもある DNA に直接アプローチを行うことで疾患治療を目指すものである（図 4.1）。

4.3　遺伝子治療の現状

近年，難治性疾患に対する遺伝子治療の成功例が次々と報告されている。遺伝子治療の臨床研究は，この数年増加傾向であり，新たなドラッグモダリティとして注目されている。

ヒト臨床試験で成功が収められている遺伝子治療は，1）造血幹細胞遺伝子治療，2）アデノ随伴ウイルス（AAV）ベクター遺伝子治療，3）CAR-T 細胞治療，である。国内でも一部は製剤化されており，B 細胞性造血器悪性腫瘍に対する CAR-T 細胞治療である KYRIAH®，YESCARTA®，脊髄性筋萎縮症（SMA：<u>s</u>pinal <u>m</u>uscular <u>a</u>trophy）に対する AAV ベクター治療薬である Zolgensma® に関しては日本国内でも認可されている。海外では，アデノシンデアミナーゼ欠損症に対する Strimvelis®，Leber 先天性黒内障に対する Luxturna®，鎌状赤血球症に対する Zynteglo® なども認可されており，今後も次々と難治性疾患に対する遺伝子治療薬が市場に登場することが予測される。

新型コロナウイルス感染症を引き起こすウイルスであるSARS-CoV-2に対するワクチンも遺伝子治療の方法を応用している。ファイザー社やモデルナ社のmRNAワクチンは，SARS-CoV-2のスパイクタンパク質をコードするmRNAを脂質ナノ粒子（LNP）に包埋し筋肉内注射によって局所の筋肉内細胞にmRNAを導入して，一過性にスパイクタンパク質を発現させることで，免疫（抗体）を得るものである。アストラゼネカ社やジョンソンアンドジョンソン社のワクチンは，アデノウイルス（注：AAVとは異なる）ベクターを用いて，スパイクタンパク質のDNAを筋肉内に発現させる。

4.4　ゲノム編集治療に用いられる遺伝子送達技術

2018年に中国の研究者が，HIV感染の共受容体である*CCR5*をゲノム編集した双子を出生させたという報道は，社会全体に大きな衝撃を与えた。もちろん，ヒト胚へのゲノム編集治療は禁止されており（6.3節参照），現段階では胚を標的とした治療は行うことができない。そこで，ヒトのゲノム編集治療は遺伝子治療の遺伝子送達技術を応用して，非生殖細胞である体細胞や組織幹細胞を標的として治療を行う。

ゲノム編集治療を行うにあたり，1）標的細胞の選択，2）ゲノム編集ツールのデリバリー（送達）をどのように行うかが鍵になる。ゲノム編集ツールの送達法によって，直接ゲノム編集ツールを直接体内に投与する方法（体内法）と，体外へ細胞を取り出し，これにゲノム編集を行い体内へ投与（体外法）する方法とに分類できる（図4.2）。遺伝子治療では治療用遺伝子を長期に発現しなければならないため，中枢神経や成人の肝臓に対してはAAVベクター，増殖する造血細胞などにはレトロウイルスベクターやレンチウイルスベクターが用いられることが多い。一方，ゲノム編集治療では，ゲノム編集ツールの発現は一過性であっても，染色体DNAが修飾されれば，その治療効果は持続する。ここが現行の遺伝子治療と最も異なる点である。よって，ゲノム編集ツール，特にゲノム切断酵素の発現は一過性の方がよく，遺伝子治療とは異なり，mRNAやタンパク質によって導入されることも多い。

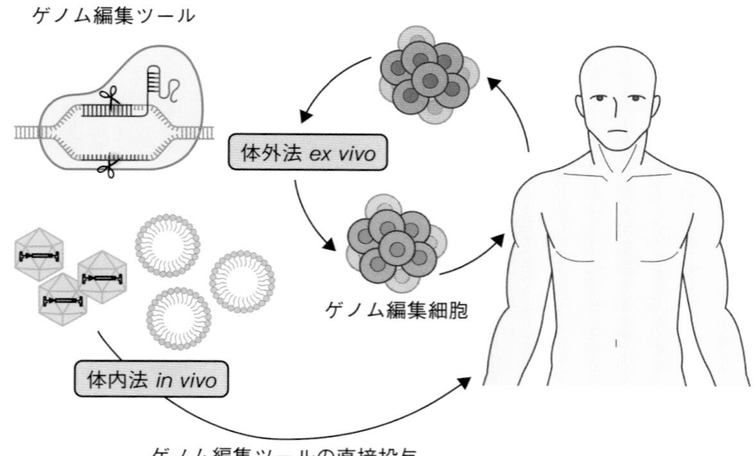

図 4.2　ゲノム編集治療のストラテジー
ゲノム編集による疾患治療は体内法と体外法に分けられる。体内法はゲノム編集ツールを直接体内に投与し，生体内の細胞を標的としたゲノム編集治療である。体外法は細胞を一旦分離し，体外で細胞にゲノム編集治療した後に体内に戻す方法である。

以下に実際のヒト遺伝子治療やゲノム編集に用いられるベクターや遺伝子導入方法について解説する。

4.4.1　ウイルスベクター

遺伝子治療では，その発現効率の高さからウイルスベクターが用いられることが多い。ウイルスの増殖や病原性に関係する遺伝子を排除し，ウイルスが細胞に入り込む性質を利用して遺伝子を細胞内に送達する。現在，遺伝子治療に用いられているウイルスベクターは染色体挿入型，染色体非挿入型に分けることができる。

4.4.1 ①　染色体挿入型ウイルスベクター

RNA ウイルスである**レトロウイルスベクター**や**レンチウイルスベクター**がこれにあたる。これらのウイルスの RNA は **LTR**（long-terminal repeat）

とよばれる構造を両側にもち，逆転写酵素によってRNAがDNAに変換され，これがインテグラーゼ（integrase）の作用により染色体へ挿入される（図4.3）。染色体DNAへ発現カセットが挿入されるために，細胞分裂を繰り返す細胞でも長期の遺伝子発現が可能になる。そのために，体外法の遺伝子治療に用いられる。様々な細胞に遺伝子導入が可能となるように，外殻が異なるウイルス（pseudotype）として用いる。様々な哺乳類細胞に感染可能なVSV-Gウイルスの外殻を利用することが多い。

2000年初頭に，重症免疫不全症X-SCIDに対して，造血幹細胞にレトロ

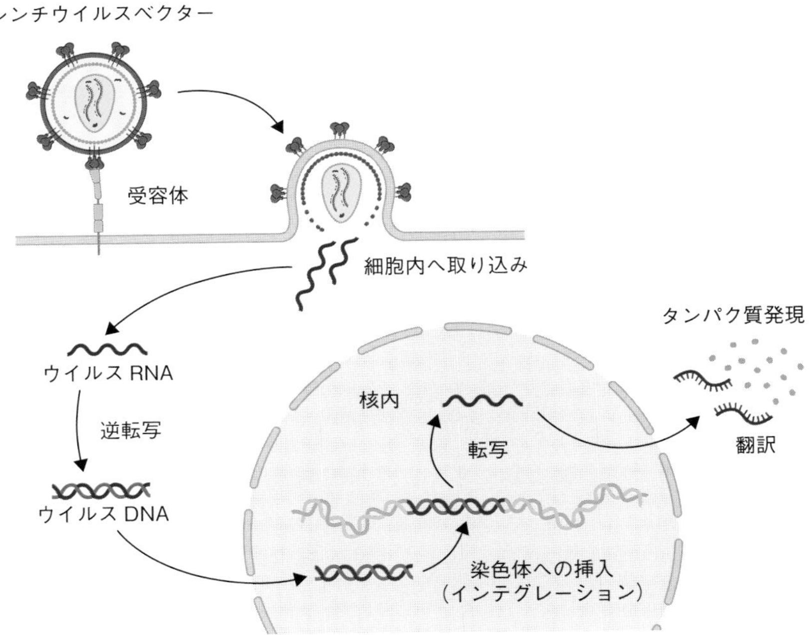

図4.3　レンチウイルスベクターによる遺伝子発現
レンチウイルスベクターは受容体と結合した後に細胞内に取り込まれる。ウイルス由来RNAは逆転写酵素によりDNAに逆転写される。ウイルス由来DNAは核内で染色体DNAへ挿入される。このDNA由来のmRNAが転写され，標的タンパク質が発現する。レンチウイルスベクターが染色体DNAに挿入されるために，細胞分裂後も遺伝子発現が安定である。

ウイルスベクターを用いて遺伝子を導入し，患者を治療した際にＴ細胞性白血病の発症が生じた。これは，レトロウイルスベクターが *LMO2* とよばれる転写因子近傍に挿入され，*LMO2* の発現を活性化させたことが原因と考えられている[4-1]。当時のレトロウイルスベクターはLTR自身にプロモーター活性をもつものであったが，現在では安全性を高めるためにLTRのプロモーター活性は排除している（SIN化：self-inactivation）。レンチウイルスベクターはレトロウイルスベクターの一種であるが，安全性の面ではレトロウイルスベクターよりも優れている。レンチウイルスベクターは，レトロウイルスベクターと比較して，染色体内の遺伝子間に挿入され易いため[4-2]，がん遺伝子の活性化などを引き起こしにくい。染色体への挿入を促進するインテグラーゼに変異を入れることで，染色体へ挿入しない一過性発現ができるベクターに改変できる（IDLV：integrase defective lentiviral vector）。下記に述べるAAVベクターと比べて，比較的大きな遺伝子を搭載できることも利点である。

一方，2021年2月に，米Bluebird Bio社が主導している鎌状赤血球症に対するレンチウイルスベクターの遺伝子治療を受けた患者1名が白血病を発症し，同製剤の臨床試験が一時的にストップした（2021年9月因果関係はないと報告）。今後，染色体挿入によるレンチウイルスベクターの安全性については，注意深い観察が必要である。

4.4.1 ②　染色体非挿入型ウイルスベクター

臨床で最も用いられている染色体非挿入型ウイルスベクターは**AAVベクター**である[4-3]。AAVはパルボウイルス属の小さな一本鎖DNAウイルスである。種々の血清型が存在し，それぞれの血清型で感染する臓器特異性が異なる。野生型AAVは，ウイルス増殖に必要なRepとウイルス外殻（カプシド）を作るCapの両端に**ITR**（internal terminal repeat）をもつだけの単純な構造をとる（図4.4）[4-4,5]。遺伝子のウイルス増殖にヘルパーウイルスを必要とするために，AAV単独では増殖しない。ウイルスベクターとして用いる際には，Rep/Cap遺伝子の代わりに搭載遺伝子カセットを挿入する（図4.4）。

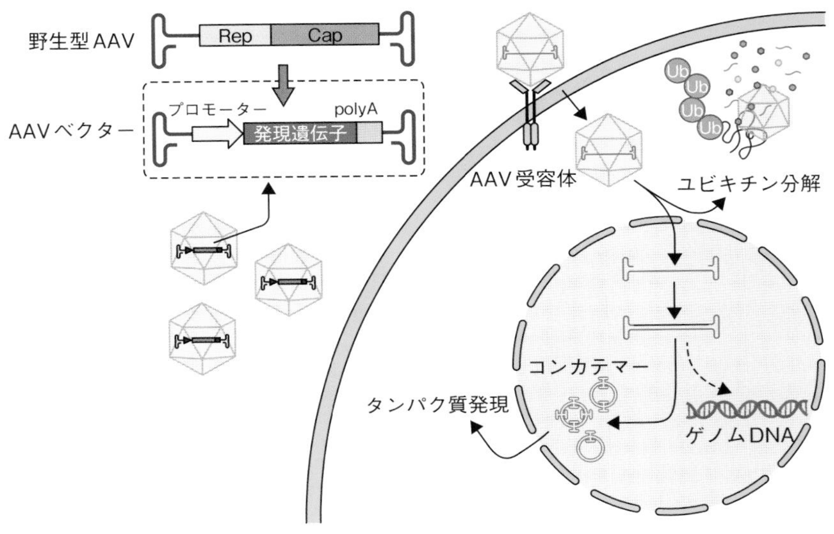

図4.4　アデノ随伴ウイルス（AAV）の構造と遺伝子発現
野生型AAVはRepとCap遺伝子がITRとよばれる構造で挟まれた構造をもつ。AAVベクターはRep/Capを搭載遺伝子カセットに置換してある。AAVは受容体に結合した後に核内に移行し，AAV内の遺伝子が遊離して，ITRを利用して二本鎖となり，エピゾームにコンカテマーの状態で安定して存在し，遺伝子を発現する。ゲノムDNAへの挿入はわずかである。

AAVベクターは染色体へ挿入されにくいという特徴とともに，アデノウイルスと比較して免疫原性も少なく，安全性が高いベクターとして臨床応用が進んでいる。非増殖細胞でも遺伝子導入が可能である。一方，搭載できる遺伝子長が5 kb未満に限られ，染色体へ挿入されにくいために分裂細胞の場合は遺伝子導入が持続しない。そのため，AAVベクターを用いた通常の遺伝子治療では，分裂しにくい中枢神経や成人の肝臓が主な治療ターゲットとなる。一方，無症候性の既感染にともない血中にAAVに対する中和抗体が存在する場合には，全身投与によるAAVベクターの治療効果は減弱する。脊髄性筋萎縮症（SMA：spinal muscular atrophy）に対するZolgensma®は約1億7000万円の薬価で保険収載され，2020年に国内で20例以上に投与された。

AAV ベクターは生体に効率よく遺伝子導入ができることから，ゲノム編集ツールを発現させる送達技術として基礎研究に用いられてきた。実際に中枢神経，肝臓，筋肉などにベクターを直接投与することで体細胞のゲノム編集が可能である。さらに AAV ベクターは，ゲノム編集による修復用配列（ドナーテンプレート）として優れた性質を有している。二本鎖 DNA よりも一本鎖 DNA の方が修復配列として効率がよいことが知られている。そのため細胞レベルのゲノム編集の際には，修復配列をもつ数十塩基の一本鎖オリゴヌクレオチドが利用される。一方，一本鎖オリゴヌクレオチドの長鎖の作製は難しく，かつ数百～1000 塩基を超える標的遺伝子の挿入には使用しにくい。その点，AAV ベクターはゲノム編集の**ノックイン**や**相同配列依存的修復（HDR）**テンプレートとなる DNA を細胞に届けるツールとして有望である[4-6)]。細胞へのゲノム編集には，血清型として AAV6 の効率がよいことが報告されている。

4.4.2　非ウイルスベクター

ゲノム編集にウイルスを用いない遺伝子導入法も注目されている。遺伝子の発現が維持されなければいけない遺伝子治療とは異なり，ゲノム編集治療は一過性の発現でも可能である。DNA が存在しないため，ゲノム編集ツールの配列が標的細胞の染色体に挿入されるリスクは限りなくゼロに近い。

4.4.2 ①　脂質ナノ粒子（LNP：lipid nanoparticle）

LNP を用いて mRNA や DNA を細胞内に届ける技術である。脂質二重層にポリエチレングリコール（PEG）が結合した状態で核酸を封じ込める（図 4.5）。局所投与で SARS-CoV-2 のワクチンにも用いられることは前述の通りである。静脈投与では，PEG 修飾された LNP は血流が豊富な肝臓に蓄積する。静脈投与では，分布の過程において，LNP の PEG が外れ，内在性のアポリポタンパク質（Apo）E が結合する（図 4.5）。この LNP が肝臓細胞に発現する LDL 受容体などを介して肝臓細胞に取り込まれる。細胞内で LNP

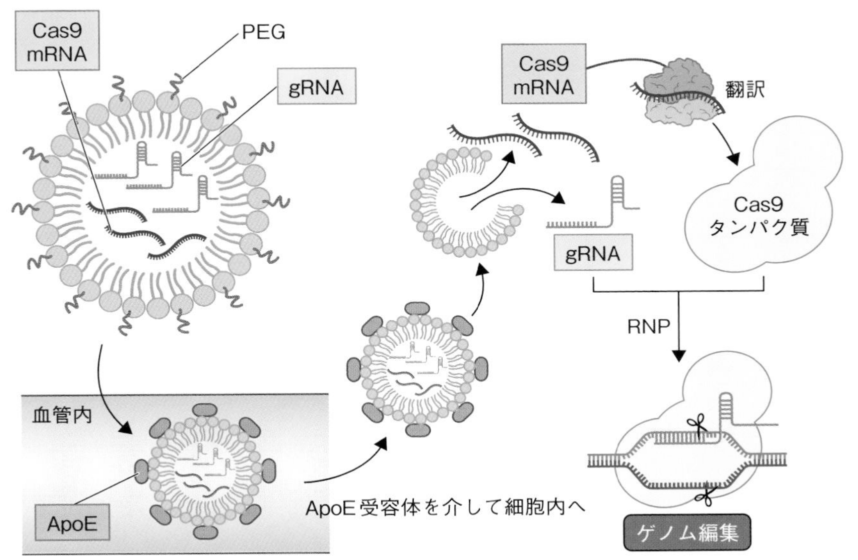

図 4.5　脂質ナノ粒子（LNP）によるゲノム編集
脂質二重膜にポリエチレングリコール（PEG）を結合させた粒子の中にCas9 mRNAとgRNAを包埋させる。全身投与の場合は，血管内でPEGが除去され，ApoEと結合する。血流が豊富な肝臓にLNPは集積し，LDL受容体などのApoE受容体と結合して肝臓細胞に取り込まれる。細胞内に取り込まれたmRNAからCas9タンパク質が翻訳され，CasとgRNAが複合体を形成し（RNP），ゲノム編集を引き起こす。

の脂質とエンドソーム膜が融合し，細胞内に核酸が放出される（図 4.5）。

このLNPを利用した薬剤が，Alnylam社のトランスサイレチン型家族性アミロイドポリニューロパチーに対するRNA干渉薬Onpattro™である。疾患の原因となる*TTR*遺伝子由来のmRNAをRNA干渉の機序で抑制する薬剤である。ゲノム編集では，LNPにCas9 mRNAとgRNAを包埋させ，肝臓にCas9の一過性発現が可能になる（図 4.5）。

4.4.2 ②　ウイルス様粒子（VLP：virus-like particle）

ウイルス粒子内に，ウイルスゲノムではなくCas9タンパク質とgRNAを含ませ，ゲノム編集を行う技術である。最近報告されたNanoMEDICという手法では，小分子(AP21697)に結合するFRBタンパク質の一部をCas9に，さらに片割れのFKBP12タンパク質をVLPの裏打ちタンパク質であるGagに連結させ，小分子（AP21697）添加により粒子内でRNP複合体を形成させる[4-7]。実際にデュシェンヌ型筋ジストロフィー（DMD）患者由来iPS細胞のエクソンスキッピングによるゲノム編集が可能になる。プラスミドDNAの遺伝子導入よりもオフターゲットが少ないことが報告されている。

4.4.2 ③　Cas9タンパク質gRNA複合体

胚へのゲノム編集に対する効率的な方法として，Cas9タンパク質とgRNAの複合体（RNP）の導入がある。Cas9タンパク質はgRNAと*in vitro*で混合することでRNP複合体を形成する。RNPを細胞内に導入するには，DNAやmRNAと同様にリポフェクションで行う場合とエレクトロポレーションで導入する場合がある。プラスミドによる導入よりも細胞毒性が低い。マウス胚へのRNPの導入もエレクトロポレーションで効率よく行うことができるため，マイクロマニピュレーターなどの特別な技術が必要ない。

4.5　ゲノム編集治療のストラテジー

ゲノム編集に用いられるヌクレアーゼであるZFN（zinc finger nuclease），TALEN，Cas9の詳細，そのゲノム編集の機序については他項に譲り，本項では，これらのヌクレアーゼを利用してどのように疾患治療に応用するかについて述べる（図4.6）。

4.5.1　非相同末端結合（NHEJ）によるノックアウト

ゲノム編集のヌクレアーゼ活性によって，**二本鎖DNAの切断**（**DSB**）を引き起こすことで遺伝性疾患の治療を行う。DSBを受けた染色体DNAは自身の修復機構である**非相同末端結合**（**NHEJ**：non-homologous end-joining）

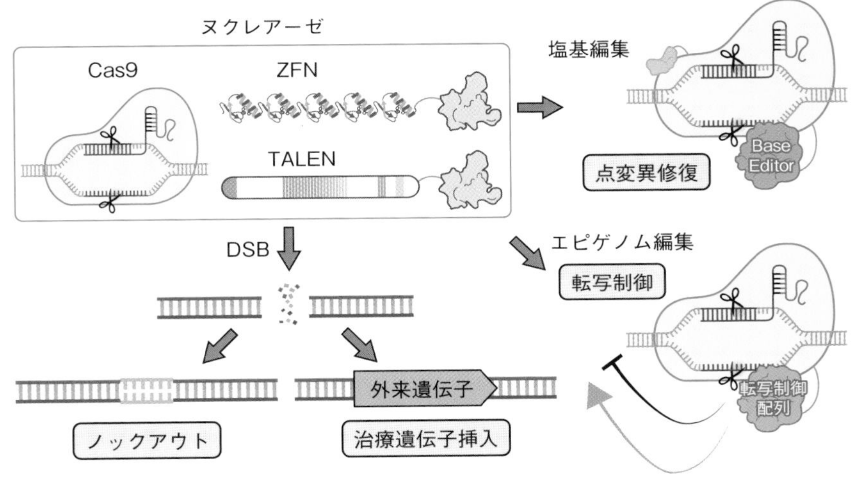

図 4.6　ゲノム編集治療の原理
Cas9，ZFN，TALEN などのヌクレアーゼにより特定の遺伝子座に二本鎖 DNA 切断（DSB）を引き起こす。この DSB 部位に生じる変異を利用して標的遺伝子をノックアウトしたり，外来遺伝子を挿入する。塩基編集は，ニッカーゼ Cas9（一本鎖 DNA のみを切断）に脱アミノ化酵素（base editor）を結合させ，疾患点変異を修復する方法である。エピゲノム編集は dCas9（切断活性なし）に転写制御配列結合させ，転写のオン・オフを制御する技術である。

によって DSB 部分に変異が生じ，標的遺伝子の発現が低下する（ノックアウト）。DSB による疾患治療は，1）異常 mRNA を発現する遺伝子の発現低下，2）標的分子のネガティブレギュレーターの低下，3）スプライスの調節，に分けられる。

異常タンパク質遺伝子をノックアウトするストラテジーによる疾患の代表例は，肝臓でのトランスサイレチンの変異による**トランスサイレチン型家族性アミロイドポリニューロパチー**（**FAP**）である[4-8]。肝臓で作られた異常なトランスサイレチンタンパク質がアミロイドを形成し，これが末梢神経，心臓，消化管，目，腎臓などの組織に蓄積して疾患が発症する（図 4.7）。ゲノム編集により**トランスサイレチン**（***TTR***）**遺伝子**のノックアウトにより，アミロイド沈着が減じる。現在の RNA 干渉の方法では繰り返し投与が必要

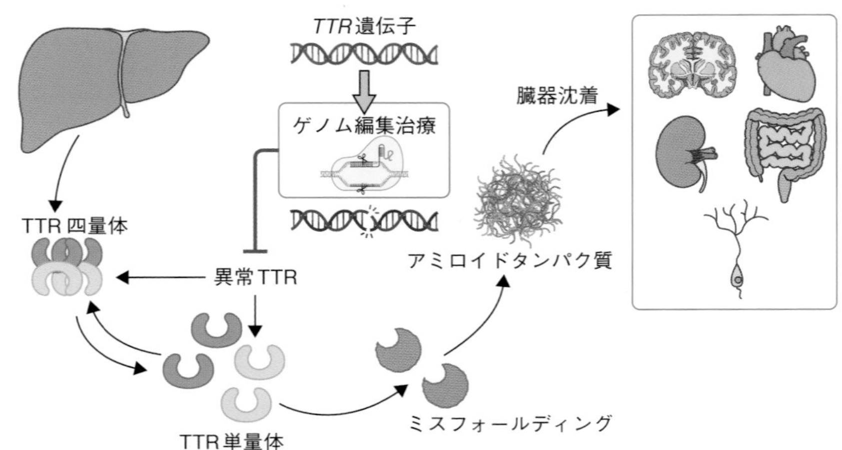

図 4.7　トランスサイレチン型家族性アミロイドポリニューロパチーの病態とゲノム編集治療
肝臓で産生されたトランスサイレチン（TTR）は四量体を形成する。*TTR* 遺伝子異常により生じた異常な TTR は単量体の際に多量体へのミスフォールディングが生じ，重合しアミロイドタンパク質が生じる。このアミロイドタンパク質が各臓器に蓄積して，様々な症状を引き起こす。ゲノム編集により *TTR* 遺伝子座のノックアウトを行うことで TTR が減少し，アミロイドの臓器沈着が抑制される。

だが，ゲノム編集であれば1回の治療で効果が持続することが期待される。実際にヒト臨床試験が進んでいる（後述）。

ネガティブレギュレーターのノックアウトによる治療候補としては**鎌状赤血球症**や**β サラセミア**がある。いずれの疾患もヘモグロビンの β グロビンの遺伝子異常である。ヘモグロビンは赤血球に含まれる酸素運搬に重要なタンパク質である。β サラセミアは β グロビンの量的な低下によるが，鎌状赤血球症ではアミノ酸置換による異常ヘモグロビン（HbS）が生じる。この異常ヘモグロビンは赤血球の形態変化を阻害して血栓症などを生じる。赤血球の酸素運搬に必要なヘモグロビンは，成人では HbA とよばれ，α と β のサブユニットによる四量体を形成する。胎児期には β サブユニットの代わりに γ サブユニットをもつ HbF（胎児型）である。胎児期 HbF は成人 HbA よりも酸素への結合能が高い。これにより胎児ヘモグロビンは胎盤から効率

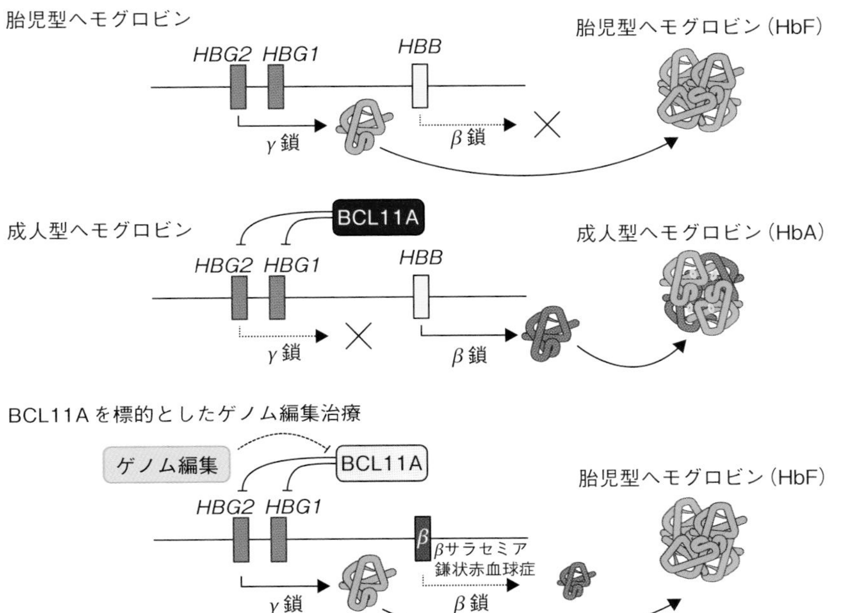

図 4.8 βサラセミアや鎌状赤血球症に対する BCL11A を標的としたゲノム編集治療
胎児期には *HBG* 遺伝子からヘモグロビンγ鎖が発現し胎児型ヘモグロビン（HbF）が生じる。成人では BCL11A とよばれる抑制型の転写因子によりγ鎖の転写が制御され，βヘモグロビンが発現し成人型ヘモグロビン（HbA）が生じる。βヘモグロビンの異常であるβサラセミアや鎌状赤血球症では BCL11A やその結合部位をゲノム編集でノックアウトすることで，HbF の発現を誘導し貧血を改善させることが可能である。

的に酸素を得ることができる。出生後にγサブユニットからなる HbF（胎児型）から HbA へのスイッチが起こる（図 4.8）。この HbA へのスイッチは **BCL11A** とよばれる転写因子で行われる[4-9]。鎌状赤血球症やβサラセミアに対して，造血幹細胞を標的として，*BCL11A* を抑制するゲノム編集治療が行われている。他にも家族性高コレステロール血症にもゲノム編集治療が予定されている（図 4.9）。家族性高コレステロール血症は遺伝性に血中 LDL コレステロール値が高く，若年性動脈硬化をきたす疾患である。**PCSK9** とよばれる酵素は LDL 受容体に結合し，これを分解してしまう[4-10]。

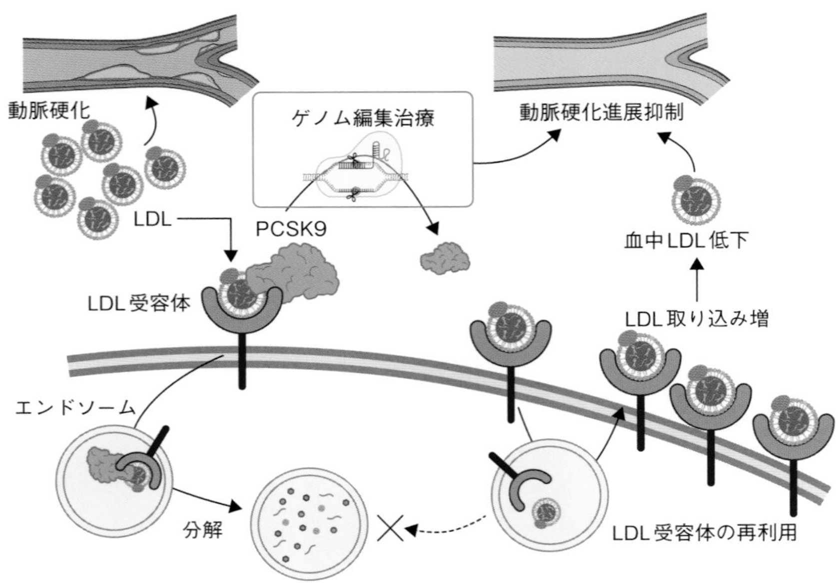

図 4.9　家族性高コレステロール血症に対する PCSK9 を標的としたゲノム編集治療
家族性高コレステロール血症患者では，血中 LDL コレステロール値が極度に高く，若年でも動脈硬化を生じ，心筋梗塞や脳梗塞の危険性が上昇する。LDL は肝臓で LDL 受容体を介して取り込まれ，PCSK9 というタンパク質によりリソソームで分解される。*PCSK9* をゲノム編集により抑制することで，LDL 受容体のリサイクルが生じ，結果的に肝臓での LDL 取り込みが促進され，血中 LDL 値が低下し，動脈硬化の進展を抑制する。

実臨床でも PCSK9 の阻害抗体が難治性の高コレステロール血症の治療薬として用いられている。*PCSK9* をゲノム編集によりノックアウトすることで高コレステロール血症の治療が可能になる（図 4.9）。これも 1 回の治療で，持続する効果が期待できる。

他の候補として**血友病**もある。血友病は凝固因子（第 VIII 因子，第 IX 因子）が欠乏する遺伝性の出血性疾患である。生体内の止血反応は凝固因子による反応と抗凝固因子による制御機構のバランスによって成り立っている。実際に抗凝固因子であるアンチトロンビンに対する RNA 干渉の皮下注製剤が血友病に対して治験中である [4-11]。血友病に抗凝固因子であるアンチトロンビンのゲノム編集によるノックアウトにより血中アンチトロンビンを減少させることで，止血能が回復する[4-12]。

スプライス部位の調節によるゲノム編集治療としては，**Leber 先天性黒内障**（**LCA**）が挙げられる。黒内障という名前は，眼球の見た目に異常がないが，眼が見えないことを表した言葉である。小児の先天性の視力障害を引き起こす疾患である。LCA は常染色体劣性遺伝病で，複数の変異が報告されている。中でも 10 型（LCA10）の最も高頻度な遺伝子異常が ***CEP290*** のイントロン 26 における A → G 変異である（図 4.10）。この変異により異常なスプライスドナー部位が発現することが原因である。この異常スプライス部位をノックアウトするゲノム編集治療が行われている[4-13]。また，他にもエクソンスキッピングとよばれる手法により異常なエクソンの前後をゲノム

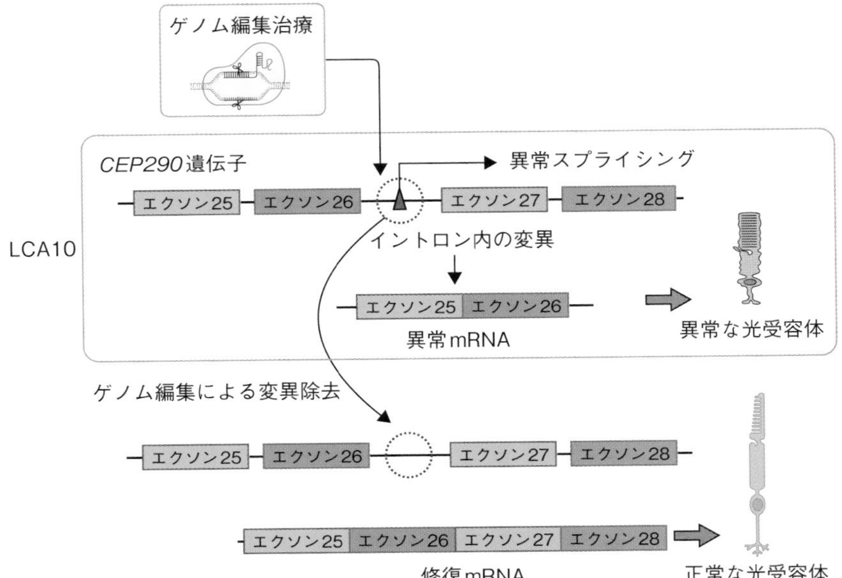

図 4.10　Leber 先天性黒内障（LCA）10 に対するゲノム編集治療
LCA10 は *CEP290* 遺伝子のイントロン内の変異で生じることが多い。イントロン内の変異がスプライスアクセプターとして働き，異常なスプライスにより変異 mRNA が発現し，それ以下のタンパク質発現が生じないために異常な光受容体が生じる。ゲノム編集によりこの変異を除去することで，スプライスが正常化し，正常な光受容体が生じる。

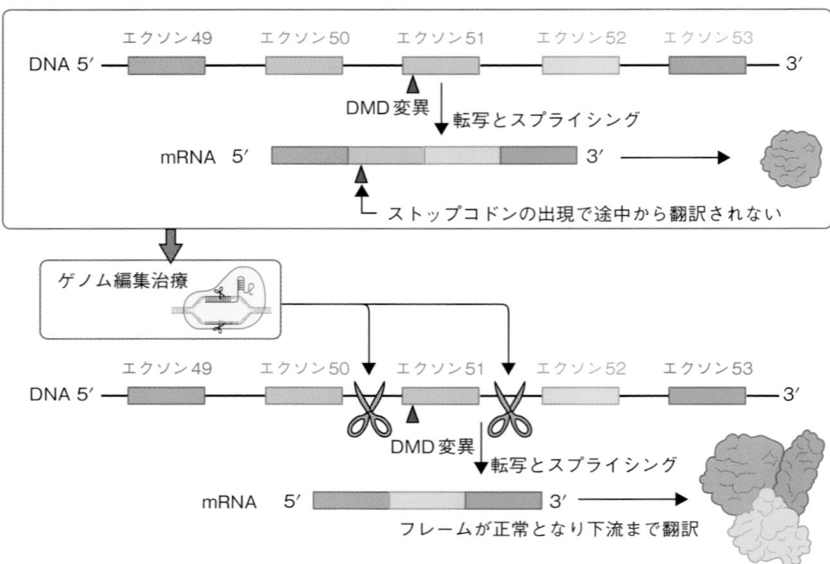

図 4.11　デュシェンヌ型筋ジストロフィー（DMD）に対するゲノム編集治療
DMDではエクソンの変異によりストップコドンが生じて途中のmRNAから翻訳されないことが原因である。ゲノム編集で異常となるエクソンを排除することで，それ以降のエクソンの翻訳が正常に行われるようになり，疾患治療が可能になる。

編集で排除することで，機能的なタンパク質を産生させるストラテジーが，デュシェンヌ型筋ジストロフィー（DMD）の動物モデルで報告されている（図 4.11）[4-14]。

4.5.2　相同配列依存的修復（HDR）とノックイン

DSB後のDNA修復には，NHEJと**相同配列依存的修復**（**HDR**）がある。HDRの技術はES細胞を用いた遺伝子改変マウスの作製に利用されてきたが，HDRの効率がきわめて悪く，多数のES細胞をスクリーニングする必要があった。ゲノム編集技術が確立し，ヌクレアーゼによるDSBによってHDR効率が飛躍的に亢進することが明らかになったが，DSB後のDNAは，その多くがNHEJにより修復され，未だHDRの効率は悪い。ヌクレアーゼによるDSBによるゲノム毒性を防ぐために，HDRのみで疾患遺伝子を修復させる試みもあるが，DSBなしにHDRのみで，治療効果がどの程度期待できるかは不明である。そこで，現在疾患治療に最も用いられている方法は，ヌクレアーゼによるDSBと同部位への修復用遺伝子のノックインである。細胞へのノックインには一本鎖オリゴヌクレオチドが用いられるが，ゲノム編集で長鎖の配列を挿入するには，ノックイン配列としてAAVベクターを利用する場合が多い。DSB後のNHEJを介したノックイン効率を高める方法として，MMEJ，HITIなどの技術が報告されている。

実際の疾患治療で応用が進んでいるのは，肝臓を標的としたノックイン治療である（図4.12）。血液凝固第IX因子が欠損する血友病Bマウスモデルで，ZFNを用いてイントロン部位を標的としたDSBを引き起こし，同

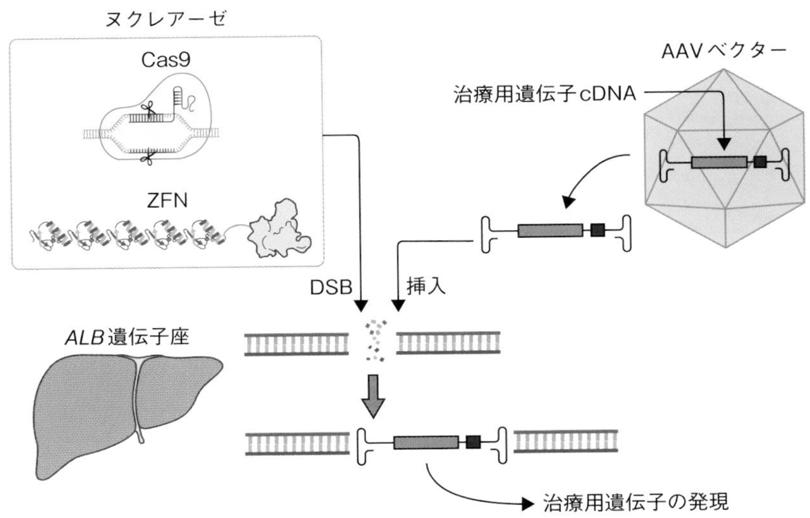

図4.12　肝臓を標的としたノックインによるゲノム編集治療
Cas9やZFNなどのヌクレアーゼにより肝細胞の*ALB*などの標的遺伝子に二本鎖DNA切断（DSB）を引き起こす。このDSB部位に，AAVベクターなどで送達した目的遺伝子が挿入される。内在性のプロモーターによって治療用遺伝子の発現が可能になる。

部位に下流エクソンをノックインするゲノム編集治療が2011年に報告された[4-15]。筆者らもCRISPR-Cas9でDSBをイントロンに引き起こし，ノックインを行う治療法を提唱した[4-12]。さらに，肝臓で産生が盛んな血漿タンパク質であるアルブミン（*ALB*）遺伝子座に，別遺伝子をノックインさせて，強力なプロモーター活性で治療用遺伝子を発現させる手法が報告された（図4.12）[4-16]。この手法は，現在臨床応用が進められている。またHDRを正確にする手法による細胞ゲノム編集治療も臨床応用が進められてきている。

4.5.3　塩基編集

塩基編集はDSBを引き起こさずに点変異を修復させる技術である（図4.13）[4-17]。ゲノム編集によるDSBはオフターゲット以外にも，編集部位の大きな欠失や転座を引き起こすことが報告されており，実際の疾患治療においてゲノム毒性が生じる可能性が指摘されている[4-18]。そこでDSBを引き起こさないゲノム編集技術として塩基編集が着目され，実際に臨床応用を目指した動きも加速している。DSBを引き起こさないように工夫したニッカーゼCas9に脱アミノ化酵素を結合させる（図4.13）。主に2種類の塩基編集ツールとして，シトシン塩基編集（C・GからT・A），アデニン塩基編集（A・TからG・C）技術がある。これらの塩基編集によりCからT，AからG，TからC，GからAの4種類の変異修復が可能となる（図4.13）。この技術により，ヒト遺伝子変異の30％が修復できる。塩基編集により，ヒト疾患変異をもつ細胞や動物による遺伝子の修復が報告されている。ヒト遺伝性疾患の変異は点変異によるものが多いため，塩基編集治療の潜在的なポテンシャルは高い。

塩基編集応用の問題点は，Cas9のDNA認識にPAM配列が必要な点である。SpCas9であれば，PAMとしてNGGが必要なために，SpCas9のNGGであっても16分の1程度の変異にしか対応できない。また，小型のCas9になるほど，PAMが複雑になる傾向がある。PAMを単純にする複数のCas9が報告されており[4-19]，これらを塩基編集ツールとして利用するこ

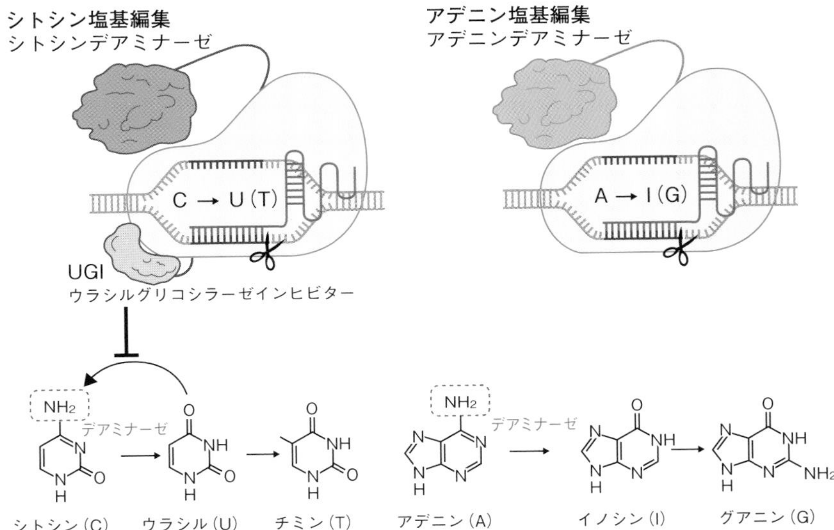

図 4.13　塩基編集治療の概要

塩基編集ツールは，gRNA の結合 DNA のみを切断するニッカーゼ Cas9 に，脱アミノ化酵素であるシトシンデアミナーゼ（CBE）やアデニンデアミナーゼ（ABE）を結合させる。これにより，シトシンやアデニンのアミノ基を除去する。シトシンデアミナーゼの場合，ウラシルからシトシンへの変換を抑制するためにウラシルグリコシラーゼインヒビター（UGI）を結合させておく。ABE の場合，同様の工夫は不要である。

とで多くの変異に対応可能な技術となりうる。

さらに塩基編集の問題点は，オフターゲットに加えて，標的部位近傍の同じヌクレオチド変異にも注意が必要なことである。それぞれの塩基編集ツールによって塩基編集可能な領域は異なるが，塩基編集ツールの標的部位には数塩基の幅があるため，近傍の同一塩基に対して変異を引き起こす可能性がある（bystander 効果）。その半分程度はアミノ酸変異を伴わない変異であるとされているが，実際に病的変異を引き起こす可能性も否定できない。そのため，より標的範囲が狭い脱アミノ化酵素である改変型（YE1，YE2，YEE など）や，配列依存性の高い改変体も開発されている。目的に応じてどのような塩基編集ツールを選ぶべきか，最近のレビューにわかりやすく解説されている[4-17]。

4.5.4　プライム編集

プライム編集（prime editing）は，2019年末にDSBや修復用ドナーDNAの必要がない新しいゲノム編集技術として報告された[4-20]。Cas9ニッカーゼにRNAからDNAへの逆転写酵素を結合させ，用いるgRNA鎖の3′末端に標的の修復配列をもつRNA，および上流のDNA配列に結合する塩基（PBS：primer binding site）を付加する（pegRNA：prime editing guide RNA）。gRNAに修復用配列を結合させたところがポイントである。これまでの手法と比較して複雑ではあるが，塩基編集よりも多くの変異に対応でき，遺伝性疾患の原因となる点変異の89％が修復可能と報告している。中国のグループがイネを用いた実験で，prime editingの効率が0～31％であると報告している[4-21]。

最近，マウス胚を用いたprime editingの効率が報告された。化学修飾されたpegRNAを用いることで編集が可能なものの，大欠失や予期せぬ変異が多く認められている。実際の治療には，さらなる系の改良が必要と思われる。

4.5.5　エピゲノム編集

DNA切断領域に変異を入れた切断活性のないCas9（dCas9：dead Cas9）に転写活性の調節因子を結合させて，転写のオンとオフを調節する技術である[4-22]。具体的にはDNAのメチル化，脱メチル化，ヒストンアセチル化，脱アセチル化による遺伝子転写調節を引き起こす。DNAの切断を伴わないことが利点である。低分子化合物を利用してエピゲノム活性を調整する技術も報告されている[4-23]。エピゲノム編集技術は，エピジェネティックな変化が発症に影響する浸透度が低い遺伝性疾患に対しての応用が期待できる。

4.6　ゲノム編集治療開発の動向

種々の製薬会社がゲノム編集による疾患治療を開始しているが，治験の結果が公表されているものはまだ少ないため，2021年4月の段階で，製薬会

表 4.1　治験が進行中のゲノム編集治療（T 細胞療法を除く）

	ID	相	標的疾患	標的細胞	手法	送達法	ゲノム編集法	企業
SB-FIX	NCT02695160	I/II	血友病 B	肝臓	体内法	AAV6	ZFN *ALB*へのノックイン	Sangamo Therapeutics
SB-913	NCT3041324	I/II	ムコ多糖症II型	肝臓	体内法	AAV6	ZFN *ALB*へのノックイン	Sangamo Therapeutics
SB-318	NCT02702115	I/II	ムコ多糖症I型	肝臓	体内法	AAV6	ZFN *ALB*へのノックイン	Sangamo Therapeutics
ST-400	NCT03432364	I/II	鎌状赤血球症	造血幹細胞	体外法	mRNA	ZFN *BCL11A* ノックアウト	Sangamo Therapeutics
BIVV003	NCT03653247	I/II	βサラセミア	造血幹細胞	体外法	mRNA	ZFN *BCL11A* ノックアウト	Sanofi
CTX001	NCT03655678 NCT03745287	I/II	鎌状赤血球症 βサラセミア	造血幹細胞	体外法	RNP	CRISPR-Cas9 *BCL11A* ノックアウト	CRISPR Therapeutics
EDIT-101	NCT03872479	I/II	Leber 先天性黒内障 10 型	光受容体細胞	体内法	AAV5	CRISPR-Cas9 *CEP290* 変異除去	Editas Medicine
NTLA-2001	NCT04601051	I/II	遺伝性トランスサイレチンアミロイドーシス	肝細胞	体内法	LNP	CRISPR-Cas9 *TTR* ノックアウト	Intellia Therapeutics
QTQ923	NCT04443907	I/II	鎌状赤血球症	造血幹細胞	体外法	RNP	CRISPR-Cas9	Intellia　Therapeutics
HIX763							*BCL11A* ノックアウト	Novartis
LBP-EC01	NCT04191148	I/II	尿路感染症	ファージ	体外法	ファージ	Cas3（内在性） gRNA 発現	Locus Biosciences

社のホームページやClinicalTrails.govに登録されている情報などから，重要と思われる臨床試験や開発が予定されている疾患について，個々の企業ごとに開発の概要を紹介する。IND（Investigational New Drug）申請とは，米国の治験届に相当し，臨床試験を行うための承認を受ける手続きである。許可を受けて実際の臨床試験が開始される。IND申請が終了し，治験が進行中のゲノム編集治療について表4.1にまとめた。複数のCAR-Tなどの細胞治療に対するゲノム編集の応用の詳細については3章を参照いただきたい。

4.6.1　CRISPR Therapeutics社（http://www.crisprtx.com）

CRISPR-Cas9の発見でノーベル化学賞を受賞したシャルパンティエ（Emmanuelle Charpentier）が2013年に共同設立したスイスを拠点とするベンチャー企業である。

4.6.1 ①　鎌状赤血球症，β サラセミア（治験薬CTX001，NCT03655678，NCT03745287）

2021年のThe New England Journal of Medicine（N. Engl. J. Med.）に，CRISPR TherapeuticsとVertex Pharmaceuticalsによる臨床試験の結果が報告された[4-24]。自己造血幹細胞であるCD34陽性造血幹細胞を採取し，これにCRISPR-Cas9によるRNPによって*BCL11A*のGATA-1結合部位をゲノム編集する（図4.8）。NHEJによって*BCL11A*を破壊した後の造血幹細胞（CTX001）を，移植前処置後の患者に投与する第I/II相試験の2例の結果である。CLIMB-111では，年間10単位以上の輸血を2年間以上続けている**βサラセミア**を対象とした。ベースライン時のHbは9 g/dL，うちHbFの割合は3%程度であったが，CTX001投与18か月後にHbは14.1 g/dLまで上昇し，93%がHbFであった。第I/II相試験であるCLIMB-112では，過去2年間に2回以上の血栓閉塞イベントを生じた**鎌状赤血球症**の患者を対象とした。ベースラインのHbは7.2 g/dL，74%がHbS，9%がHbFだった。CTX001投与15か月後にHbは12.0 g/dLまで上昇し，43%がHbFであった。投与後に血栓イベントは生じなくなった。2020 年の米国血液学会では，CLIMB-111 が投与されたサラセミア患者 13 例のうち 3 か月以上が経過した 7 例のデータとして，投与後に Hb が 9.7g/dL から 14.1 g/dL に上昇し，HbF の割合が 97%まで上昇して輸血不要になったこと，ならびに CLIMB-112 が投与された鎌状赤血球患者において HbF レベルが 48%まで上昇したことが報告されている。

4.6.1 ②　B 細胞性リンパ腫（治験薬 CTX110,NCT04035434）

すでに急性リンパ性白血病や B 細胞性**悪性リンパ腫**に対して，自己 T 細胞を用いる CAR-T 治療が国内でも保険収載されている。これは B 細胞性リンパ腫に発現する CD19 を認識するキメラ受容体を T 細胞表面に発現させ，これを患者に再投与する製剤である。しかし，造血器悪性腫瘍の患者では度重なる抗がん剤による化学療法の影響で十分な自己 T 細胞が得られないこともある。CTX110 は健常人から得られた同種 T 細胞による CAR-T 治療薬である。ゲノム編集によって $\beta 2$ ミクログロブリンと T 細胞受容体（TCR）α 鎖を破壊することで，他者への投与を可能にした，いわゆる**同種 universal CAR-T** である。また，本治験薬は TCRα 遺伝子座にゲノム編集で CD19 を認識するキメラ遺伝子が挿入されているため，通常の CAR-T 細胞のようにレトロウイルスベクターやレンチウイルスベクターに見られる染色体へのランダムな挿入は起きにくい。さらに，健常人から多くの T 細胞を得ることができ，かつ患者から白血球のアフェレーシスを行う必要がないため，迅速に治療ができるメリットがある。

CARBON 試験は，難治性の CD19 陽性 B 細胞性悪性腫瘍 131 例を対象とした，CTX110 の安全性を主要評価項目，治療効果を二次評価項目とした第 I/II 相試験である。2 つのパートからなり，パート A は用量制限毒性による有害事象の発生率を検証し，パート B はコホートを拡大して行われる。2020 年 10 月にパート A の結果がプレスリリースされ，2020 年 9 月までに 12 名の患者が治験に組み込まれ，順に 30×10^6 細胞（DL1：3 名），100×10^6 細胞（DL2：3 名），300×10^6 細胞（DL3：4 名），600×10^6 細胞（DL4：

1名）に振り分けられた。完全寛解がDL1は0%，DL2は33%，DL3は50%，DL4は100%に認められた。DL4に振り分けられた1名は完全寛解が確認された後にHHV-6による脳炎による意識障害が生じ，延命治療が中止された後に死亡している。

4.6.1 ③　多発性骨髄腫（治験薬CTX-120，NCT04244656）

現在，同様のuniversal CAR-Tとして，BCMAを標的としたCTX120を用いた第I/II相試験が進行している。BCMAは形質細胞に発現するB細胞成熟抗原で，すでにBCMAを標的とした自己CAR-T治療が開発中であり，良好な臨床的有効性が報告され[4-25]，Janssen社が2021年12月に国内においても製造販売承認を申請した。CTX120試験は，再発性の**多発性骨髄腫**80症例を対象にBCMAを標的としたCRISPR-Cas9ゲノム編集による同種universal CAR-T細胞の安全性と有効性を検討する試験である。パートAは用量制限毒性による有害事象の発生率を検証し，パートBはコホートを拡大して行われている。

4.6.1 ④　腎細胞がん，造血器悪性腫瘍（治験薬CTX130，NCT04502446，NCT04438083）

治験薬CTX130は上記同様のゲノム編集による同種universal CAR-Tであり，CD70を標的としている。CD70は造血器悪性腫瘍だけでなく，様々な悪性腫瘍に発現するがん抗原として着目されている。NCT04502446は再発性のT細胞，B細胞性造血器悪性腫瘍を対象とした第I/II相試験である。45症例を対象とし，上記の試験と同様に用量漸減パートとコホート拡大パートに分けられる。NCT04438083は再発性の腎細胞がんを対象とした第I/II相試験である。107名を対象にして，同様の用量漸減パートとコホート拡大パートに分けられる。2021年中に中間成績が報告される予定である。

4.6.1 ⑤　1型糖尿病

CRISPR-Cas9によりゲノム編集して，免疫反応で排除されない多能性幹細胞由来の同種膵臓細胞による細胞治療をViaCyte社と開発中である。ViaCyte社は糖尿病に対する多能性幹細胞を用いた再生医療を目指している。多能性幹細胞であるES細胞を分化してpancreatic endoderm cells（PEC-01）を得て，移植デバイス中に包埋して皮下に移植する。すでに臨床試験を開始している（治験薬：VC-01，VC-02）。皮下にデバイス移植後に血管網が形成され，デバイス内でα, βなどの種々の膵臓細胞に分化するという。血管網がデバイス内に入り込むと，細胞が免疫細胞によって除去されないように免疫抑制剤が必要である。血管網が入り込まないようにすると細胞の生存面において不利である。そのため，多能性幹細胞をゲノム編集によって免疫から逃れられるように工夫したのが，CRISPR Therapeuticsとの共同研究によるPEC-QTである。今後，臨床試験開始のための手続きが予定されている。

4.6.1 ⑥ その他

CRISPR Therapeuticsで，研究開発段階のものとして，グリコーゲン貯蔵病（GSD1a：glycogen storage disease type 1a）（自己開発），デュシェンヌ型筋ジストロフィー（DMD）（Vertex社へのライセンス予定），筋強直性ジストロフィー myotonic dystrophy（Vertexとの共同開発中），嚢胞性線維症 cystic fibrosisが報告されている。

4.6.2 Sangamo Therapeutics社（https://www.sangamo.com）

ZFNを用いた臨床試験をいち早く行い，ゲノム編集治療の先駆けとなった米国の企業である。ゲノム編集以外にも，AAVベクターを用いた血友病A治療薬やFabry病の治療薬の開発も行っている。

4.6.2 ① βサラセミア，鎌状赤血球症（治験薬ST-400，NCT03432364，治験薬BIVV003 NCT03653247）

治験薬ST-400は，上述のCRISPR-Cas9の**鎌状赤血球症**と**βサラセミア**の試験と同様に，ZFN mRNAを用いて自己造血幹細胞の*BCL11A*のNHEJ

によるノックアウトストラテジーで胎児性 HbF を発現させる製剤である（図 4.8）。**ZFN** を mRNA で導入した自己造血幹細胞（CD34 陽性細胞）を，ブスルファンによる移植前処置後に投与した。6 名を対象とした安全性と有効性を検証する Phase I/II 試験が行われ，2019 年の米国血液学会においてプレリミナリーな結果が報告された。3 名の患者が自己造血幹細胞から得られた ST-400 の製造を完了し，2 名が投与を受けた。1 名は 6.1×10^6 cells/kg，もう 1 名は 4.5×10^6 cells/kg の ST-400 投与を受けた。速やかに造血が回復し，HbF 分画が増加して総ヘモグロビンが安定した。両者ともに末梢血単核細胞（PBMC）において *BCL11A* のオンターゲット DNA 挿入 - 欠失（indel）が認められた。1 名には製品の凍結保護剤 DMSO に対する過敏反応と思われる重度の副反応が生じたが，注入終了までに改善している。また，クローン性造血は観察されていない。患者リクルートは終了している。Sanofi 社との共同開発による重度の鎌状赤血球症を対象にした試験については，3 名の患者による 52 週の追跡データに基づき，2021 年 3 月に欧州医薬品庁の希少疾病用医薬品委員会が，希少疾病用医薬品指定としての支持を発表している。

4.6.2 ②　ムコ多糖症 II 型（MPSII，Hunter 症候群）（治験薬 SB-913，NCT3041324）

Hunter 症候群は IDS（iduronate-2-sulfatase）の遺伝的な欠損によるムコ多糖症である。治験薬 SB-913 は内在性 *ALB* 領域に DSB を引き起こす **ZFN** を搭載した AAV6 型ベクターおよび *IDS* 遺伝子を搭載した AAV6 ベクターからなり，肝臓でのタンパク質合成がさかんな *ALB* 遺伝子座に *IDS* 遺伝子をノックインの形で挿入する製剤である（図 4.12）。CHAMPIONS 研究は Phase I/II 研究で 2017 年 11 月に最初の患者に製剤が投与された。これがヒトでの *in vivo* ゲノム編集の最初の臨床試験である。3 用量に 2 名ずつがリクルートされた後に，3 名が追加で高用量にリクルートされた。中間用量の 2 名，ならびに高用量の 1 名に IDS 酵素活性のわずかな上昇を認めた。中間用量の 1 名は AAV に対する免疫反応と思われる肝逸脱酵素の上昇とともに徐々に低下し，投与前よりはわずかな上昇を認めるものの正常値には及ばなかった。この3症例において酵素補充療法の中止を試みたが，中容量の1名については，グリコサミノグリカンの上昇と臨床上の疲労感悪化のため，再度補充療法が開始された。2021年2月で患者リクルートは終了している。

4.6.2 ③ ムコ多糖症I型（MPSI, Hurler症候群）（治験薬 SB-318, NCT02702115）

Hurler症候群は，IDUA（α-L-iduronidase）の欠損により，細胞内にグリコサミノグリカンが蓄積することで種々の臓器障害を引き起こす疾患である。上記の臨床試験と同じストラテジーで**ZFN**をAAV6ベクターに搭載し，*ALB*遺伝子座に治療*IDUA*遺伝子を挿入する（図4.12）。これにより肝臓からIDUAが分泌されることが予測される。患者リクルートは終了している。

4.6.2 ④ 血友病B（治験薬 SB-FIX，NCT02695160）

上記と同様のストラテジーで血友病B患者を対象にした第I/II相試験である。**血友病B**は，肝臓で産生される血液凝固第IX因子（FIX）の遺伝子異常により肝臓からの凝固因子産生が低下するため出血傾向となる疾患である。上記2試験と同様に*ALB*遺伝子座に*FIX*遺伝子をノックインする（図4.12）。ゲノム編集ツール，ノックイン配列は上記と同様に低用量，中用量，高用量の3濃度に，それぞれを4名ずつ，計12名をリクルートする計画であった。現在，患者リクルートは行っていない。Sangamo社の上記3つの**ZFN**を用いた*in vivo*ゲノム編集臨床試験では第一世代のZFNを使用し，Hunter症候群のCHAMPIONS研究の臨床的改善がほとんど認められなかったこととあわせ，Sangamo社は2019年の段階で，次世代のより効率的なZFNによる治験を予定するとアナウンスしたが，現段階でSangamo社ホームページやClinicalTrials.govに情報はなく，2021年に開発パイプラインから消えている。

4.6.2 ⑤ HIV/AIDS

SB-728-TはZFNでHIV受容体*CCR5*遺伝子を患者の自己T細胞でノッ

クアウトする製剤である。アデノウイルスベクターを用いたZFNの発現により（SB-728-1101）T細胞のCCR5を破壊する製剤の試験が行われた。その後，mRNAのエレクトロポレーションによる（SB-728-mR-1401）ゲノム編集のT細胞投与試験が行われた。

4.6.3　Editas Medicine社（https://www.editasmedicine.com）

Editas Medicine社は2015年に米国で設立されたベンチャー企業である。Feng Zhang，David LiuやGeorge Church，J. Keith Joungの特許をライセンスインしている。CAR-Tに関しては，Juno Therapeutics（後にCelgene社からBristol Myers Squibb）との共同開発である。

4.6.3 ①　Leber先天性黒内障10型（治験薬EDIT-101，NCT03872479）

失明の先天的な原因となる**Leber先天性黒内障10型**（LCA10）は，*CEP290*のイントロン26におけるA→G変異において異常なスプライスドナー部位が発現することが原因である（図4.10）。EDIT-101はこのスプライスドナーをNHEJによるノックアウトにより除去し，CDP290発現により視力を回復させる製剤である。この製剤は黄色ブドウ球菌由来の**SaCas9**とgRNAを同時に発現する**AAVベクター**（AAV5）である。SaCas9を発現するプロモーターとしてGRK1プロモーター（光受容器特異的プロモーター）を用いている。マウスモデルにより用量依存性の修復効率を認め，臨床効果をもたらすと考えられる修復効率10%を目指す用量設定とした。カニクイザルにおいても検証を行っている[4-13]。

これらの結果からFDAにIND申請を行い承認され，現在，第I/II相試験が開始されている。18症例を対象として，成人を対象とした低用量，中等量，高用量および小児の中等量，高用量のパートに分かれている。主要評価項目には1年後の安全性，副次評価項目には忍容性，視力回復などが挙げられている。最初のヒトにおけるCRISPR-Cas9を用いた*in vivo*ゲノム編集治療臨床試験となった。同時にLCA10患者40症例の自然経過を観察する観察研究も行っている（NCT03396042）。

4.6.3 ② 鎌状赤血球症，*β* サラセミア（治験薬 EDIT-301）

EDIT-301 は，**CRISPR-Cas12a（Cpf1）**タンパク質および *HBG1* と *HBG2* を標的とした gRNA を含む RNP を自己 CD34 陽性細胞に対して導入し，これを患者に再投与する製剤である（図 4.8）。Hbγ サブユニットをコードする HBG1 と HBG2 のプロモーター領域の変異により，遺伝性に成人でも胎児ヘモグロビン HbF が残存する病態がある。本領域は転写抑制因子である BCL11A の結合領域である。これらを元に，2016 年に Nat. Med. に同領域をゲノム編集でノックアウトする手法が報告された[4-26]。2021 年 1 月に FDA から IND 承認が得られている。現段階で ClinicalTrials.gov に臨床試験の詳細は記載されていないが，ホームページ上に RUBY Clinical Trial として，安全性と忍容性を検証する第 I/II 相試験を計画していることが示されている。

4.6.3 ③ そ の 他

がん治療薬として αβT 細胞（Bristol Myers Squibb 社との共同開発），iPS 細胞由来 NKs 細胞（BlueRock Therapeutics 社との共同開発），*in vivo* ゲノム編集として EDIT-102（Usher Syndrome 2a）や遺伝性網膜色素変性症などをターゲットとしている。

4.6.4 Intellia Therapeutics 社（https://www.intelliatx.com）

CRISPR-Cas9 の発見によりノーベル賞を受賞したダウドナ（Jennifer Doudna）による，米国に拠点をおくベンチャー企業である。Novartis 社と Regeneron 社とのパートナーシップを結んでいる。

4.6.4 ① 遺伝性トランスサイレチンアミロイドーシス（治験薬 NTLA-2001, NCT04601051）

遺伝性トランスサイレチンアミロイドーシスは，トランスサイレチン

（*TTR*：transthyretin）の遺伝子変異により，変性したTTRタンパク質が肝臓に凝集しアミロイドが形成されることから発症する。*TTR*遺伝子座をCRISPR-Cas9を用いたNHEJによりノックアウトするストラテジーである（図4.7）。Cas9 mRNAをLNPで全身投与し，肝臓でのトランスサイレチンを抑制する（図4.5）。LNPで投与されたCas9の発現は一過性となることが利点である。同社は非ヒト霊長類による前臨床試験で95％以上の血清トランスサイレチンレベルの低下が維持されたと報告している。本臨床試験は2020年11月から開始され，全身投与によるCRISPR-Cas9ゲノム編集の最初の試験となった。本治験は2つのパートからなる38名を対象とした第I/II相試験であり，Part 1が治験薬4濃度の漸増試験，Part 2が適切な用量による試験で，両partともに2年間フォローアップされる。本製品はRegeneron社との共同開発である。2021年に第I/II相試験の一部が報告された[4-27]。

4.6.4② 遺伝性血管浮腫（hereditary angioedema）（治験薬NTLA-2002）

遺伝性血管浮腫はブラジキニンの産生亢進により再発性の全身の重症浮腫を引き起こす疾患であり，患者は欧米において5万人に1人とされている。NTLA-2002は肝臓の*KLB1*遺伝子をCRISPR-Cas9のNHEJによるノックアウトによるストラテジーによって破壊し，ブラジキニン産生を抑制する。現在，臨床試験のためのIND申請中である。

4.6.4③ 血友病

2020年の米国遺伝子細胞治療学会（ASGCT）において，カニクイザルを用いた血友病Bゲノム編集治療が報告された。これは，LNPによるCas9 mRNAにより*ALB*遺伝子座にDSBを引き起こし，第IX因子をノックインする手法である（図4.5，図4.12）。本研究では遺伝性トランスサイレチンアミロイドーシスで行っている研究と同様に，Cas9をmRNAのLNPで投与することでゲノム編集ツールの一過性発現を可能にしている。ノックイン配列の挿入にはAAVベクターを利用している。ノックインストラテジーには方向性を決定づけるHITIなどの方法もあるが，ノックイン配列が逆に入る可能性もある。この研究では，テンプレートとなるAAV配列が逆に入ってもよいように両側から同じ配列が転写されるように工夫されている。治療域の凝固因子の上昇を認め，かつLNPの投与量，AAVの投与量，挿入部位を変えることで，FIXタンパク質レベルを調節できる。LNPによるCas9投与は繰り返し行えることも利点と思われる。本研究はRegeneron Pharmaceuticals社との共同研究である。第VIII因子が欠損する血友病Aについても開発を進めている。

4.6.4 ④ 鎌状赤血球症（治験薬QTQ923/HIX763，NCT04443907）

QTQ923/HIX763はBCL11Aを標的としてCRISPR-Cas9のRNPを自己造血幹細胞に導入する製剤である（図4.8）。すでに第I/II相試験としてNovartis社との共同で行っている。30症例が対象で，3つのパートに分かれている。パートAとBでは成人患者，パートCで小児患者を対象としている。

4.6.4 ⑤ 急性骨髄性白血病（AML）（治験薬 NTLA-5001）

Wilms' tumoter 1（WT1）を標的としたTCR-T細胞である。WT1を標的としたT細胞治療はAMLに対する細胞治療として注目されている[4-28]。本研究では，ゲノム編集によって同種投与を可能としたWT1標的TCRである。CRISPR-Cas9によって内在性TCR遺伝子座に挿入している。2020年にASGCTで前臨床試験の結果が報告されている。2021年中旬にIND申請が予定されている。

4.6.5 Beam Therapeutics社（https://beamtx.com）

2017年に設立された，塩基編集の第一人者であるリュウ（David Liu），ツァン（Fen Zhang）らが開設したベンチャー企業である。臨床試験に進んでいる製剤はないが，塩基編集を治療応用するために期待できる結果を報告している。またPrime Medicine社からprime editingの技術をライセンスインしている。

現在，**鎌状赤血球症**と**βサラセミア**に対するHbFを増加させる製剤がIND申請中である（治験薬BEAM-101）。2020年の米国血液学会でγグロブリン遺伝子プロモーター（*HBG1*，*HBG2*）を標的とするアデニン**塩基編集**ツール（ABE）（A to G）によって遺伝性にHbFが高い一塩基多型を90%以上の効率で再現し，オフターゲットを誘導しないことを報告している。さらに，鎌状赤血球症を標的とした直接遺伝子変異の修復を行う製剤も開発している（治験薬BEAM-102）。ABEによって，鎌状赤血球症患者のGTG（Val）をMakassar変異GCG（Ala）に変換する研究を進めている。2020年の米国血液学会で，その研究結果が報告された。患者由来CD34陽性像かつ幹細胞で，ヘテロ型SCD変異（HbAS）とホモ型SCD変異（HbSS）の双方について，ABEによるMakassar変異への変換率＞70%を実現した。その他にも，肝臓を標的として，α1アンチトリプシン欠損症，グリコーゲン貯蔵病1aに対してLNPで変異を直接修復する製剤，またAAVベクターを用いてStargardt病の変異を修復する製剤の開発を行っている。

4.6.6　Verve Therapeutics社（https://www.vervetx.com）

2018年に設立された心血管系疾患を標的としたゲノム編集を目指した企業である。現在，**家族性高コレステロール血症**の患者を対象としたゲノム編集製剤がIND申請中である（治験薬VERVE-101 ABE-PSK9）（図4.9）。AからGへの塩基編集ABEを搭載したCas9 mRNAと，**PCSK9**を標的としたgRNAをLNPに搭載している。静脈投与で肝臓における*PCSK9*遺伝子に変異を誘導し，血中レベルを低下させLDLコレステロールを減少させる。非ヒト霊長類で血中のPCSK9，LDLコレステロールレベルを，それぞれ89%，59%低下させることが報告されている。その他にも，中性脂肪やLp(a)を標的としたVERVE-102やVERVE-103も開発中である。

4.6.7　Graphite Bio 社（https://graphitebio.com）

2020 年に創立されたベンチャー企業である。HDR による正確な遺伝子修復や挿入する技術による治療を目指している。**鎌状赤血球症**に対して直接 β グロビン遺伝子をゲノム編集により修復する製剤（治験薬 GPH101）が，CEDAR trial として第 I/II 相試験が 2021 年より予定されている。*IL2RG* 欠損による重症複合型免疫不全症（SCID）に対するゲノム編集治療薬（治験薬 GPH201）が IND 申請中である。*IL2RG* 遺伝子座を標的として正常 *IL2R* 遺伝子を挿入させる手法をとっている。その他にも Gucher 病に対して GPH301 が IND 申請されている。

4.6.8　Locus Biosciences 社（https://www.locus-bio.com）

ファージは細菌に感染するウイルスで細菌を死滅させる。以前から抗菌治療としての可能性が指摘されており，東欧では何件かの治療を行ったという報告もある。本企業は系統的にファージ治療を臨床応用することを目指している。ファージに対してゲノム編集ツールを搭載することで特定の遺伝子をもつ細菌のみを特異的に死滅させるコンセプトである。もともと CRISPR はファージに対する獲得免疫機構として発見されたもので，その経緯からも，これを逆に細菌治療に応用するということは興味深い。

まずハイスループットスクリーニングで特定の細菌に遺伝子導入できるファージを見つけ出し，このファージ，標的細菌の DNA を解析やバイオインフォマティクスで配列デザイン crPhage とよばれるコンストラクトを設計する。最終的にワクチン製造と同様の規制を準拠している製造設備で製造を行う。crPhage に組み込まれるゲノム編集ツールは gRNA 配列のみであり，大腸菌自身の内在性 Type 1 の **CRISPR-Cas3** を利用して，いわば菌の自殺を誘導する（図 4.14）。Cas3 は標的となる DNA を大きく欠失させることが特徴である[4-29)]。

最近，大腸菌による尿路感染症に対する臨床試験が行われた（治験薬 LBP-EC01, NCT04191148）。本試験は第 I 相試験であるが二重盲検法で 2：1 に振り分け，18 歳以上を 36 症例対象にして 2021 年 2 月に第 Ib 相試験が終

4

ゲノム編集による治療の実際

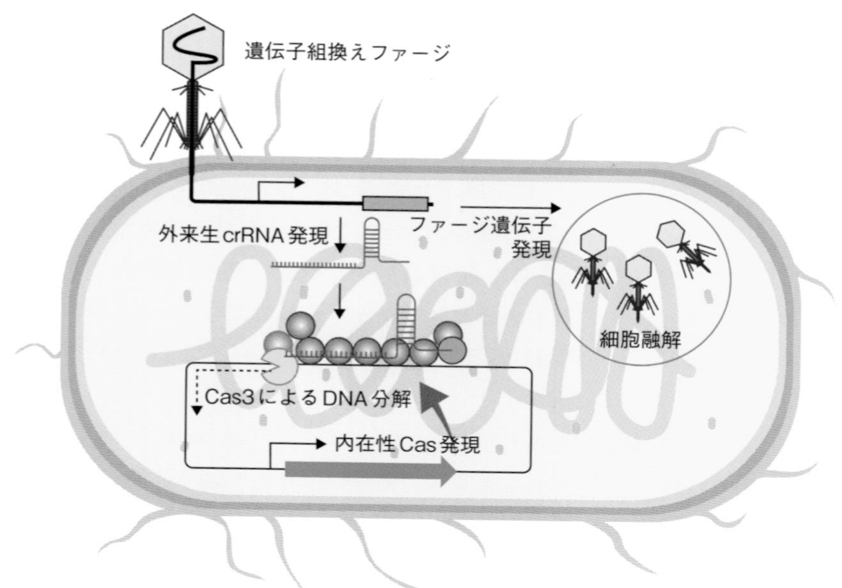

図4.14　遺伝子組換えファージによる細菌ゲノム編集治療
特定の細菌に感染できるファージに特定の遺伝子座を標的とするgRNAを発現できるように遺伝子導入を行う。ファージから発現されたgRNAが細菌内の特定のDNA遺伝子座に結合し，内在性のCas3により遺伝子が分解される。さらにファージ自身の増殖が細菌の融解も引き起こす。

了している。主要評価項目は安全性と忍容性，ならびにLBP-EC01の血中や尿中の薬物動態である。Locus社は，本研究の安全性と忍容性に問題はなく，大きな副作用がないという有望な結果が得られていることを発表した。その他にも，*K. pneumoniae*による呼吸器感染症などの前臨床試験を行っている[4-30)]。

4.6.9　Mammoth Biosciences社（https://mammoth.bio）

2017年にダウドナ（Jennifer Doudna）らによって設立された診断薬の企業である。

ダウドナらは診断薬に**Cas12a**（**Cpf1**）を利用する**DETECTR**（DNA

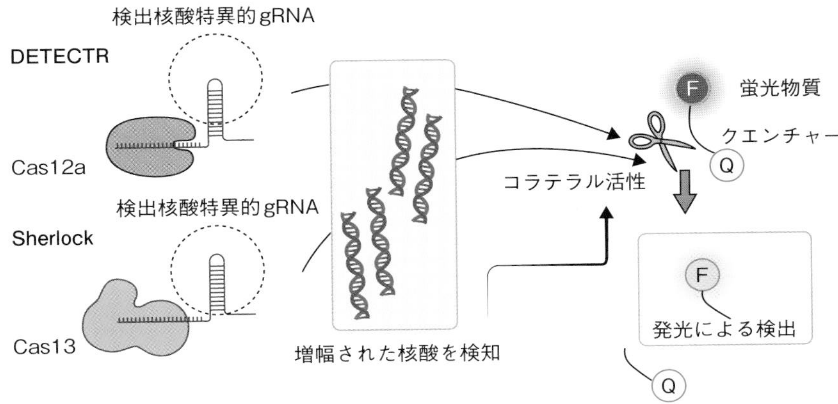

図 4.15　核酸同定診断薬へのゲノム編集ツールの応用
ウイルスやがん遺伝子を DNA，または RNA の形で増幅させる。標的となる核酸に特異的な DNA や RNA を認識する gRNA と Cas タンパク質を添加すると，一本鎖 DNA や RNA に対する非特異的切断活性（コラテラル活性）により蛍光物質とクエンチャーの結合が切断され，蛍光を発する。これによって特定の核酸の存在を同定する。DETECTR は Cas12a を用いて DNA を標的とし，Sherlock は Cas13 を用いて RNA を標的とする。

endonuclease targeted CRISPR trans reporter）とよばれるシステムを報告した[4-31)]（図 4.15）。LbCas12a が標的 dsDNA に加えて，一本鎖 DNA を非選択的に分解することを利用している（コラテラル活性）。標的 DNA をポリメラーゼ増幅（RPA）し，一本鎖 DNA の蛍光レポーターを切断させることで，微量な DNA の検出を可能としている。論文においては，子宮頸がんの原因となるヒトパピローマウイルス 16 または 18，または両者の感染を対象とした実証実験の結果が報告されている。

この会社は，CRISPR を利用したヒト疾患検出用プラットホームであるこの DETECTR を利用し，疾患に関連する遺伝子検出の簡単かつ安価な実現を目指している。この技術のヘルスケア分野，特に疾患の診断に応用することが事業の中心と思われる。自社の次世代 CRISPR 製品を用いて，ヘルスケア，農業，環境モニタリング，バイオディフェンスなど，さまざまな分野の課題を解決することを提案している。2020 年 10 月に CRISPR による

SARS-CoV-2の検出薬についても発表している。

4.6.10　SHERLOCK Biosciences社（https://sherlock.bio）

2019年にツァン（Feng Zhang）らによって設立された診断薬の企業である。

ツァンらはRNAを標的とする**CRISPRであるCas13a**をRNAの検出に利用した[4-32]（図4.15）（**Sherlock**）。本酵素も標的RNAと結合すると，周囲のRNAを無差別に切断する特徴がある（コラテラル活性）。検出するdsDNAやRNAをRPA増幅した後に，T7 RNAポリメラーゼでRNAに転写し，蛍光RNAレポーターをCas13aにより切断させる。さらに改良版として，LwaCas13a，PsmCas13b，CcaCas13b，AsCas12aをそれぞれのCasに対応する蛍光レポーターと組み合わせることで，同時に4種類のDNA，RNAを検出することを可能とし，かつラテラルフローアッセイ（可視化できるPOC検査）を可能とした。これにより，ウイルスや細菌の検出だけでなく，血液中のリキッドバイオプシーによるがんの検出ができる[4-33]。

SHERLOCK社が開発したCRISPR SARS-CoV-2キットが，2020年5月に米国FDAで緊急使用許可を得て，CRISPRを利用した初めての診断薬になった。臨床検体の解析で，SHERLOCKは，検出限界である42 RNAコピー/反応の範囲内で，蛍光法では100%の特異性と100%の感度，ラテラルフロー法（簡易可視法）では100%の特異性と97%の感度だった。また，臨床サンプル中の全ウイルス量に対して，蛍光測定では100%の特異性と96%の感度を示した[4-34]。

4.6.11　CARIBOU Biosciences社（https://cariboubio.com）

2011年にダウドナ（Jennifer Doudna）らにより設立された。同種CAR-T細胞やNK細胞による難治性がん治療の開発を目指している。chRDNAとよばれるRNAとDNAのキメラ配列を用いることでオフターゲットを減らす技術を細胞治療に応用している（おそらくはCas12aを使用していると思われる）。AbbVie社やLeukemia and Lymphoma Societyと，CAR-T細胞の共同開発を行っている。

T 細胞の TCR のアルファ鎖と **PD-1** を欠損させる同種 CD19 を標的としたCAR-T は，IND 承認され，現在，B 細胞性の**リンパ腫**に第Ⅰ相試験が行われている（治験薬 CB-010，NCT04637763）。対象は 50 症例で，用量漸増試験（3 濃度 3 名ずつ）と拡大試験の 2 つのパートに分かれている。用量漸増試験では用量依存性の毒性，拡大試験では治療効果をエンドポイントとしている。その他にも，**多発性骨髄腫**を対象にした，BCMA 標的とした同種CAR-T 治療（CB-011），**急性骨髄性白血病**を対象とした CD371 を標的とした同種 CAR-T 治療（CB-012），および iNK 細胞（iPS から分化した NK 細胞と思われる）（CB-020）の開発を行っている。

4.6.12　Scribe Therapeutics 社（https://www.scribetx.com）

2018 年にダウドナ（Jennifer Doudna）らによって設立された。種々のCRISPR を開発しており，X-editing（XE）とよばれる高活性型，特異的，かつ送達しやすい新しい分子を使用する。これは CasX として 2019 年に報告されており，986 アミノ酸からなるため AAV ベクターにも搭載可能である [4-35]。Biogen 社（現在 Sanofi に買収）と共同で ALS に対する CRISPR 治療を開発している。

4.6.13　REFUGE Biotech 社（https://refugebiotech.com）

2015 年に設立された転写制御によるがん細胞治療を目指した企業である。CRISPRi，CRISPRa とよばれる切断活性のない dCas に転写抑制因子や転写活性因子を結合させ，特定の遺伝子の発現を調節する手法の応用を目指している [4-36]。臨床試験に進んでいる製剤はないが，現在 PD1，TIM-3，LAG-3 をゲノム編集した CAR-T の研究を進めている。ホームページには 2021 年に IND 申請予定とされている。

4.6.14　Precision Biosciences 社（https://precisionbiosciences.com）

すでに CD19 や CD20，BCMA1 を標的とした自己 CAR-T 治療の臨床試験を行っている企業である。これに合わせ，ゲノム編集を用いた同種CAR-T細胞の開発を行っている。その他にも *in vivo* ゲノム編集として慢性B型肝炎，Primary hyperoxaluria type 1，TTR，PSCK9，網膜色素変性症，LPL欠損症をターゲットとした開発を行っているが，現段階でIND申請の報告はない。

4.6.15　EdiGene社（https://www.edigene.com）

2020年10月に，中国当局において輸血依存性の**β**サラセミアに対するCRISPR-Cas9による治療薬のIND申請が承認された（治験薬ET01）。この製剤が，中国における造血幹細胞を標的としたゲノム編集治療IND承認の第1号となった。ET-01は自己CD34陽性細胞に対して***BCL11A***遺伝子をCRISPR-Cas9でノックアウトするものである。その他にも，ホームページ上の情報では，ユニバーサルCAR-T（ET-02），RNA塩基編集も開発中である。

4.6.16　EMENDO Biotherapeutics社（https://emendobio.com）

2015年にイスラエルのワイツマン科学研究所の科学者によって設立された。独自のOMNI™技術によるCRISPR-OMNI™nucleaseとよばれる新たなヌクレアーゼを開発し，遺伝子ごとに大部分の遺伝性疾患の変異に対応する疾患治療を目指している。2020年11月に日本のアンジェス社に262億5000万円で買収され，子会社化した。血液疾患領域において，重度の先天性好中球減少症（EMD-101: ワシントン大学との共同開発），原発性免疫不全症（EMD-102：NIHとの共同開発），骨髄不全症（EMD-103：NIHとの共同研究）に対する開発が前臨床試験として進んでいる。その他，眼疾患，皮膚疾患に対する治療やCAR-T開発も行っている。

4.6.17　POSEIDA Therapeutics社（https://poseida.com）

2014年に設立され，すでに多発性骨髄腫や前立腺がんに対して，通常のCAR-T療法の第I/II相臨床試験を行っている。他にもOTC欠損症やメチルマロン酸血症に対するAAVベクター遺伝子治療やPiggyBacを用いた血友病 A 治療などの開発を行っている。ゲノム編集では Cas-CLOVER™ という独自の方法で T 細胞の TCR をノックアウトした同種 CAR-T について，多発性骨髄腫（P-BMCA-ALL01），前立腺がん（P-PSMA-ALL01）が IND 申請中である。Cas-CLOVER™ は dCas に Clo51 ヌクレアーゼを結合させ，2 つのガイド RNA を設計し，ヌクレアーゼが二量体として結合して DSB を引き起こす手法である。2 つの gRNA を利用するためにオフターゲットが少ないことが期待できる。

4.6.18 eGenesis 社（https://www.egenesisbio.com）

2014 年に設立された CRISPR を用いたブタ臓器の異種移植を開発している。ブタのゲノム中には，除去できない内在性レトロウイルスが存在している。このレトロウイルスはヒトにも感染性があり，これが異種間移植の問題となっている。eGenesis 社は CRISPR の技術でブタゲノムからレトロウイルス遺伝子を排除し，ブタからヒトへの臓器移植への道を検証している。

4.6.19 INSCRIPTA 社（https://www.inscripta.com）

独自に開発した MAD7 nuclease とよばれるヌクレアーゼを使用したプラットホームの応用を目指している（Onyx Digital Genome Engineering platform）。ホームページによると，MAD7 nuclease は Cas9 とはアミノ酸が 25％未満の相同性で，Cpf1 属と構造は似ているが，アミノ酸レベルで AsCpf1 と 31％の相同性を有する。

4.6.20 NTrans Technologies 社（https://www.ntranstechnologies.com）

2015 年オランダで設立された。iTOP とよばれる，塩濃度（osmocytosis）の上昇と導入試薬 propanebetaine を組み合わせた細胞内へ効率よく CRISPR などの大きな分子を導入する技術をもつ[4-37]。

4.6.21 Ligandal 社（http://www.ligandal.com）

2013 年に米国で設立された企業である。ペプチドの合成技術を再生医療や遺伝子治療，感染症に応用することを目指した企業である。CRISPRなどのゲノム編集ツールを特定の細胞に導入するためのペプチドナノパーティクルという技術の応用を目指している。最近では，The SARS-BLOCK™と名づけた合成ペプチドが，SARS-CoV-2のスパイクタンパク質と受容体であるACE2とに結合し，感染を阻害することを見いだした。野生型のウイルス配列を元にしているが，それよりも安定性と折りたたみが向上するようにできている。またSARS-CoV-2の中和抗体を阻害する可溶性ACE2との結合を抑制することで，中和抗体の反応を亢進することが期待されるという（doi: https://doi.org/10.1101/2020.08.06.238915）。

4.6.22　KSQ Therapeutics社（https://ksqtx.com）

2015年に設立された。CRISPRomics®とよばれるアプローチでがん遺伝子の治療候補を検索し，治療応用を目指している[4-38,39]。CRISPRomics®で同定したユビキチン特異的ペプチダーゼ（USP1）阻害薬KSQ-4279，同様の手法でT細胞のスクリーニングで発見したCT1をゲノム編集した自己T細胞KSQ-001のINB申請を目指している。

4.6.23　株式会社MODALIS（https://www.modalistx.com/jp/）

東京大学の濡木博士らが2016年に設立したベンチャー企業である。東京大学のCRISPR技術に関するライセンス契約を締結している。アメリカマサチューセッツ州にも拠点をおく。東証マザーズ上場を果たした。Broad InstituteからCas9のライセンスを受け，遺伝子のon-offを行うGNDM（Guide Nucleotide-Directed Modulation）と名づけた転写調節による疾患治療を目指している。アステラス製薬，エーザイなどとパートナーシップを結び，中枢神経疾患や筋疾患に対する前臨床研究を行っている。現段階でIND申請に進んでいる製剤はない。

4.6.24　C4U株式会社（http://www.crispr4u.jp）

2018年に設立された大阪大学発のベンチャー企業である。大阪大学（現東京大学）の真下博士の Type 1 CRISPR の Cas3 を基盤技術として，創薬，育種などの分野への応用を目指している[4-40]。Cas3 は Cas9 よりも長い gRNA を必要とするためオフターゲットが少なく，かつ上流の DNA を大きく欠損させることが特徴である。複数のコンポーネントの発現が必要である。この基本技術を用いたデュシェンヌ型筋ジストロフィー iPS 細胞の遺伝子編集が報告されている。また，CONAN という SARS-CoV-2 の検出薬を開発している（doi: https://doi.org/10.1101/2020.06.02.20119875）。

4.6.25　CASPR Biotech 社（https://caspr.bio）

2019 年に設立された。CRISPR-Cas9 を用いた簡便な診断薬の開発を行っている。最近，Cas12 を用いた SARS-CoV-2 の検出試薬 CASPR Lyo-CRISPR SARS-CoV-2 を開発したことがリリースされた。

4.6.26　Cardea Bio 社（https://cardeabio.com）

2013 年に設立された。DNA 変異を増幅なしに CHIP で解析する CRISPR-CHIP の技術応用を目指している[4-41]。

4.6.27　SNIPR Biome 社（https://www.sniprbiome.com）

難治性の感染症に対する CGV™ Technology とよばれる CRISPR を用いた薬剤開発を目指している。特異的な細菌のみをターゲットとすることで正常細菌叢に影響を及ぼさないようにする次世代の抗生物質と標榜している。現段階で臨床試験の予定は発表されていない。

4.6.28　Spotlight Therapeutics 社（https://www.spotlighttx.com）

2017 年に設立され，*in vivo* ゲノム編集治療に対して，TAGE（targeted active gene editors）とよばれるデリバリーシステムを応用している。CPP（cell permeable peptide）とよばれる細胞透過性ペプチド，抗体や標的となる細胞のリガンドを Cas9 へ結合させ特定の細胞へデリバリーする手法である。2020 年の米国遺伝子細胞治療学会で，マウスにおいて骨内への直接的なRNPの投与によって造血幹細胞を含む骨髄細胞の編集が確認できたと報告している。

4.7　おわりに

ゲノム編集の技術は，次世代治療や診断のプラットホームとして急速な勢いで医療応用が進んでいる。IND申請から臨床試験に進む製剤も多く予定されており，実際に実臨床で製薬として利用できる日も近い。

日本では，基礎的なゲノム編集技術の開発などは積極的に進められているものの，実際の臨床応用の点からは，大きく欧米・中国から引き離されている。現在，全世界で製薬会社の統廃合が進み，日本の医療産業は大きく落ち込んでいる。特にバイオ医薬品の開発の遅れは著しく，2019年の日本の医薬品貿易収支は，輸入額が3兆918億円，輸出額が7331億円と大幅な赤字である。過去30年間の経済成長が進まなかったことが，国内の研究や産業の発展に大きな打撃を与えたと思われる。今回の新型コロナウイルス感染症の国別のワクチン開発，PCR検査法の浸透などをみても，日本の医療品開発に対するスピード感，その勢いが劣ることを露呈したとも言える。これは，リスクをとらない日本人の国民性も影響しているのであろう。

一方，日本は国民皆保険制度や高齢化のために，医療市場として製薬企業の有望なターゲットともなるため，このままの状況であれば，この医薬品貿易収支は悪化の一途をたどることは容易に想像できる。国内の独自の研究シーズから産業応用を目指した開発をグローバルに進めていくことで，医療産業を外向き産業として成長させていくことが重要であろう。今後，日本から世界に発信できるような国内産のゲノム編集技術や，その医療応用が，わが国の成長に結びつくことを期待したい。

4章引用文献

4-1) Hacein-Bey-Abina, S. *et al.* (2003) Science, **302**: 415-419.

4-2) Hematti, P. *et al.* (2004) PLoS Biol., **2**: e423.

4-3) Wang, D. *et al.* (2019) Nat. Rev. Drug Discov., **18**: 358-378.

4-4) Ohmori, T. (2020) Int. J. Hematol., **111**, 31-41.

4-5) Reiss, U. M. *et al.* (2021) Haemophilia, **27** Suppl. 3: 132-141.

4-6) Mizuno, N. *et al.* (2018) iScience, **9**: 286-297.

4-7) Gee, P. *et al.* (2020) Nat. Commun., **11**: 1334.

4-8) Adams, D., Slama, M. (2020) Curr. Opin. Neurol., **33**: 553-561.

4-9) Sankaran, V. G. *et al.* (2008) Science, **322**: 1839-1842.

4-10) Stoekenbroek, R. M. *et al.* (2018) Nat. Rev. Endocrinol., **15**: 52-62.

4-11) Pasi, K. J. *et al.* (2017) N. Engl. J. Med., **377**: 819-828.

4-12) Ohmori, T. *et al.* (2017) Sci. Rep., **7**: 4159.

4-13) Maeder, M. L. *et al.* (2019) Nat. Med., **25**: 229-233.

4-14) Tabebordbar, M. *et al.* (2016) Science, **351**: 407-411.

4-15) Li, H. *et al.* (2011) Nature, **475**: 217-221.

4-16) Sharma, R. *et al.* (2015) Blood, **126**: 1777-1784.

4-17) Anzalone, A. V. *et al.* (2020) Nat. Biotechnol., **38**: 824-844.

4-18) Kosicki, M. *et al.* (2018) Nat. Biotechnol., **36**: 765-771.

4-19) Nishimasu, H. *et al.* (2018) Science, **361**: 1259-1262.

4-20) Anzalone, A. V. *et al.* (2019) Nature, **576**: 149-157.

4-21) Lin, Q. *et al.* (2020) Nat. Biotechnol., **38**: 582-585.

4-22) Gjaltema, R. A. F., Rots, M. G. (2020) Curr. Opin. Chem. Biol., **57**: 75-81.

4-23) Chiarella, A. M. *et al.* (2020) Nat. Biotechnol., **38**: 50-55.

4-24) Frangoul, H. *et al.* (2021) N. Engl. J. Med., **384**: 252-260.

4-25) Raje, N. *et al.* (2019) N. Engl. J. Med., **380**: 1726-1737.

4-26) Traxler, E. A. *et al.* (2016) Nat. Med., **22**: 987-990.

4-27) Gillmore, J. D. *et al.* (2021) N. Engl. J. Med., **385**: 493-502.

4-28) Chapuis, A. G. *et al.* (2019) Nat. Med., **25**: 1064-1072.

4-29) Li, Y., Peng, N. (2019) Front. Microbiol., **10**: 2471.

4-30) Selle, K. *et al.* (2020) mBio, **11**: e00019-00020.

4-31) Chen, J. S. *et al.* (2018) Science, **360**: 436-439.

4-32) Gootenberg, J. S. *et al.* (2017) Science, **356**: 438-442.

4-33) Gootenberg, J. S. *et al.* (2018) Science, **360**: 439-444.

4-34) Patchsung, M. *et al.* (2020) Nat. Biomed. Eng., **4**: 1140-1149.

4-35) Liu, J. J. *et al.* (2019) Nature, **566**: 218-223.

4-36) Gilbert, L. A. *et al.* (2014) Cell, **159**: 647-661.

4-37) D'Astolfo, D. S. *et al.* (2015) Cell, **161**: 674-690.

4-38) Shi, J. *et al.* (2015) Nat. Biotechnol., **33**: 661-667.

4-39) Hart, T. *et al.* (2015) Cell, **163**: 1515-1526.

4-40) Morisaka, H. *et al.* (2019) Nat. Commun., **10**: 5302.

4-41) Hajian, R. *et al.* (2019) Nat. Biomed. Eng., **3**: 427-437.

5章 ゲノム編集の安全性

山本　卓

ゲノム編集 (genome editing) は標的配列の認識・結合システムを利用することから，類似の配列に改変が生じるオフターゲット作用が問題となる。そのため様々なオフターゲット作用の評価方法が開発されてきた。また近年ではオンターゲットにおいても予期せぬ変異が導入される可能性も指摘されている。本章では，これらの問題に加えて，受精胚でのゲノム編集におけるモザイクの問題やゲノム編集ツールの免疫原性の問題などの安全性について解説する。

5.1 オフターゲット作用とは

ゲノム編集では，人工 DNA 酵素を利用することから，切断システムの標的配列の認識・結合特異性が安全性確保の鍵となる。結合する塩基配列を長く設定し，ゲノム中に類似配列が存在しない標的配列を選ぶことができれば，標的配列の特異性を高めることが可能となる。しかしながら，標的配列と類似する配列がゲノム中に存在すると低い頻度ではあるが結合して，切断を誘導することが知られている。この類似配列の切断によって生じる DSB の修復過程においても，オンターゲット切断と同様にしばしば変異が導入される。この類似配列への切断と変異は，それぞれ**オフターゲット切断**と**オフターゲット変異**とよばれ，類似配列への予期しない変異導入は**オフターゲット作用**とよばれる（図 5.1）。

オフターゲット作用の程度はゲノム編集ツールのオフターゲット切断の頻度に依存する。1 組で切断を誘導するタンパク質型ツールは，結合する塩基

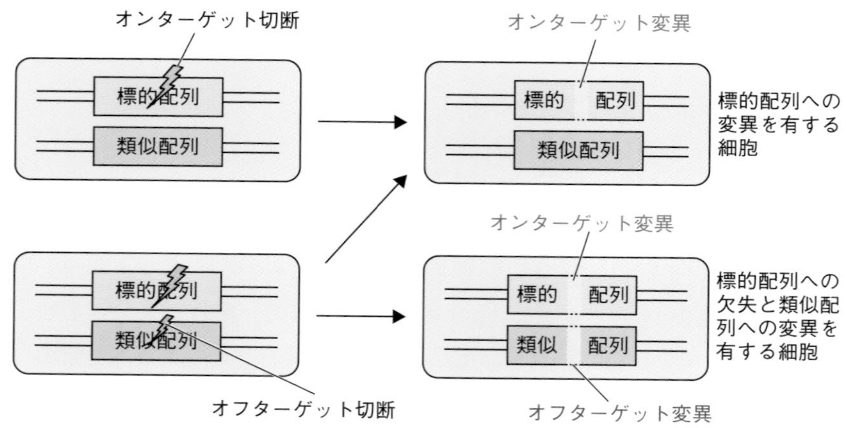

図 5.1　オフターゲット作用
標的配列と類似配列が存在すると，ゲノム編集ツールによって低頻度ではあるがオフターゲット切断が導入され，オフターゲット変異が導入される。このオフターゲットへの切断と変異導入をオフターゲット作用とよぶ。

配列数の合計で特異性が決まるため，長いリピートを利用すれば標的配列を長くすることができ，理論的にオフターゲット作用を低減できる。例えば，4つのジンクフィンガーのZFNは12塩基を認識するのでペアで計24塩基，15のTALEリピートのTALENは15塩基を認識するのでペアで30塩基を認識するツールとなる。一方，CRISPR-Casシステムは標的配列と塩基対を形成するガイドRNAの長さによって特異性が決まる。クラス2のCRISPR-Cas9のガイドRNAの結合配列は約20塩基であるが，PAMから遠位の部分ではミスマッチ（塩基対が形成されていない部分）があっても，切断が誘導される。クラス1のCRISPR-Cas3はガイドRNAの結合配列が27塩基と長く，オフターゲット変異を抑えた改変が可能である。

CRISPR-CasシステムのガイドRNAの結合は，標的DNAとの塩基対形成であるので，RNAの一部がループアウト（あるいは一部のDNAがループアウト）した**バルジ構造**が形成されてガイドRNAが結合する（図 5.2）。そのため，ガイドRNAのオフターゲット切断を避けるために，数塩基の

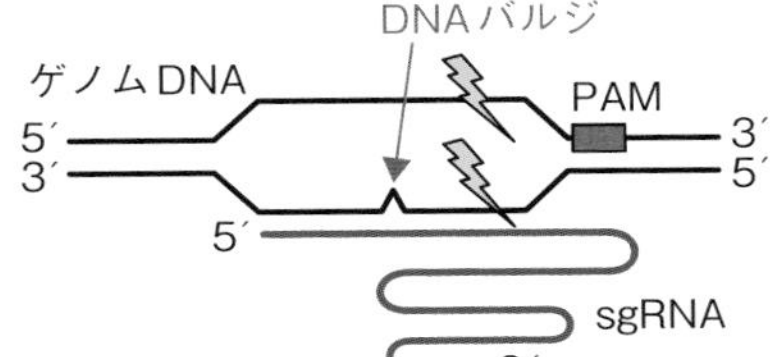

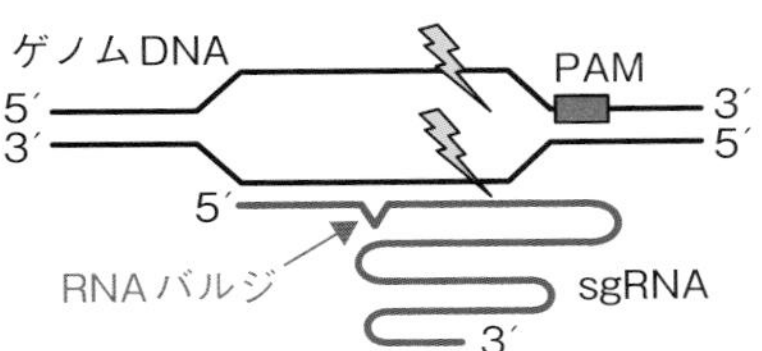

図 5.2　バルジ構造を伴うオフターゲット配列への結合と切断
CRISPR-Cas システムでは，sgRNA が結合する標的配列で欠失が存在する場合にもオフターゲット作用が生じる。sgRNA 側に欠失がある場合は DNA がループする DNA バルジが生じ，逆に標的 DNA 側に欠失がある場合は RNA バルジが生じる。これらのバルジ構造の形成によっても標的配列を切断することになり，オフターゲット変異導入の原因となる。

ギャップをもつ類似配列についても結合する可能性を考慮してガイド RNA を設計する必要がある。

最近，塩基編集技術を用いた一塩基レベルの改変においてオフターゲット作用が起こることが報告されている。ABE や CBE（1.4.4 項）によって，ゲノム DNA 上への予期せぬ塩基改変が起こることに加えて，RNA の編集が起こることがトランスクリプトーム解析によって示された[5-1]。

5.2　オフターゲット作用の解析・評価方法

オフターゲット作用の解析と評価は，ゲノム中の類似配列へのオフターゲット変異の有無を調べる方法と，オフターゲット切断の起こる箇所をゲノム全体にわたって（**ゲノムワイド**）調べる方法に大きく分けられる（図 5.3）。

類似配列へのオフターゲット変異の有無を調べる場合，ゲノム編集によって改変された細胞や個体からゲノム DNA を抽出し，類似配列を含むゲノム箇所を PCR で増幅する（数百 bp）。この PCR 産物を用いてオフターゲット変異の有無を，ミスマッチを切断する酵素（Cel-I や T7EI）を使って解析する。PCR 産物中には変異が導入された DNA と変異が導入されていない DNA が

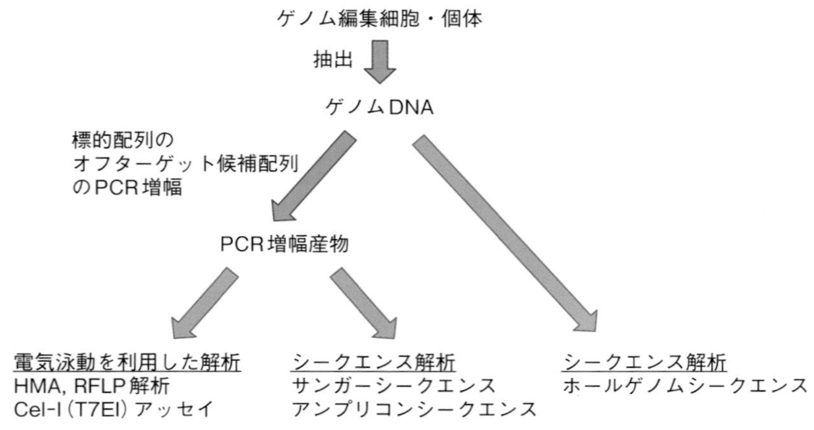

図 5.3　オフターゲット作用の評価法

混在するが，一度DNA二本鎖を熱変性によって一本鎖に解離し，アニーリングによって二本鎖を再形成する。この際，野生型と変異型のDNAが二本鎖を形成するヘテロ二本鎖が作られる。このヘテロ二本鎖をゲル電気泳動で検出したり（HMA），ミスマッチ部分を前述の酵素によって切断することによって変異の有無を調べることができる。これらの方法は簡便である一方，変異率が低い場合には検出が難しい。その場合，増幅したPCR産物のシークエンス解析によって低頻度での変異導入を検出する方法が用いられる。ゲノム全体のシークエンス解析を行う方法も可能であるが，かなりの労力を必要とする。

オフターゲット切断の起こる箇所をゲノム全体にわたってバイアスのない方法で調べることは，医療の分野での安全性を確保するために重要である。ゲノム編集ツールによる切断は，多くの場合正確に修復されるため，一度修復された箇所での再切断後に変異が導入されることがある。そのため，まずゲノム全体にわたって利用するゲノム編集ツールが切断するゲノム箇所を網羅的に調べておき，この候補の箇所について長期間にわたってゲノム編集ツールが働いて変異が導入されるかどうかを調べるのである。これらの方法

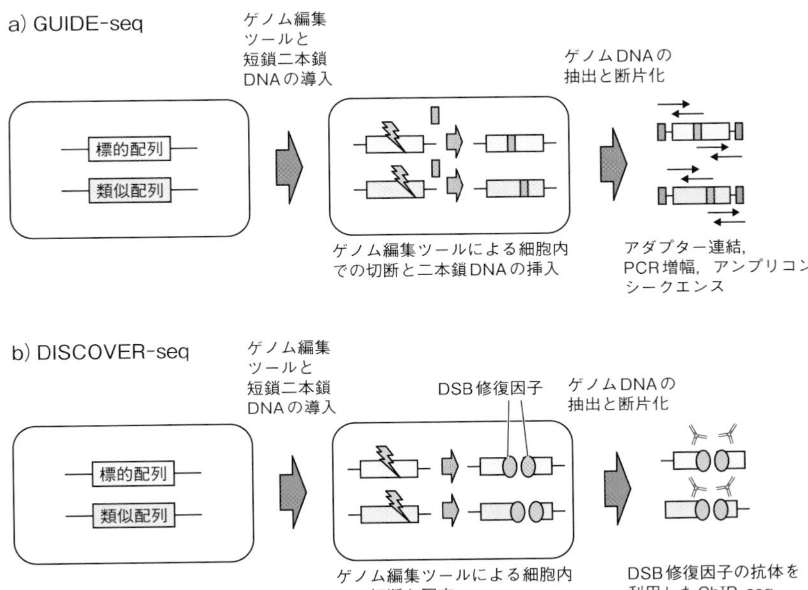

図 5.4　細胞内での切断を利用したゲノムワイドなオフターゲット評価法
a）GUIDE-seq では，ゲノム編集ツールと短い二本鎖 DNA を細胞へ導入する。DSB 箇所に二本鎖 DNA が NHEJ 経路を介して挿入される。この二本鎖 DNA が挿入された箇所をゲノム全体にわたって増幅し，アンプリコンシークエンスによって調べる。b）DISCOVER-seq は，細胞内において DSB 箇所に結合する DSB 修復因子の抗体を利用して，ChIP によりゲノム全体での DSB 箇所を調べる。

はゲノム全体にバイアスのない解析法であり，1）細胞内でのゲノム DNA 切断を検出する方法（図 5.4）と，2）抽出したゲノム DNA の切断を検出する方法（図 5.5）に分けられる。

1）の代表な方法としては，切断箇所へ短鎖二本鎖 DNA の挿入と挿入箇所の NGS 解析を行う **GUIDE-seq**（genome wide, unbiased identification of DSBs enabled by sequencing）[5-2] がある。この他，CRISPR-Cas システムが結合する部分や DSB 修復に関わる因子が集積する箇所をそれらの抗体を用いた免疫沈降によって調べる **DISCOVER-seq**（discovery of *in situ* Cas off-

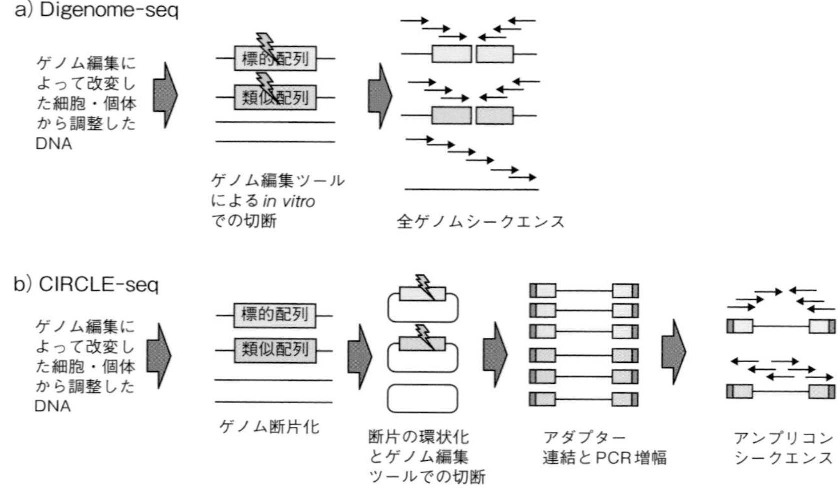

図 5.5　細胞外での切断を利用したゲノムワイドなオフターゲット評価法
a) Digenome-seq では，抽出したゲノム DNA を試験管内でゲノム編集ツールによって切断する。さらに，全ゲノムシークエンスによって NGS リードが切断により途切れる場所を特定しオフターゲット候補を調べる。b) CIRCLE-seq では，抽出したゲノム DNA を断片化した後に環状化する。試験管内でゲノム編集ツールによって切断された DNA 断片を，アダプターを付加することによって PCR 増幅する。この PCR 産物のアンプリコンシークエンスによって切断箇所を網羅的に調べる。

targets and verification by sequencing)[5-3] が開発されている。2) については，切断箇所を NGS で網羅的に解析する際に見られるリード末端から調べる **Digenome-seq**（*in vitro* nuclease-digested whole-genome sequencing）[5-4] や，断片化したゲノム DNA を環状化後，切断により直鎖化・増幅した産物の PCR 産物の NGS 解析により切断箇所を調べる **CIRCLE-seq**（circulization for *in vitro* reporting of cleavage effects by sequencing）[5-5] が利用される。

また，生体組織でのオフターゲット作用を調べる方法として **VIVO**（verification of *in vivo* off-targets）が開発され，マウスでの VIVO の実効性が検証されている（図 5.6）[5-6]。VIVO では，CIRCLE-seq によってオフターゲット候補の箇所を絞り込んでおき，ウイルスベクターを用いた CRISPR-

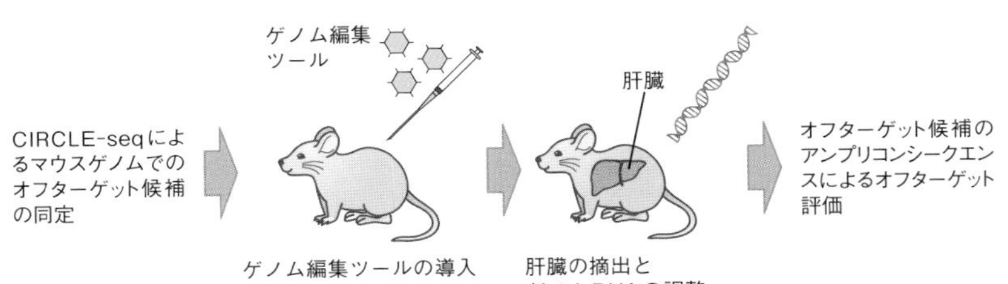

図 5.6　VIVO によるマウス生体内でのオフターゲット評価
CIRCLE-seq によって予めマウスゲノム DNA のオフターゲット候補を絞り込む。生体内でのゲノム編集によって肝臓のゲノム編集を行った後に，肝臓組織から DNA を抽出し，オフターゲットの候補配列についてアンプリコンシークエンスによって変異導入の有無を解析する。

Cas9 の導入によってマウス肝臓での *in vivo* ゲノム編集を行う。マウス肝臓のゲノム DNA を鋳型としてオフターゲット候補の PCR 増幅後，アンプリコンシークエンスによってオフターゲット変異導入の有無を調べる。この方法によって，アデノウイルスベクターによって送達された CRISPR-Cas9 が肝臓においてゲノム編集を誘導し，有意なオフターゲット変異は検出されなかったことを報告している。原理的には，ヒトの *in vivo* ゲノム編集におけるオフターゲット作用を VIVO によって評価することが可能である。

さらに今後は，医療向けのゲノム編集技術の利用についてはゲノムの多様性を考慮したオフターゲット作用の評価法が必要とされるであろう。ゲノム情報は，個人差や人種差があるため，オフターゲット配列の候補もヒトで同一ではない。すでに，複数のヒトゲノム配列での多様性を考慮したオフターゲット検出法も開発されつつあり，特定のヒト集団に見られるオフターゲット作用も報告されている[5-7]。

5.3　オフターゲットを低減する様々な方法

タンパク質型ツールでは多くの場合，二量体で働く制限酵素の切断ドメインが利用される。切断ドメインの二量体は野生型ではホモダイマー型であるが，アミノ酸置換によってヘテロダイマー型に改変することができる。これにより，左右のツールが揃った場合のみDSBが誘導され，予期せぬホモダイマー形成によるオフターゲット切断を防ぐことができる。

CRISPR-Casシステムなどの RNA-タンパク質複合型ツールの場合は，Casヌクレアーゼの構造解析を基にしたアミノ酸改変によって，ガイドRNAの非特異的な結合の低減と高い特異的切断活性を有する改変型Casが作製されている。例えば，high fidelity（HiFi）Cas9は試薬メーカーから容易に購入することができ，造血幹細胞や初代培養T細胞においても特異的に疾患変異の修正が可能なことが示されている[5-8]。この他，SpCas9-HF[5-9], eSpCas9[5-10], HypaCas9[5-11]など様々な変異型が利用可能である。また，sgRNAの改良によりオフターゲット切断を低減できることも報告されている[5-12]。sgRNAの5′側の数塩基を欠失させたtrugRNAや5′側にグアニン塩基を2つ付加したgRNAによってオフターゲット変異導入が抑えられる。

CRISPR-Casシステムでは，Casヌクレアーゼの DNA切断ドメインに変異を導入したCas9ニッカーゼ(nCas9)や, ヌクレアーゼ欠損型Cas9(dCas9)を利用してオフターゲットを低減する方法が開発されている（図5.7）。標的箇所のそれぞれのDNA鎖に結合するガイドRNAを設計し，両鎖にnCasを用いてDNAニックを入れることによって，標的箇所へ二本鎖切断を誘導すること（**ダブルニッキング**）が可能である[5-13]。さらに，dCas9にFokIのヌクレアーゼドメインを連結したFokI-dCas9を使って，タンパク質型と同様にDSBを導入する方法が開発されている[5-14]。これらの方法は，2種類のガイドRNAによって切断を誘導することで，単一のガイドRNAによって起こるオフターゲット切断を低減することが可能である。一方，近接した位置で目的の切断を実行するガイドRNAが設計できない場合は高い切断効率が得られないという問題がある。

ゲノム編集を医療分野で用いる場合，オフターゲット作用の低減が最重要課題である。一方，ゲノム情報は自然放射線や化学物質を原因とするDSBによって日々変化を受ける可能性があるため，標的箇所以外の変異がオフターゲット変異か自然突然変異によるものなのかを判別することが難しい。

a) ダブルニッキング法

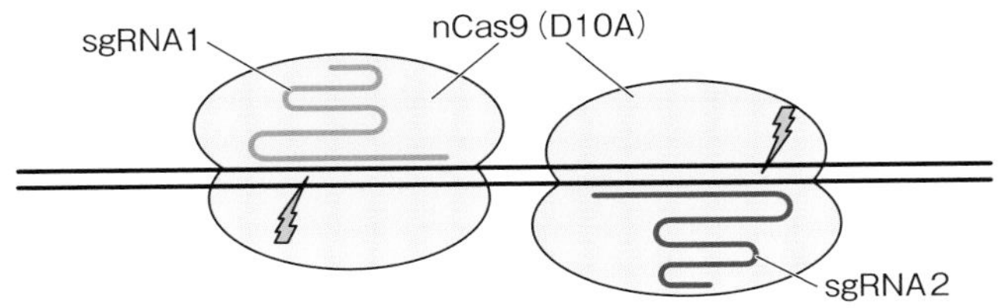

b) FokI-dCas9法

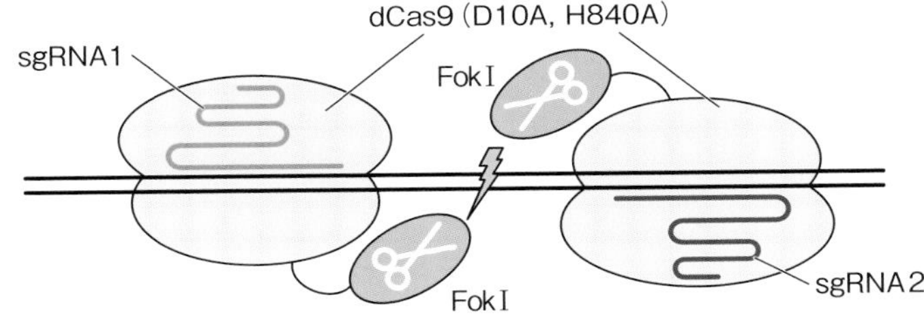

図 5.7　nCas9 や dCas9 を用いてオフターゲット作用を低減する方法
a) ダブルニッキング法では，Cas9 の片方のヌクレアーゼドメインの欠失を利用したニッカーゼ（nCas9）によって sgRNA を用いて片鎖を特異的に切断する。sgRNA を標的配列の異なる鎖に結合するように設計することで，標的領域に DSB を誘導することができる。b) Cas9 の 2 つのヌクレアーゼドメインを欠失させた Cas9（dCas9）に FokI のヌクレアーゼドメインを融合した FokI-dCas9 を利用する方法である。2 つの sgRNA を用いて異なる鎖に FokI-dCas9 が結合すると，FokI が二量体を形成し DSB を導入する。

現状では両者を区別する方法は開発されておらず，前述のオフターゲット作用を低減する方法で，バイアスのない方法によってゲノムワイドに切断候補を解析し安全性を確保することになる。

5.4　オンターゲットでの予期せぬ改変とその影響

ゲノム編集のオフターゲット作用による予期せぬ改変に注目が集まってきたが，最近標的配列（**オンターゲット**）への 1 か所の切断によっても予

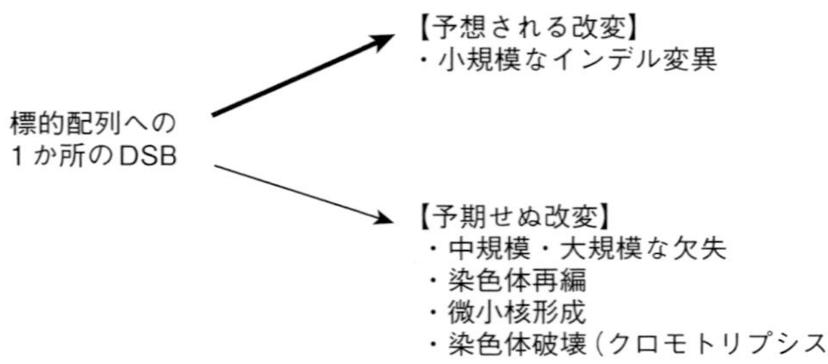

図 5.8　オンターゲットでの予期せぬ改変の可能性
ゲノム編集ツールを用いた標的配列へのDSBによって，多くの場合小規模な挿入や欠失（インデル変異）が誘導される。加えて，頻度は低いが細胞種によっては中・大規模な欠失，染色体の再編などが起こることが報告されている。

想外の改変が起こることが示されている（図 5.8）。一般にゲノム編集ツールでの1か所の切断では，NHEJ修復のエラーによって通常短い欠失や挿入変異が導入される（1.3.2項）。多くの場合，NHEJでは末端の保護によって素早く連結されるので，修復エラーで短いインデル（indel）変異が導入される。これに対して，哺乳類培養細胞を用いた研究から，1か所の切断によって中規模から大規模の欠失が起こることがNGS解析によって明らかになった[5-15]。マウスやヒトの細胞においてCRISPR-Cas9を過剰発現すると，遺伝子座に依存するものの，ある遺伝子座では最大で約10 kbpの欠失が確認された。このようなオンターゲットでの予期せぬ変異はこれまで注目されていなかった。その原因として，オフターゲット解析が小規模のインデル変異を前提にした標的配列周辺のPCR産物で行われて来たため，中・大規模の欠失を見逃してきた可能性がある。1か所の切断によって大きな欠失が起こるメカニズムは不明であるが，核内で標的遺伝子座は高次構造をとっており，切断末端同士が遠位の箇所と相互作用することによって修復が起こるのかもしれない。これらの大規模な欠失は，マウス胚における1か所の切断によっても起こることが複数のグループから報告されている。

欠失以外にも，1か所の切断によって異なる染色体間での編成が誘導されることが培養細胞で報告されている。さらに最近，CRISPR-Cas9 でのゲノム編集によって核の構造的欠損，微小核の形成や染色体架橋，それらに続く局所的な染色体での崩壊や再編成が始まることが報告された。標的遺伝子に依存的ではあるが，ゲノム編集による DSB 導入によって，がん細胞で見られる染色体破壊（**クロモトリプシス**）が誘導される可能性を示唆している[5-16]。クロモトリプシスは，特定箇所の染色体の断片化と異常な修復によって再編成が起こる現象である。また，造血幹細胞において 1 か所の切断によって転座が誘導されることが，**CAST-seq**（chromosomal aberrations analysis by single targeted linker mediated PCR sequencing）によって検出された[5-17]。これらの結果は，オンターゲットにおける予想外の改変の可能性を示し，治療におけるゲノム編集の利用については，オフターゲットに加えてオンターゲットでの予期せぬ改変を抑える技術開発が必要なことを示している。

5.5　ゲノム編集による遺伝的モザイク

動物でのゲノム編集では，受精卵へゲノム編集ツールを導入するのが一般的である。導入されたゲノム編集ツールによって標的遺伝子は DSB を受け，修復と再切断が繰り返される。受精卵で母方と父方の両対立遺伝子（アレル）へ改変が起こり，その改変が固定されればすべての細胞で同じ遺伝子型となる（図 5.9a）。一方，細胞分裂（第一卵割）終了までに，改変が固定されなければ，分裂後の細胞において切断と修復が起こり，遺伝子型が異なる細胞が生まれる。DSB 後の修復は完全にコントロールできる訳ではないため，異なる改変が固定されるためである。このように，ゲノム編集のタイミングが遅くなると，1 つの個体の中で異なる遺伝子型が混在する**モザイク**となる（図 5.9b）。

モザイク胚は，標的遺伝子の機能解析を行う上で，完全に遺伝子ノックアウトできないために問題となる。そのため，遺伝子機能を喪失させるには，モザイク体からのヘテロ変異体の作製とその後のホモ変異体の作製によっ

a) 受精卵で変異導入が生じる場合

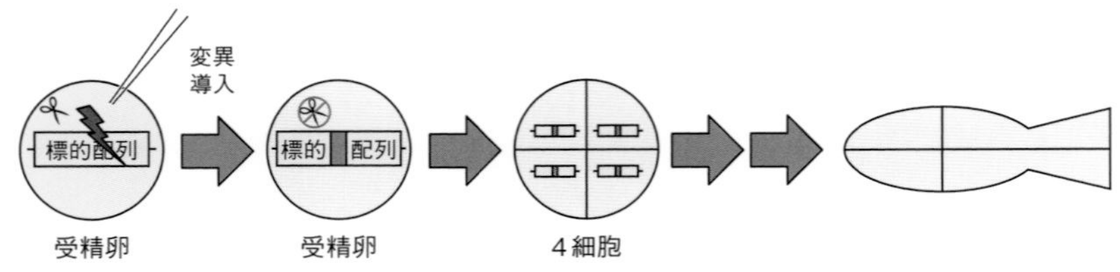

b) 2細胞期以降に割球ごとに異なる変異導入が生じる場合

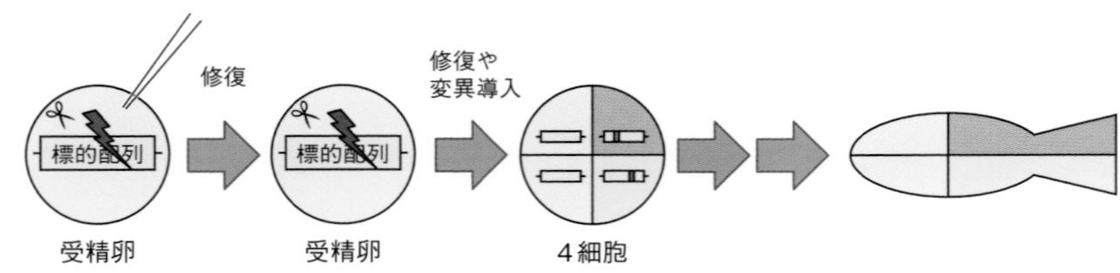

図 5.9　受精卵のゲノム編集に見られるモザイク現象
a）受精卵で変異導入が生じる場合，変異が固定され，成体のすべての細胞の標的配列には同じ変異が導入される。b）2細胞期以降に割球ごとに異なる変異導入が生じる場合，成体に標的配列の遺伝子型が異なる細胞が混在する。図では，2細胞期以降に変異が導入され，4細胞期では4つの細胞中に2個の細胞で変異が導入された例を示している。修復エラーが生じなければ，成体には変異が導入されなかった細胞（野生型）が残ることになる。

て，すべての細胞で標的遺伝子がノックアウトされた個体を得る必要が生じる。これらの操作は時間と労力が必要とされるので，モザイクを低減するゲノム編集手法の開発は重要である。例えば，CRISPR-Cas9ではRNPとして受精卵へ導入することによって，転写や翻訳に要する時間を省略したゲノム編集が効果的である。最近の報告では，Cas9が細胞内でRNPを形成する場合に内在のRNAと結合して本来の標的遺伝子の切断に利用できないRNPが多数形成されることが示された[5-18]。このことから，標的特異的なRNPを細胞や受精卵へ導入することによって，オフターゲット作用とモザイクを低減することができると考えられる。一方，生存に必須な遺伝子の効率的な遺伝子破壊は胚性致死となり，成体での遺伝子機能の解析が困難となる。その場合，モザイクによって個体での致死を回避して遺伝子の機能を解析することも可能で，モザイク胚となることが有利に働くこともある。

5.6　ヒト受精卵でのゲノム編集の問題点

ヒト受精卵でのゲノム編集は，2015 年，三倍体の余剰胚を使った基礎研究が中国から初めて報告された。2015 年以降，中国や欧米を中心に基礎研究を目的としたヒト受精卵でのゲノム編集は，三倍体胚および正常胚を使った研究が次々と進められた。基礎研究でのヒト受精卵･受精胚の研究成果は，生殖補助医療や遺伝性疾患治療の有用な情報となることから世界的に進められてきた。一方，ヒト受精卵・受精胚を使った臨床研究は，倫理的な問題と安全性の問題から，国際的なガイドラインや日本国内での指針によって禁止されている（詳細は 6 章）。

ヒト受精卵でのゲノム編集の臨床研究は，倫理的･社会的な問題に加えて，技術的な安全性の問題を解決することが必須である。しかしながら CRISPR-Cas9 では，類似配列での変異導入が見られるオフターゲット作用に加えて，標的配列 1 か所の DSB による予期せぬオンターゲット変異導入が複数のグループから報告されている。哺乳類の培養細胞でも見られた中規模・大規模の欠失や染色体の再編が標的遺伝子に起こるだけでなく（5.4 節），染色体が不安定となり消失するなどの結果が報告され，予想以上にヒト受精卵でのゲノム編集に大きな影響があることがわかってきた。2020 年の Nature 誌の News に，“CRISPR gene editing in human embryos wreaks chromosomal mayhem” として CRISPR ゲノム編集がヒト胚で染色体の混乱を引き起こすと報じられた[5-19]。

5.7　ゲノム編集によるがん化の可能性

DSB などの DNA 傷害が起こると DNA 損傷応答機構が活性化され，細胞は細胞周期のチェックポイントで停止し，DNA 修復が起こる。動物では内因性や外因性のDSBによってがん抑制遺伝子p53を介した経路が活性化され，細胞の増殖や生死が制御される。そのためp53経路が抑制されると，チェックポイントが機能しなくなり，がん化や細胞死の進行につながる。

近年，ゲノム編集での改変によるがん化誘導の可能性について注目されている。ゲノム編集は標的遺伝子へDSBを積極的に導入する技術なので，ゲノム編集細胞では正常な反応としてp53経路が活性化される。多くの細胞は細胞周期のG0/G1期にあり，この時期のDSB修復経路はNHEJ修復が優位である。p53の活性化によって，チェックポイントでの停止と，主にNHEJでのDNA修復が進行する。つまり正常な細胞は，ゲノム編集による改変をp53経路を介して抑制する機能を有している。そのため，p53遺伝子の欠失や変異はチェックポイント機能を低下させ，G1期で優位なNHEJ修復活性が低下するため，M期で優位なHR修復経路によって改変が進むと考えられる。実際p53経路を阻害することによってゲノム編集による遺伝子ノックイン効率が上昇することが報告されている[5-20]。また，ゲノム編集によって選抜された細胞群にはp53遺伝子の変異や活性低下が見られる細胞もあり[5-21]，治療においてはがん化の可能性について慎重に検討すべきである。

一方，*ex vivo* 治療においてゲノム編集を用いた造血幹細胞の改変が必要とされるが，造血幹細胞においては，p53の一過的阻害など条件の最適化によって治療に利用できる細胞の作製が可能であることが示されている[5-22]。

5.8　ゲノム編集ツールの免疫原性

ゲノム編集ツールを使った治療の安全性については，ゲノム編集ツールが由来する細菌種や生物種に対してヒトが**免疫応答**するかどうかについて検討することも必要である。タンパク質型ツールではDNA切断ドメインとしてIIs型制限酵素FokIを用いるが，FokIは細菌の *Flavobacterium okeanokoites* に由来する。DNA認識結合ドメインについては，ジンクフィンガーは主に真核生物が有するタンパク質ファミリーであるが，TALEリピートは植物病原細菌の *Xanthomonas* に由来するタンパク質である。ZFN

はこれまで *in vivo* の遺伝子治療に利用されており，強い免疫原性は報告されていない。TALEN については，植物の細菌であることからヒトへの免疫応答性は低いと予想される。

一方，CRISPR-Cas9 は化膿連鎖球菌（*Streptococcus pyogenes*）や黄色ブドウ球菌（*Staphylococcus aureus*）などのヒト病原細菌の CRISPR システムを利用するが，これらの細菌の Cas タンパク質について 8 割以上のヒトは抗体を有しており，T 細胞を介した免疫応答が引き起こされることが報告されている[5-23]。*ex vivo* 治療では編集細胞作製後に選別によって免疫応答を回避することは可能であると考えられるが，*in vivo* 治療では免疫応答を回避する工夫が必要となる。すでに，T 細胞の認識を回避する SpCas9 の改変も進んでいるが，ヒトに感染しない細菌由来のゲノム編集ツールの利用が効果的な可能性も考えられる。また，ゲノム編集を治療に利用する場合には，遺伝子治療で利用されてきたウイルスベクターを利用することになり，ウイルスベクターに由来する免疫原性や細胞毒性にも注意が必要となる。

5 章 引用文献

5-1) Grünewald, J. *et al.* (2019) Nature, **569**: 433-437.

5-2) Tsai, S. Q. *et al.* (2015) Nat. Biotechnol., **33**:187-197.

5-3) Wienert, B. *et al.* (2019) Science, **364**: 286-289.

5-4) Kim, D. *et al.* (2015) Nat. Methods, **12**: 237-243.

5-5) Tsai, S. Q. *et al.* (2017) Nat. Methods, **14**: 607-614.

5-6) Akcakaya, P. *et al.* (2018) Nature, **561**: 416-419.

5-7) Petri, K. *et al.* (2021) bioRxiv., doi: https://doi.org/10.1101/2021.04.05.438458

5-8) Vakulskas, C. A. *et al.* (2018) Nat. Med., **24**: 1216-1224.

5-9) Kleinstiver, B.P. *et al.* (2016) Nature, **529**: 490-495.

5-10) Slaymaker, I. M. *et al.* (2016) Science, **351**: 84-88.

5-11) Chen, J. S. *et al.* (2017) Nature, **550**: 407-410.

5-12) Fu, Y. *et al.* (2014) Methods Enzymol., **546**: 21-45.

5-13) Ran, F. A. *et al.* (2013) Cell, **154**: 1380-1389.

5-14) Guilinger, J. P. *et al.* (2014) Nat. Biotechnol., **32**: 577-582.

5-15) Kosicki, M. *et al.* (2018) Nat. Biotechnol., **36**: 765-771.

5-16) Leibowitz, M. L. *et al.* (2021) Nat. Genet., **53**: 895-905.

5-17) Turchiano, G. *et al.* (2021) Cell Stem Cell, **28**: 1136-1147.

5-18) Kagita, A. *et al.* (2021) Stem Cell Rep., **16**:883-898.

5-19) Ledford, H. (2020) Nature, **583**: 17-18.

5-20) Haapaniemi, E. *et al.* (2018) Nat. Med., **24**: 927-930.

5-21) Enache, O. M. *et al.* (2019) Nat. Genet., **52**: 662-668.

5-22) Schiroli, G. *et al.* (2019) Cell Stem Cell, **24**: 551-565.

5-23) Charlesworth, C. T. *et al.* (2019) Nat. Med., **25**: 249-254.

6章 ヒトゲノム編集の倫理的課題とガバナンス強化に向けて

加藤 和人

簡便で安価に遺伝子の改変や編集を行うことができるゲノム編集技術は，生命科学・基礎医学領域における必須のツールとして用いられるとともに，農業・食品・医学などの分野での応用により，社会に多くの恩恵を生み出すことが期待されている。

その一方で，ゲノム編集技術の人への応用については，技術の簡便さゆえに，どのような対象にどこまで利用してよいのかという課題が提示されている。本稿では，近年，世界規模で議論されてきているゲノム編集の倫理的課題，および適切な利用のための考え方や規制のあり方（ガバナンス）に関して，経緯と現状を紹介し，技術の適切な利用のために必要な取り組みについて考える。

6.1 議論のはじまり

6.1.1 2015年の出来事

ゲノム編集技術の人への利用（本章では，「**ヒトゲノム編集**」という表現を用いる）の**倫理的課題**に関する議論が世界規模で大きく話題になり始めたのは，2015年のことである。同年の4月，中国の研究者が，不妊治療で得られたヒトの3前核胚（正常に発生せず，治療には使われない）を用いて，βグロビン遺伝子を対象とするゲノム編集の効率を調べた実験の論文を発表した[6-1]。遺伝子の編集効率は高くなく，ゲノムDNAが解析できた54個のヒト胚のうち，なんらかの形でゲノム編集が起こった胚は28個（52%）で，そのうち狙ったターゲット遺伝子が正確に編集できていたのは4個（7%）

にすぎなかった。多くの胚では類似のDNA配列や，同じグロビンでも胎児型のδ（デルタ）グロビン遺伝子の配列が編集されるオフターゲットとなっていた。また，編集に成功したすべての胚で，2細胞期以降の一部の割球にのみ編集が起こったモザイクであった。

この研究はもともとゲノム編集の効率を調べるための研究であり，発生させた受精胚を子宮に戻さない基礎研究であった。それにもかかわらず，ヒト胚を対象に，また，将来の治療のターゲットとなり得るグロビン遺伝子を対象にゲノム編集の実験が行われたことで，多くの専門家や関係者の注目を集めることになった。

また，2015年1月には，CRISPR-Cas9を開発し，2020年のノーベル化学賞を受賞した**ジェニファー・ダウドナ博士**（Jennifer A. Doudna）が中心となり，米国カリフォルニアで，10数名の科学者，医学研究者，生命倫理の専門家などが集まり，ゲノム編集の倫理や規制に関する会議が行われ，3月にはサイエンス誌に「A prudent path forward for genomic engineering and germline gene modification（ゲノム・エンジニアリングと生殖細胞系列の遺伝子改変には慎重な道を）」というタイトルの論考が発表された[6-2)]。筆頭著者は，後に述べる2回の国際サミットの組織委員長を務めた米国のノーベル賞学者デビッド・ボルチモア博士（David Baltimore）であり，ダウドナ氏も著者の一人であった。

同年4月には，米国のオバマ政権の科学技術政策の責任者であるジョン・ホールドレン博士（John P. Holdren）が「A Note on Genome Editing」と称した声明を公表し，臨床応用の目的のために，生殖細胞系列の遺伝子を改変することは超えてはならない一線だと表明した[6-3)]。

同年8月には，日米の遺伝子治療を専門とする学会が合同で声明（Joint Statement）を発表し，生殖細胞系列のゲノム編集の臨床応用は行うべきでないと表明した[6-4)]。その理由は，ゲノム編集を受けた受精卵から誕生した個体と子孫を，数世代にわたりプライバシーを保護しつつ，臨床研究として追跡し続けるのは非常に困難であるとした。述べられた理由は，他の学術組織や（後述の）国際サミットなどに比べても慎重な姿勢であった。筆者の私見だが，遺伝子治療分野では，2000 年代の初頭，臨床研究の対象となった患者が白血病を発症するという予想外の事象が起こった歴史をもつため，より慎重な考え方をもつに至ったのではと思われる。

その他，筆者も参加した会議として，2015 年 9 月，ヘルシンキでの欧州遺伝子細胞治療学会年会では，ヒトゲノム編集に関するパネルディスカッションが開催された。英国，ドイツ，イタリア，スイス，そして日本からは筆者が参加し，遺伝子治療関係の研究者・専門家が集まる場で，ヒトゲノム編集の現状，課題，今後について議論を行った[6-5)]。

6.1.2 第 1 回ヒトゲノム編集国際サミット

多くのことが起こった2015 年の最後を締めくくったのが，第 1 回**ヒトゲノム編集国際サミット**であった。2015 年 12 月，米国のナショナルアカデミー本部で開催された会議を主催したのは，**米国の科学アカデミー**と**医学アカデミー**および**英国王立協会**と**中国科学院**の 4 つの科学者組織であった。組織委員会の委員長は，サイエンス誌の論考の筆頭筆者でもあったデビッド・ボルチモア博士で，委員としてジェニファー・ダウドナ博士も参加していた。3 日間の会議では，人を対象とするゲノム編集の基礎研究，応用研究に関する講演に加えて，社会学や歴史学など人文社会科学の専門家の講演も行われ，ヒトゲノム編集の技術面の最新の情報を共有するとともに，多様な視点で科学的・倫理的・社会的課題に関する議論が行われた。会議には，日本を含む約 20 か国から約 500 人の研究者，専門家，メディア関係者が参加し，ウェブを通しても 3000 人の視聴者が参加し，最終日に組織委員会による声明が公表された[6-6)]。

声明では，基礎研究については，体細胞対象も生殖細胞系列対象もいずれも適切な規制のもと進めるべきだが，臨床応用に関しては体細胞について有益であるが，世代を超えたゲノム改変を伴う生殖細胞系列対象の臨床応用は現時点では認められないとした。

6.1.3　挙げられた課題

ゲノム編集を利用して行う，世代を超えたゲノム改変にはどのような課題があるのか。第1回ヒトゲノム編集国際サミットで発表された声明において，すでに多様な課題が指摘されていた[6-6]。それらは大きく2つに分けられる。1つは科学的・技術的課題，もう1つは倫理的・社会的な課題である。

声明で指摘された6つの課題を表6.1に示した

1つ目は，科学的・技術的リスクである。狙った遺伝子とは異なる遺伝子が改変される**オフターゲット**や，身体中のすべての細胞の遺伝子が改変されるのではなく，一部の細胞のみが改変される**モザイク**が発生する可能性である。モザイクが発生するのは，受精卵の分裂過程で一部の細胞（2細胞期や4細胞期の1つの細胞）のみでゲノム編集が行われるためで，他の割球に由来する細胞では遺伝子がもとの状態のままとなる。結果として，さまざまな悪影響が起こる可能性が生じる。

2つ目は，科学的課題であるが，ゲノム編集技術に限った課題ではなく，ゲノム科学全体の課題である。すなわち，遺伝的変化がもたらす有害な影響の予測が困難という点である。ゲノム科学は新しい分野である。1990年代から始まり，2003年に終了した国際プロジェクト「**ヒトゲノム計画**」が，歴史上初めてヒトゲノムの全貌を解明したが，今もゲノムの構造と機能は十分に解明されているとは言えない。病気の原因遺伝子を除いたと考えていたのが，別のところでネガティブな影響が出る可能性もある。また，ゲノム改変で破壊したり修復したりした遺伝子が，異なる環境では有益な機能をもっていて，それを除去してしまう可能性もある。しばしば言及されるのは，鎌

表6.1　生殖細胞系列を対象にしたゲノム編集の臨床応用に関する課題

1. 科学的・技術的リスク（オフターゲットやモザイクなど）
2. 遺伝的変異の影響の予測不可能性（ゲノムの多様性の重要性）
3. （ゲノム編集を受ける）個体や将来の世代にとっての意味
4. ゲノム編集の不可逆性
5. エンハンスメント（増強）の問題
6. 遺伝子レベルの操作を人為的に人類集団に施すことの意味

（2015年12月 第1回ヒトゲノム編集国際サミット声明による）

状赤血球貧血症の原因となる遺伝子変異は，ホモ接合体では重症の貧血症を起こすが，ヘテロ接合体はマラリアに一定の耐性をもつ例である。

3つ目は，ゲノム編集を受ける個体や将来の世代にとっての意味である。受精卵の段階でゲノム編集を施した場合，生まれる個体は自らの意思でゲノム改変を行ったわけではない。本人の同意なしにゲノム改変を施された個体がそのことをどう受け止めるか。また，その世代だけでなく，後の世代で予想外の悪影響が起こった際に誰が責任を負うのか。そもそも，身体に生じた何らかの事象が，ゲノム編集によって起こったのか，それ以外に起因するのか，ゲノムの働きの理解が不十分な状況で判断できない可能性もある。

4つ目は，ゲノム編集の不可逆性である。ゲノム編集はこれまでの遺伝子治療とは異なり，外来DNAからなるベクターなどがゲノムに残らない。そのため，自然突然変異と見分けがつかない形で遺伝子改変がなされる。また，生殖細胞系列の遺伝子改変であるため，交配によって改変された遺伝子が集団に広まった後にもとに戻すのが実質的に不可能になる。人間の場合は国境を越えた移動も起こり，ますます追跡は難しくなる。

5つ目は**エンハンスメント**をどう考えるかという問題である。エンハンスメント（日本語では「増強」と翻訳することもあるが，そのまま「エンハンスメント」とする場合も多い）とは，疾患の治療とは異なり，正常な状態からさらに強化することを指す。しかしながら，治療とエンハンスメントの境界線は明確ではない。例えば，現在も世界規模での課題になっている感染症への対策として，ウイルスに感染しないように，つまりワクチン接種に代わるものとしてゲノム編集を行うことは疾患に対する対応なのか，エンハンスメントなのか。そもそも，身体能力の強化や，将来，仮に知的能力に影響する遺伝子が今よりも詳しく解明された際には，そうした能力の強化をゲノム編集で行ってよいかという課題もある。

さらに国際サミットでは，エンハンスメントにゲノム編集技術が適用されるようになると，それを受けられる人々と，受けられない人々との間で生じる格差が問題となると指摘された。なお，格差の問題はエンハンスメントに限定されず，ゲノム編集の利用全体に関して，裕福な国とそうでない国との格差が生じる可能性があるとして，サミット以降，様々な議論の場で取り上げられていることを指摘しておく。

最後に，6つ目の課題として指摘されていたのが，人類自身が人類の進化の方向を人為的に操作することについて，道徳的・倫理的観点から検討が必要というものであった。後に述べるように，人類自身が自らのゲノムを操作することについて，是か非かという単純な観点で議論することは現在では少なくなっている。どちらかというと，ゲノム編集の臨床応用を適用すべきケースはあるかどうかに議論はシフトしているが，サミットで指摘された課題には，今後も何度も立ち戻って検討すべきであろう。

6.1.4　ジェニファー・ダウドナ博士が果たした役割

ここまで，ヒトゲノム編集を巡る議論が世界規模で行われ始めた2015年のことを見てきた。そこで重要な点の1つが，CRISPR-Cas9を開発したジェニファー・ダウドナ博士が果たした役割である。ダウドナ博士の著書には，2012年にCRISPR-Cas9についてサイエンス誌に報告した後，次第にこの技術が悪用される可能性について意識し始め，社会的な議論の場を作ってきた経緯が詳しく書かれている[6-7]。博士は，まずは米国内でボルチモア博士など，1970年代にアシロマ会議を含む遺伝子組換え技術の利用について検討した経験をもつ研究者を含む専門家との議論を開始し，やがてアカデミーを動かし，国際サミットを開催することになった。

ダウドナ博士は，こうした一連の活動を始める前，CRISPR-Cas9が有害な目的に利用される可能性を考え始めた頃，自分が考えている課題と，第二次世界大戦中に開発された核兵器の問題と重ねて考えたとまで述べている。原爆の父と称されたJ. ロバート・オッペンハイマー（J. Robert Oppenheimer）は，ダウドナ博士と同じ，カリフォルニア州立大学バークレー校の教授であった。

現在，ヒトゲノム編集をめぐる議論は，科学者のコミュニティを超えて，**世界保健機関**（**WHO**）や**国連教育科学文化機関**（**ユネスコ**）などの国際機関でも議論されるようになっているが，まずは当該技術を開発した科学者自身がリードして社会的議論の場を活性化してきたことは評価してよいと思われる。

6.2　ゲノム編集の２種類の対象：体細胞と生殖細胞系列

ここで，ヒトゲノム編集に関する倫理的課題を議論する際に重要となる２種類の対象について整理しておく。「**体細胞**」と「**生殖細胞系列の細胞**」である[6-8]。

6.2.1　体細胞対象のゲノム編集

体細胞とは，すでに個体として存在している，あるいは（胎児などの体内で）存在し始めていて，次世代には遺伝情報を伝えない細胞のことである。単純な言い方をすると，「体を構成する細胞」である。体細胞がもつゲノム，そしてそれを構成する遺伝子に改変を加えても，影響はその個体一代限りのものとなり，次の世代には改変された遺伝子は伝わらない。本書の他の章で述べられているように，世界各地で患者を対象とする，すなわち体細胞を対象とするゲノム編集を用いた臨床研究が進められており，サラセミアなどの血液疾患なども対象となっている[6-9]。

これらの研究開発は，患者一代限りで実施されるもので，従来の遺伝子治療や先進的治療法開発の枠組みの中で，安全性や有効性，そして倫理面の配慮がなされた上で，研究が進められていくことになる。ただし，体細胞を対象とするゲノム編集についても，倫理的課題がないわけではない。１つは，前節で述べたエンハンスメントの是非である。現在は，まずは重篤な病気に対してゲノム編集による治療を行うための技術開発が行われている段階であるが，技術の利用が広まった際に，病気の治療ではなく，筋肉を増強するような遺伝子改変を行ってよいかどうかが，社会的議論となる可能性はある。

6.2.2　生殖細胞系列対象のゲノム編集

生殖細胞系列の細胞とは，卵子や精子，そしてそれらが合体してできる受精卵などの，次世代に遺伝情報を伝える細胞のことを指す。これらの細胞にゲノム編集を施すと，次の世代として生まれてくる個体の全身の細胞のゲノムが改変される。その個体は体細胞だけでなく，生殖細胞系列の細胞にも改変が伝わるので，さらにその次の世代へと代々，改変された遺伝子が伝わっていく。動物実験やモデル動物ではそうした生殖細胞系列のゲノム改変はすでに行われているが，人に対してこの操作を行ってよいかどうかは，ヒトゲノム編集を巡る最も大きな課題として議論の中心となってきた。

ここで歴史を振り返ってみると，20世紀後半には**遺伝子組換え技術**が生まれ，さらにはトランスジェニックマウスの技術などが確立し，動物レベルでは世代を超えた遺伝子改変が，研究や農業，医学の目的のために行われるようになっていた。しかし，その頃，人間について世代を超えた遺伝子改変は基本的には実施すべきでないというのが専門家コミュニティにおけるコンセンサスだった。一例として，国連の一機関であるユネスコは，ヒトゲノム計画が進められていた1997年，「**ヒトゲノムと人権に関する世界宣言**」を採択している[6-10]。その第24条では，生殖細胞系列に対するゲノム編集を「人間の尊厳に反する可能性のある行為」としていた（ただし，明確に禁止すべきと強く述べていたわけではないが)。それに対し，現在は，ゲノム編集技術という，これまでの技術と比較して格段に高い効率と正確さで，かつ，安価に遺伝子を改変できる技術が登場したことで，再度，この問題を議論する必要がでてきたと言える。

なお，人の生殖細胞系列対象のゲノム編集については，臨床応用に関する課題（個体を誕生させることに伴う課題）以外に，ヒト胚を用いた基礎研究の是非という課題もある。人の個体として成長する可能性をもつヒト胚を，ゲノム編集を用いた研究に利用することの是非である。次節で詳しく述べるが，この領域に関しては国ごとに規制の状況が異なり，研究を容認する国と容認しない国が存在する。

6.3　ヒトゲノム編集を対象とする規制について

6.3.1　ヒトゲノム編集が利用される4つの領域

ここでは，人を対象とするゲノム編集に関する規制の状況を見ていく。表6.2にまとめたように，領域としては4つある。まず，体細胞を対象とするゲノム編集に関しては，基礎研究についても臨床応用（臨床研究および医療応用）に関しても，適切な規制が整備されている国においては実施可能である。基礎研究のほうはヒト由来細胞の研究であり，最も基本的な医学の基礎研究となる。臨床研究に関しては，一般的に遺伝子治療や関連の規制領域に含まれることになる。日本においては，体外にある細胞にゲノム編集を施して体に戻す場合には，細胞治療を対象とする再生医療のカテゴリーに入り，「再生医療等の安全性の確保等に関する法律」が適用される。直接に体内でゲノム編集を行う場合には，厚生労働省が管轄する「遺伝子治療等臨床研究に関する指針」が従うべき指針となる。諸外国においても，それぞれの国における先端的な臨床研究の枠組みに当てはめる形で審査が行われていくと思われる。

表6.2　ヒトゲノム編集に関する規制の状況

	基礎研究	臨床応用
体細胞	一般的なヒト由来試料の利用の規制に基づいて実施可能	適切な規制のもと実施可能 （米国や中国を中心に「臨床研究」が行われ始めている）
生殖細胞系列（受精卵，卵子，精子ほか）	国によって異なる ●法的規制のもとで実施可能：英，仏（2021年，生命倫理法の改正により実施可能になった） ●連邦資金では実施不可であるが，カリフォルニア州や私的資金などでは可能な州が多数：米 ●指針で規制しつつ可能：中国 ●法律で禁止：独 ●日本では，生殖補助医療および遺伝性・先天性疾患に関する研究について実施可能	多くの国で禁止 （規制の方法は国によって異なる） ●法律または法的な効力をもつ規制により禁止：英，米，独，仏，中国 ●日本では，臨床研究は指針で禁止（医療行為としての遺伝子改変は禁止できていない）

生殖細胞系列を対象とする研究や臨床応用については，国ごとに様々な形で規制が行われている。以下では，2019年度に筆者が代表者として実施した厚生労働特別研究事業の成果[6-11]をもとに，新しい情報を加えて記述する。

6.3.2　諸外国におけるヒト胚対象のゲノム編集に関する規制

ヒト胚を対象とする研究や臨床利用について，ヒトゲノム編集技術の研究や技術開発が強い，あるいは規制の歴史に特徴があるという観点から，主として5つの国を取り上げて述べる。5つの国とは，ドイツ，フランス，英国，米国，中国である。

まず，ドイツとフランスについては，いずれも人の尊厳やヒト胚の尊厳を重視するという観点から法律が定められている。ドイツでは，第二次世界大戦中に人の尊厳が踏みにじられる行為が起こったことの反省を背景として，1990年に「**胚保護法**」が制定されている。その法律によるとヒト胚を研究に用いることは，同法の禁じる「胚の目的外使用」とみなされ，違反した場合には自由刑または罰金刑が課せられる。胚保護法の制定時には，現在のような形でのゲノム編集技術は存在していなかったが，多くの専門家はヒト胚を対象とするゲノム編集に関しては，基礎研究も臨床応用も罰則付きで禁止されていると解釈している。

フランスについては，生命倫理に関する多様な領域を対象とする「**生命倫理法**」が1994年に定められ，その中でヒト胚研究はすべて禁止とされた。その後，科学研究コミュニティの要請が背景となり，2004年と2011年の生命倫理法の改正で，次第にヒト胚研究が容認され，厳格な審査のもとで，ヒト胚を用いる基礎研究やヒトES細胞の研究などが認められたが，ゲノム編集を用いたヒト胚研究は認められなかった。しかしながら，2021年に入り，それまで数年をかけて準備されてきた生命倫理法の改正案が国会で承認され，施行されると，ゲノム編集のヒト胚対象の基礎研究が容認されるとのことである。一方，臨床応用（臨床研究及び医療への臨床利用）に関しては生命倫理法で禁止となっている。フランスについては，さらに，世代を超えたヒトゲノムの改変を禁止する欧州生物医学条約（オビエド条約）[6-12]を批准しているため，臨床応用に関しては国内法と国際条約の両方により，禁止という状態になっている。

英国では，ヒト胚研究と臨床利用の両方について，1990 年に制定された「**ヒトの受精および胚研究に関する法律**（HFE 法：Human Fertilisation and Embryology Act）」のもとで規制されている。この法律のもとで，監督組織として**ヒト受精・胚研究認可庁**（HFEA：Human Fertilisation and Embryology Authority）[6-13] が設置され，ヒト胚の研究や臨床利用を行う研究者や医療者に対してライセンス制で一元的に管理を行っている。HFE 法によれば，ヒト胚に対してゲノム編集を施し，個体を発生させることは臨床研究としても，直接の医療応用としても，罰則付きで禁止となっている。

これらの 3 か国と比べて，米国の状況は複雑である。まず，ヒト胚の利用やゲノム編集を用いた研究に関する連邦レベルの統一的な法律は存在しない。そもそも生殖補助医療を含む医療分野は州による管轄となっている。けれども，2015 年，議会の決定により，**FDA**（米国食品医薬品局）が，「遺伝性の遺伝子組換えを含むヒトの胚の意図的な作成・改変をする」臨床研究の承認審査をすることを禁止する決定をしたために，個体の産生を目的とする，ヒト胚に対するゲノム編集を伴う臨床研究は不可能になっている。ただし，子宮への移植を伴わない基礎研究については，州ごとの規制が適用され，可能な州もある。また，直接の医療応用については，別の法律（FDC 法：Federal Food, Drug, and Cosmetic Act）により，遺伝子改変を伴うような新しい医療技術は臨床研究を経ずに医療提供することが禁止されており，罰則付きで違反となる。

もう 1 か国，生命医学領域で目覚ましい発展を遂げる中国について見ておく。中国では，ヒト受精胚にゲノム編集を規制する法律はごく最近まで存在せず，行政指導によって臨床応用が禁止されてきた。2018 年，ゲノム編集を受精卵の時期に施した双子の女児の誕生が，**フー・ジェンクイ**（He Jiankui）という研究者により報告された（後に詳しく述べる）。彼は 2020 年 1 月，医師免許をもたずに医療行為を行ったとして 3 年の懲役刑に処せられたが，ゲノム編集の臨床応用に対する処罰ではなかった。その後，2020

年の全国人民代表大会で民法が改正され，ゲノム編集についても法的な規制の対象となることになった[6-14)]。

その他，世界各国の規制の状況については，2020年に発表された論文に詳しい[6-15)]。上記で詳しく見てきた5か国の状況からわかることは，ドイツ，フランス，英国は，ヒトゲノム編集の倫理的課題と規制のあり方が大きな議論になる前から，ヒト胚研究の法的規制の枠組みをもっており，それをヒトゲノム編集に当てはめることで対応してきたということである。また，米国と中国については，この数年，ヒトゲノム編集の問題が生じたのに対応して，法的な規制を導入したことがわかる。各国ともそれぞれ独自の社会的背景や先端的医療技術の規制に関する歴史を踏まえて対応している。次項では日本の状況を述べるが，日本もまた，これまでの規制の経緯を踏まえて，最適な規制を考える必要があると言える。

6.3.3 日本における規制：基礎研究について

日本におけるヒト胚の研究利用の検討は，長い歴史をもっている。20世紀の終わり，ヒトクローン技術の是非やヒトES細胞研究の進め方が話題となった際に，世界各国でヒト胚の研究利用の是非が検討されたが，その際に日本でも国レベルで検討が行われた。2004年には，内閣府の総合科学技術会議・生命倫理専門調査会が，「**ヒト胚の取扱いに関する基本的考え方**」としてまとめたものが，現在に至るヒト胚研究の基本的な枠組みを設定した[6-16)]。そこでは，ヒト胚は，「**人の生命の萌芽**」として位置づけられ，完全な人ではないが，人の尊厳という社会の基本的価値の維持のためにとくに尊重されるべき存在とされ，研究には用いられないことが原則とされた。その上で，ヒト胚を用いなければ実施できないという科学的合理性や社会的妥当性が認められる場合には，例外として研究に用いることが可能とされた。

この考え方のもと，内閣府の**総合科学技術・イノベーション会議**（2014年名称変更）・**生命倫理専門調査会**では，ゲノム編集技術のヒト胚研究（基礎研究）への利用について，2015年から検討を行ってきた。2017年には「「ヒト胚の取扱いに関する基本的考え方」見直し等に係るタスク・フォース」が設けられ，2018年3月，2019年6月，および2022年2月に3つの報告書がまとめられた。それらは，「「ヒト胚の取扱いに関する基本的考え方」見直し等に係る報告（第一次）～生殖補助医療研究を目的とするゲノム編集技術等の利用について～」[6-17]，「「ヒト胚の取扱いに関する基本的考え方」見直し等に係る報告（第二次）～ヒト受精胚へのゲノム編集技術等の利用等について～」[6-18]，および「「ヒト胚の取扱いに関する基本的考え方」見直し等に係る報告（第三次）～研究用新規胚の作成を伴うゲノム編集技術等の利用等について～」[6-19]である。

これらの報告書では，表6.3に示した複数の研究目的の研究に対して，対象となる胚を**余剰胚**（不妊治療のために作られた体外受精卵であり廃棄されることの決定したヒト胚）と**新規胚**（研究材料として使用するために新たに受精により作成されたヒト胚）に分けた上で，順次その容認可能性が検討されてきた。第一次報告書により，生殖補助医療研究を目的とする余剰胚の利用が容認され，2019年4月に指針（ヒト受精胚に遺伝情報改変技術等を用いる研究に関する倫理指針）が施行された。次に，第二次報告書により生殖補助医療目的の研究への新規胚の利用と，遺伝性・先天性疾患研究への余剰胚の利用を容認した。その後，これらのうち，前者については，生殖補助医療研究を規制する「ヒト受精胚の作成を行う生殖補助医療研究に関する倫理指針」を改正することで，後者については2019年に策定された「ヒト受精

表6.3　ヒト受精胚にゲノム編集を用いる研究に関する検討状況

研究目的	余剰胚	新規胚
生殖補助医療研究	2018年3月「第一次報告」で容認の結論 2019年4月「ヒト受精胚にゲノム編集技術等を用いる研究に関する倫理指針」施行	2019年6月「第二次報告」で容認の結論 2021年7月「ヒト受精胚の作成を行う生殖補助医療研究に関する倫理指針」を改正・施行
遺伝性・先天性疾患研究	2019年4月「第二次報告」で容認の結論 2021年7月「ヒト受精胚にゲノム編集技術等を用いる研究に関する倫理指針」を改正・施行	2022年2月「第三次報告」で容認の結論

胚に遺伝情報改変技術等を用いる研究に関する倫理指針」に取り込むことで，研究が可能となるようにした。さらに，新規胚を用いる遺伝性・先天性疾患研究については，第三次報告書で容認の結論が出され，今後必要な指針の整備が行われる予定である[6-19]。

以上，指針が複数存在するために，規制の全体像がかなり複雑になってきている。表 6.3 にあるマトリックスの中を順に検討してきているため，そのような状況が生まれてきていると考えられる。実際に研究に携わる研究者の領域が異なることもあり，当面はこのような対応でやむを得ないのではないかと筆者は考えているが，将来は指針の統合などの検討も必要になる可能性はある。

6.3.4　日本における臨床応用に関する規制：法律の必要性の検討

それでは，日本における臨床応用に関する規制はどうなっているか。

6.3.2 項で述べた 5 か国と異なり，日本では現在のところ，法的な規制はなく，指針での規制のみとなっている。

具体的には，2002 年に制定された遺伝子治療のための指針があったところに，2019 年 4 月，ヒトの生殖細胞や胚を対象にした遺伝子治療を禁止することを明確にして，新しい指針として「遺伝子治療等臨床研究に関する指針」を制定した[6-20]。その中では，「人の生殖細胞又は胚を対象とした遺伝子治療等臨床研究及び人の生殖細胞又は胚に対して遺伝的改変を行うおそれのある遺伝子治療等臨床研究は，行ってはならない」として，世代を超えた遺伝子の改変を伴う臨床研究は禁止であることが明確化された。

しかしながら，指針には法的効力はなく，罰則がない。また，指針は臨床研究を対象としているので，直接の医療応用は対象とならず，2018 年に明らかになった中国でのケースのように，ゲノム編集による子供の誕生がいい加減な研究者や医療者によって（臨床研究を経ずに）試みられた場合に，歯止めとなるものがないという点が，多くの専門家の懸念であった[6-21]。

そこで，生命倫理専門調査会では，2019 年の「「ヒト胚の取扱いに関する基本的考え方」見直し等に係る報告（第二次）～ヒト受精胚へのゲノム編集技術等の利用等について～」をまとめるための議論を行う中で，医療応用を含む臨床利用のあり方について，「法的規制のあり方を含めた適切な制度的枠組みの検討が具体的に必要となったと考えられ，関係府省にその検討を求めるものである」という考え方をまとめた[6-14]。それを受けて，2019年8月，厚生労働省の厚生科学審議会・科学技術部会に「ゲノム編集技術等を用いたヒト受精胚等の臨床利用のあり方に関する専門委員会」が設置され，2020年1月には，「議論の整理」として，報告書が公表された[6-22]。その中では，諸外国において罰則付きの法的な規制が整備されていることを考慮すると，日本においても，法律による規制を整備することが必要と結論づけられた。

これと並行して，日本学術会議では，科学者委員会・ゲノム編集技術に関する分科会により，ゲノム編集技術のヒト胚への臨床応用に関する法規制のあり方に関する検討が行われた。2020年3月に公表された提言「ゲノム編集技術のヒト胚等への臨床応用に対する法規制のあり方について」[6-23]においては，ゲノム編集技術のヒト胚等への臨床応用について実効力をもって禁止するために，法律による規制が不可欠と結論づけている。その上で，2つの具体的な方法を選択肢として提案した。1つは，ヒト胚に関係する規制を含んでいるクローン技術規制法を改正して，ゲノム編集技術を対象とすることであり，もう1つは，ヒト胚等のゲノム編集の臨床応用を対象とする個別の法律を制定することである。いずれの場合でも，臨床応用は原則的に禁止とするが，将来的に例外を許容する可能性を残すことも提案している。

本稿執筆時点（2022年2月）では，まだ法律は制定されていないが，早急に対応が行われることが期待される。

6.4　世界規模でのガバナンス強化に向けて：国際的な場での検討

6.4.1　国際的な場での検討の必要性

前節までに，人を対象とするゲノム編集の研究や臨床応用に関して，どのような倫理的・社会的課題が生じうるのか，そしてその課題に対して，各国がどのような規制を整備しているのか（あるいは以前からの規制を当てはめているのか）を見てきた。日本も含め，各国ごとの規制の整備はこれからも次第に強化されていくと期待される。

一方，2015年の様々な議論が始まった当初から重要な課題として認識されてきたのが，国際的なレベルでの規制をどう整備していくかという点である。ゲノム編集による世代を超えた遺伝子改変に関する課題として本章の冒頭でも述べたが，一旦ゲノム編集を施すと，それにより生まれた個体は国境を超えて移動するかも知れず，編集の結果をもとに戻すことはよりいっそう難しくなる。また，少数の国でしっかりとした規制が整備されても，規制の整備が不十分な国があれば，そこに研究者や専門家が移動し，科学的にも社会的にも無責任な行為が行われてしまう可能性が生じる。当然のことであるが，世代を超えた遺伝子改変の影響は人類全体に広がるのだから，各国ごとの議論だけでなく，世界規模での議論が必要である。

ここからは，そうした世界規模での議論，あるいは議論につながる出来事について紹介していく[6-24]。

6.4.2　香港の国際サミットとゲノム編集による双子の誕生

ヒトゲノム編集の規制に関して，世界規模での議論が必要と多くの人が以前よりもさらに強く認識する契機となったのは，2018年11月に香港で開催された第2回ヒトゲノム編集国際サミットでの中国人研究者フー・ジェンクイによる発表だったと言って間違いないだろう。

香港での国際サミットは2015年に米国ワシントンで開始された第1回の会議から3年後，その間の科学分野の進展状況や世界各国での倫理的・社会的課題に関する議論や検討を受けて，最新の情報を見渡しながら，世界レベルでの情報共有と議論を行うことを目的に企画された[6-25]。筆者は組織委員会に招へいされ，同年5月ごろから半年ほどかけて，ノーベル賞受賞者のデビッド・ボルチモア博士を委員長とする委員会メンバーとともに，プログラムの検討に携わった。香港での開催ということで，欧米の研究者ばかりが発表を行うのではなく，アジアの研究者や専門家がしっかりとプレゼンスを示せる会議になるべきと考え，別目的で参加したメルボルンでの国際幹細胞学会（2018 年 6 月）で，プレナリー講演の講演者として招待されていたジェニファー・ダウドナ博士と会い，真にグローバルな議論の場となることの重要性について確認した。さらに，初日のプログラムには，アフリカや中東といった多様な地域からの考え方を紹介して議論するセッションを設けたが，その内容にできるだけ多様な視点が盛り込まれるように努力した。

その他，ゲノム編集に関する基礎的研究，体細胞を中心した臨床研究の現状なども取り上げられ，広くその時点の現状と認識を多くの人と共有できる会になったことは間違いない。

しかしながら，この会議ではもともとの目的とは異なる方向から大きな出来事が起こってしまった。それが，フー（He）によるゲノム編集を用いた双子誕生の発表のニュースであった。会議の直前まで彼がそのような発表をするとは組織委員のメンバーも把握しておらず大いに困惑したが，事態を把握するために，とにかく会議での発表を聞くことになった。彼は，父親が **HIV** に感染したカップルが HIV に感染しにくい子供を得るために，ゲノム編集で HIV の受容体遺伝子である **CCR5** をゲノム編集技術でノックアウトし，双子の女児が誕生したと発表した。発表の直後から，医学的に不要なケースに適用されたこと（父親が感染している場合は回避する方法がある），倫理審査がいい加減であったこと，インフォームド・コンセントにおける（受精卵を提供した）カップルへの説明が不十分であったことなど，多くの倫理的な問題が明らかにされ，世界中から非難の声明が相次いだ。ゲノム編集をヒトの受精卵に用いて遺伝子改変した子供を誕生させることは決して実施されてはならない，と強い表現で組織委員会も非難した[6-25)]。この出来事によって，非倫理的な臨床応用がいつでも起こりうること，直ちに防止のための世界規模での行動が必要ということを多くの人が認識した。

6.4.3　臨床応用の可能性を検討した 2 種類の報告書

フー（He）の出来事により，臨床応用は時期尚早という声が高まった一方で，実は，第 2 回のヒトゲノム編集国際サミットに先立つ数年の間には，いくつかの組織が，将来技術の安全性が高まった際に，世代を超えた遺伝子改変を行ってよいケースがあるのかどうかを検討していた。ここでは，2種類の報告書を取り上げる。

1つは，**米国医学アカデミー**と**米国科学アカデミー**が共同で行った検討で，2017年2月に「Human Genome Editing: Science, Ethics and Governance（ヒトゲノム編集：サイエンス，倫理とガバナンス）」というタイトルの報告書により公表された[6-26]。この報告書では，その時点での科学研究の現状と社会的議論や規制の整備状況を見渡した上で，次のような結論を出している。「科学的および社会的懸念を考慮すると，生殖細胞系列のゲノム編集を前に進めていくことには慎重な態度が必要である。けれども，その慎重な態度は禁止を意味するわけではない。生殖細胞系列のゲノム編集の（臨床）研究は，臨床研究を認めるための，リスクと利益の基準を満たすための十分な研究がなされた場合に限って，認められる可能性がある。」

そこで出されたのが，表6.4に示した10の条件であった。

条件の中には，「代替手段がない」「深刻な病気や病状の防止に限定」といった条件に加えて，「健康な状態に戻せることがわかっている遺伝子，かつ，副作用のない遺伝子に限定」という条件も含まれている。これは，自然に存

表6.4 米国科学アカデミー・医学アカデミーが示した条件

●代替手段がない
●深刻な病気や病状の防止に限定
●病気や深刻な症状の原因となることがわかっている遺伝子に限定
●健康な状態に戻せることがわかっている遺伝子，かつ，副作用のない遺伝子に限定
●リスクと健康に対する潜在的ベネフィットに関する前臨床 and/or 臨床研究のデータが存在すること
●臨床研究の実施の際に，研究参加者の健康と安全に対する影響を継続的，徹底的に監視できること
●長期的，複数世代にわたるフォローアップを，個人の自由と両立して行える計画があること
●患者のプライバシーを保護しつつ，最大限の透明性が確保されること
●市民の参加による，継続的な健康面と社会面での利益とリスクの検討
●深刻な病気や状態の防止以外に技術が使われないための信頼できる監視機構があること

在しない遺伝子の状態を作り出すのではなく，遺伝子編集を行った際に，すでにある遺伝子の状態になることを意味している。その他，プライバシーに配慮しながら，被験者とその子孫の健康状態を追いかけることができることも条件となっており，すべての条件を合わせると相当に限定的なケースのみになる。

現時点では，臨床応用に進む条件は満たされていないとした上で，将来もし臨床応用に進む際の条件が提示されたということで，世界の多くの関係者の受け止め方は2通りであった。1つは，臨床応用は簡単には実施できないことが示されたという見方であり，もう1つは，この条件をクリアすれば臨床応用へ進んでよいという条件を米国のアカデミーが提示したという見方であった。

もう1つの報告書は，2018年に公表された**英国ナフィールド倫理評議会**による報告書「Genome editing and human reproduction: social and ethical issues」である[6-27]。この組織は生命倫理の分野では誰もが知る独立のシンクタンクで，ナフィールド財団というチャリティ（慈善財団）によって設立・運営されている。報告書では，ヒトゲノム編集に関する科学や規制の現状を広く見渡すとともに，倫理的課題や検討すべき事項について考察を行っている。その上で，疾患を患う患者や家族の困難や苦しみを考えると，世代を超えた遺伝子改変を伴うゲノム編集を臨床応用すべき状況も，一定の限定されたケースとして想定せざるを得ないと結論づけている。

したがって，香港での国際サミット前後の状況をまとめるならば，いい加減な形でゲノム編集を施した子供が誕生することは絶対に許されず，禁止する仕組みが必要だという意見がある一方で，別の方向の議論として，将来，技術的課題が解決された際には，世代を超えた遺伝子改変を適用すべきケースもあり得るという検討が行われていたと言える。

6.4.4　第2回ヒトゲノム編集国際サミット後の動き：アカデミーによる国際委員会

香港でのサミットで双子の女児誕生が発表された直後の2018年12月，米国医学アカデミー，同科学アカデミーおよび中国科学院の総裁（president）

が3名の連名で，サイエンス誌に，「香港の発表のような無責任な行為については世界中が非難している。同時に科学の進歩が倫理やガバナンスの検討を追い越したことが明らかになった。どのような条件が満たされれば生殖細胞系列のゲノム編集が許されるかを早急に検討する必要がある」とし，「世界のアカデミーと協力して専門家による検討を行うことを提案する」と述べた[6-28]。

筆者は，この提案は時期尚早ではないかと感じた。現状では技術は未熟で，社会的議論も十分でないにもかかわらず，具体的にゲノム編集を用いて世代を超えた遺伝子改変を行う方法（条件）を検討する必要があるのか明らかでないと思ったのであった。

しかしながら，2019年，米国の医学および科学アカデミーと英国の王立協会が中心となり，フランス，スウェーデン，カナダ，南アフリカ，日本，中国，マレーシア，インドからも委員が参加して，合計10か国18名のメンバーで，国際委員会（The International Commission on the Clinical Use of Human Germline Genome Editing）が発足し，検討を開始した。新型コロナウイルスの感染拡大もあり，当初の予定より遅れたが，2020年9月に報告書が公表された[6-29]。

委員会は，まずヒトを対象とするゲノム編集を適用して，世代を超えた遺伝子改変を行うことを，HHGE（heritable human genome editing）とよぶとした。その上で，主たる目的を科学的・技術的観点から世界の現状をレビューすることと，臨床応用への道筋（pathway）を明らかにすることとした。規制やガバナンスについても言及するが，詳細は当時すでに発足していたWHOの委員会の検討（次節参照）に委ねるとした。

科学研究の現状についてのレビューでは，現時点ではヒトの受精卵にゲノム編集を施し，狙ったゲノム改変（のみ）が起こったことを確認して子宮に戻すことができるほどの技術レベルは達成していないこと，そもそもゲノムの機能について十分な理解がまだないことなど詳細な記述が行われた。さらに，基礎研究を行う際には多数のヒト胚を利用し，破棄することになるが，その点については社会的にも議論になるだろうといった内容にも言及した。

その上で，委員会は，HHGEの適用対象となり得るケースとして，(A)から（F）の6つのカテゴリーをリストアップした。それらは，以下の通りである。

(A) 出生するすべての子供が重篤な単一遺伝子疾患の原因となる遺伝子型を持つケース

(B) 生まれてくる子供の一部が重篤な病気の原因となる遺伝子型を持つケース

(C) より重篤性の低い単一遺伝子疾患のケース

(D) 多因子疾患のケース

(E) 上記以外のHHGEの応用を行うケース。その中には，形質を強化（エンハンス）したり，新しい形質を導入したり，あるいは人類集団から特定の病気を取り除いてしまうことを試みるケースなどが含まれる。

(F) 不妊を引き起こすような単一遺伝子性の状態

これらのうち，委員会は，(A) および (B) のごく一部については，今後の「臨床応用に向けた道筋（translational pathway）」を具体的に検討することが可能とし，他のカテゴリーについては，同様の検討は難しいとした。ここで留意したいことは，具体的に検討可能とは言え，あくまで可能性として検討することが可能としているだけであり，実施してよいという判断をしているわけではない。また，細胞・動物レベルの前臨床研究のエビデンスや社会面・倫理面の検討や規制の整備なども必要とした。

さらに，こうした検討は，基本として国ごとに行われるが，同時に国際的な検討や議論を踏まえたものである必要があるとし，科学研究や臨床研究の最新の状況をモニターし，各国での議論に情報を提供する国際組織ISAP（International Scientific Advisory Panel）を設置することを提案した。

6.5　世界保健機関（WHO）の活動

6.5.1　世界保健機関（WHO）による諮問委員会の設置

最後に，ごく最近，結果が公表された世界保健機関による活動を見ておく。

2018年12月，香港の国際サミットでのゲノム編集による双子誕生の発表のニュースが世界を駆け巡った直後，世界保健機関の**テドロス・アダノム・ゲブレイェスス事務局長**（Tedros Adhanom Ghebreyesus. 以下，テドロス事務局長）は，ヒトゲノム編集技術の科学的，倫理的，社会的，法的課題とガバナンスのあり方を検討する国際諮問委員会を設置すると発表した。その後，公募を経て，15か国，18名からなる委員が選ばれた。15か国の内訳は，英国，フランス，ドイツ，ポーランド，ブルキナファソ，ケニア，南アフリカ，カナダ，米国，パナマ，日本，中国，オーストラリア，インド，サウジアラビアであった。日本からは筆者が参加した[6-30]。

2019年3月に開催された第1回会合では，「ヒトゲノム編集の科学的現状や社会的課題について世界の状況を把握し対応のあり方を検討する」という委員会に与えられたミッションに沿い，米国科学アカデミーやユネスコ，ヨーロッパ連合，ナフィールド倫理評議会などの代表からのヒアリングを行った。同時に，現時点でのヒトの生殖細胞系列対象のゲノムの臨床応用（子供を誕生させること）は無責任な行為であり行うべきでないと表明し[6-31]，2019年7月には同内容の声明がテドロス事務局長によって公表された[6-32]。

また，すぐに実行できる提案として，体細胞対象のヒトゲノム編集を用いた臨床研究について，WHOが運営する登録サイト**ICTRP**（International Clinical Trials Registry Platform。ClinicalTraial.govや日本のJPRNをはじめとする世界15以上のレジストリーのデータを横断検索できる）[6-33]に登録するシステムを運用するように勧告した（その後，パイロットフェーズの運用が開始された）。

その後，2年半をかけて，世界中の専門組織，患者グループ，市民団体，先住民のメンバーなど多岐にわたる組織や人々から意見聴取を行い，ヒトゲノム編集に関する科学的，倫理的，社会的，法的課題を分析するとともに，国際レベル，地域レベル，各国のレベルでゲノム編集技術のガバナンスを強化するために利用できる仕組みを検討した。2021年7月，その成果をまとめた2つの報告書，「**Human genome editing: a framework for governance**[6-34]」および「**Human genome editing: recommendations**[6-35]」が公表された。

ここで委員会結成の背景について1つ補足しておく。WHOでは，2019年から始まる第13期の一般プログラム（2018年5月にGeneral Assemblyで採択）[6-36]において，ゲノム解析やゲノム編集，AI，合成生物学などの先端的な技術が世界の人々の公衆衛生や健康の向上に大きく役立つこと，その利益が十分にもたらされるためには倫理問題への対応が重要であるとして，本格的な取り組みを行うこととしていた。すなわち，今回の委員会は，香港でのゲノム編集による双子誕生の発表だけでなく，もともと決定されていた計画にも沿ったものということであった。

6.5.2　諮問委員会によるガバナンス・フレームワーク

WHOの委員会が公表した2つの報告書のうち，「a framework for governance」（以下，「ガバナンス・フレームワーク」）は，国際的な場や地域，あるいは国や組織など，対象となるレベルにかかわらず，監視の手段を強化しようとしている人々に役立つ情報をまとめることを意図して作られている。

ガバナンスという用語について，ガバナンス・フレームワークでは，公的な活動が運営される際に従うべき規範（norms），価値（values），およびルール（rules）などを指し，それにより，透明性（transparency），参加（participation），包摂性（inclusivity），および応答性（responsiveness）が確保されるようにするためのものというユネスコによる定義[6-37]を採用している。よいガバナンスとは繰り返しを伴う，継続的なプロセスであり，常に改訂する仕組みを含んでいる。また，構成員である科学や医学，ヘルスケアの専門コミュニティから市民などの構成員に対する適切な教育やエンパワーメント（権限委譲）などを通して実現されるものである。

ガバナンス・フレームワークには，全部で13のツールや強化されるべき組織的活動やプロセスが記述されている（表6.5）。例えば，法律や規制から専門家の自己規制（self-regulation），専門組織が果たす役割から，患者団体や市民活動などまで多様なものが考えられる。

表 6.5　ガバナンスのためのツール，組織やプロセス

1. 宣言，条約，法律，規制
2. 裁判所による判決
3. 省令
4. 研究資金配分の際の条件
5. モラトリアム
6. 認定，登録，ライセンス付与
7. 各国の科学・医学学会や機関
8. 特許やライセンス
9. 専門職の自己規制
10. 患者支援団体や市民活動
11. 研究倫理指針と研究倫理審査
12. 雑誌出版社や会議運営者との協力
13. 研究者や医師の教育

最後には，ゲノム編集が用いられうる７つの具体的なシナリオを紹介し，ツールなどを使ってどのようにガバナンスを強化していくとよいかを示した。７つのシナリオとは，以下の通りである。

1）鎌状赤血球貧血症に対する体細胞ゲノム編集を用いた臨床研究
2）ハンチントン病に対する体細胞ゲノム編集を用いた臨床研究
3）不誠実でいい加減なクリニックによる体細胞ゲノム編集の利用
4）運動能力を高めることを目的とする体細胞ゲノム編集とエピゲノム編集
5）世代を超えた遺伝子改変を行うゲノム編集
6）生殖補助医療に携わるクリニックが規制の緩い国で計画している世代を超えた遺伝子改変を伴うゲノム編集
7）嚢胞性線維症を対象に，胎児において行うゲノム編集。

これらのシナリオには，実施されうる時期や可能性について多様なものが取り上げられている。一部はすでに実施されつつあり，他は仮想的なものである。また，諮問委員会は，これらのいずれも，必ずしも実施を奨励しているわけではないことを強調している。重要なことは，これらのシナリオとそこで用いられるガバナンスの仕組みを各国政府や規制に携わる専門組織が参

考にして，それぞれの国や組織におけるガバナンスを強化していくことである。

6.5.3　諮問委員会による勧告

ガバナンス・フレームワークは世界中の国や専門組織，患者や市民など，多様な組織と人々がそれぞれのレベルでガバナンスを強化する際に役立つ情報をまとめたものであった。これに対し，もう1つの報告書である「recommendations」（以下,「勧告」とする）では，WHO の事務局長に対し，ゲノム編集技術のガバナンス強化のための具体的な行動を勧告しており，9項目からなっている（表 6.6）。

勧告の1つ目では，これらの内容を WHO と事務局長がしっかりとイニシアティブをとって実行に移すことが必要と述べている。2つ目と3つ目では，ゲノム編集の研究について，世界の各国でお互いに協力しながら規制を協調的に定めることと，研究を登録する国際的な**登録サイト（レジストリー）**を整備することを勧告している。国際協調に関しては，FDA や PMDA などの各国の規制当局が集まる会議を WHO が主催し，検討の場を作ることを提案している。登録サイトについては，現在，ヒト受精胚を対象にした基礎研究や動物レベルの前臨床研究は対象になっていないが，国際学会などの研究コミュニティとともに構築することを勧告した。

さらに，4番目と5番目では，それぞれ，無責任な研究者が，十分に安全

表 6.6　WHO の専門家 諮問委員会による勧告

1. WHOおよび事務局長によるリーダーシップの重要性
2. 効果的なガバナンスと監視のための国際協力の重要性
3. ヒトゲノム編集のレジストリー
4. 国際的な研究およびメディカルトラベル
5. 非合法，未登録，非倫理的，および安全でない研究やその他の活動
6. 知的財産
7. 教育，エンゲージメント，エンパワーメント
8. WHOが利用するための倫理的な価値と原則
9. 勧告のレビュー

性や倫理性が担保されていない研究を規制の弱い国で行うことを防止するための方策や，非倫理的な研究が実施されようとしているときに通報するシステムをWHOが中心になって整備することなどを勧告している。その他，7番目では，広くゲノム編集を含む先端的な新規技術（frontier technology）の利用方法やガバナンスについて，市民や専門家，関係者の意見を広く収集したり，議論の場を作ったりするための活動を国連が組織横断的に設置することを，**国連事務総長**に向けて勧告した。

いずれもWHOを中心に，国連内外の機関が本格的に取り組むことが必要な内容になっている。勧告の9番目では3年以内に勧告の実施状況に関するレビューを開始することを求めており，それまでに勧告された内容が実行に移されることが期待される。

6.6　今後の課題

ノーベル賞の受賞につながったCRISPR-Cas9についての論文が発表されてからちょうど10年。また，倫理的・社会的課題が世界規模で本格的に議論され始めてからは約7年が経過した。その間に多くの出来事が起こり，各国の政府や組織の活動に加えて，科学アカデミーの委員会やWHOなどの国際組織も本格的な取り組みを行ってきた。その間には，中国でのゲノム編集による双子誕生のニュースも世界を駆け巡った。

そうした活動や出来事を振り返った際，何が見えてくるのだろうか。ここでは3つのことを述べておく。

1つは，ゲノム編集技術のガバナンス強化に向けて，議論・検討を超えた具体的アクションの必要性である。例えば，日本では中国で起こったような無責任な形でのゲノム編集による個体の誕生を規制する法律が存在しない。政府審議会が法律が必要という結論を出していることを受け，早期の法律制定が期待される。

世界規模での活動に目を向けると，WHOの委員会はガバナンス強化に向けて多岐にわたる提案をしている。しかし，それらが単なる文書による意見表明で終わっては意味がない。WHO や国連がそれらの活動のハブや促進役（ファシリテーター）となり，国際的な規制の協調を目指す活動や，無責任で非倫理的な研究が防止される仕組みの設置に向けて，各国政府や政府機関，学術組織などが具体的行動を起こすことが期待される。

市民や患者との対話についても，多様な先端技術に関する対話の場の設置や手法の開発を国連に対して求めており，活動が実際に始まることが期待される。WHO の委員会が強調しているように，先進国の関係者に加え，発展途上国を含む世界中の関係者が関わり，利益が世界に広く行きわたり，かつ，問題となる事例が世界のどこであっても防止できる仕組みづくりを目指すことが重要となる。

本稿前半では，2015 年頃，CRIPR-Cas9 を開発したジェニファー・ダウドナも含め，科学者コミュニティがイニシアティブを取り，国際的な議論が活性化したと述べたが，その後の状況は，科学者コミュニティだけで対応できる範囲を超えたことを認識する必要がある。**各国政府**，**公的機関**，**企業**，**市民**など，広範囲の関係者による実効力のある取り組みが求められている。そして，そうした取り組みは，決して技術の発展と利用に不必要なブレーキを掛けるためのものではなく，技術が社会にもたらす恩恵を最大限にするために必要なプロセスだということも認識しておきたい。

2つ目は，日本における臨床応用の可能性に関する**社会的議論**の必要性である。この数年間の検討で，現時点ではゲノム編集による世代を超えた遺伝子の改変は無責任な行為で許されないことが世界の共通見解となっている。その上で，一部の報告書や検討の場では，将来技術の安全性や社会における議論が深まった際に，世代を超えた遺伝子改変の臨床応用を許容する可能性があるとしている。日本では，ヒト胚対象の基礎研究に関する検討は進んでいるが，世代を超えた臨床応用についての議論は十分に深まっていない。まずは法律で目の前での実施を禁止した上で，将来の臨床応用を認めるか，認めないかについて，どちらかを前提にするのではなく，様々な人々が参加して，**技術のガバナンスと利用法**に関する議論を進めていくことが必要である。

最後に，より大きな視点で，科学技術の進め方に関する問題提起をしておきたい。20世紀後半から発展したライフサイエンス分野では次々と画期的発見や技術開発がなされ，その都度，生命現象の理解が深まり，有益な技術開発が進展してきた。同時に技術が画期的であればあるほど，どこまで利用してよいかという倫理的・社会的課題が提起されている。例えば，山中伸弥博士は，自らが作成した**iPS細胞**について，ヒト受精卵の利用という倫理的課題は解決できたが，iPS細胞からヒトの精子や卵子が作成できる可能性が生まれ，新たな倫理的課題を生み出したと述べている[6-38]。現時点では，iPS細胞からの生殖細胞作成はマウスでは可能だがヒトでは成功していないが，ヒトで可能になった場合には，個体産生の是非などの倫理的・社会的課題が生じる。ゲノム解析技術についても，着床前診断，出生前診断などの倫理的課題を伴う分野は多岐にわたる。ライフサイエンス以外の分野に目を向けると，原子力技術，情報通信技術そして，最近の話題として**AI**（人工知能）分野でも，技術のガバナンスについて倫理的・社会的観点からの議論が必要となっている。

2016年，米国のバラック・オバマ大統領（Barack Obama. 当時）は，広島市を訪れ平和記念公園で演説した際に，「**科学の革命**は**道徳の革命**を必要とする」と述べ，画期的な科学技術はその使い方を深い思索を伴う検討の上で考えていくことの重要性に言及した[6-39]。筆者も同じ考えで，21世紀の社会における先端科学技術は，人文社会科学や市民の視点などを取り込んだ社会全体での検討が，今よりもはるかに本格的に必要になるとみている[6-40]。そして，それにより社会ははじめて科学技術の恩恵を享受することが可能になるだろう。ゲノム編集の議論も科学者だけの議論に任せないで，広く，深く，社会の中で検討していくことが必要である。

6章 引用文献

6-1) Liang, P. *et al*. (2015) CRISPR/Cas9-mediated gene editing in human tripronuclear zygotes. Protein Cell, **6**: 363-372.

6-2) Baltimore, D. *et al.* (2015) Science, **348**: 36-38.

6-3) Holdren, J. P., A Note on Genome Editing, 26 May 2015 https://obamawhitehouse.archives.

gov/blog/2015/05/26/note-genome-editing（最終アクセス：2022 年 4 月 4 日）

6-4) Friedmann, T. *et al.* (2015) Molecular Therapy, DOI: https://doi.org/10.1038/mt.2015.118

6-5) Nathalie Cartier-Lacave, N. *et al.* (2016) Human Gene Therapy Methods, **27**: 135-142.

6-6) National Academies of Sciences, Engineering, and Medicine (2015) International Summit on Human Gene Editing: A Global Discussion. Washington, DC: The National Academies Press. https://doi.org/10.17226/21913.

6-7) ジェニファー・ダウドナ, サミュエル・スターンバーグ（櫻井祐子 訳）（2017）『CRISPR 究極の遺伝子編集技術の発見』文藝春秋 .

6-8) 加藤和人（2019）Law and Technology, **84**: 77-88.

6-9) Ledford, H. (2020) Nature, **583**: 17-18.

6-10) ヒトゲノムと人権に関する世界宣言（1997）第 29 回ユネスコ総会.

6-11) 2019 年度厚生労働科学特別研究事業「諸外国におけるゲノム編集技術等を用いたヒト胚の取扱いに係わる法制度や最新の動向調査及びあるべき日本の公的規制についての研究」（研究代表者：加藤和人）報告書. 2020 年 3 月 .

6-12) Convention for the protection of Human Rights and Dignity of the Human Being with regard to the Application of Biology and Medicine: Convention on Human Rights and Biomedicine https://www.coe.int/en/web/conventions/full-list/-/conventions/treaty/164?module=treaty-detail&treatynum=164（最終アクセス：2022 年 4 月 4 日）

6-13) Human Fertilisation and Embryology Authority. https://www.hfea.gov.uk/

6-14) Song, L., Joly, Y. (2021) Medical Law International, **21**: 174-192.

6-15) Baylis, F. *et al.* (2020) The CRISPR Journal, **3**: 365-377.

6-16) 総合科学技術会議（2004）ヒト胚の取扱いに関する基本的考え方.

6-17) 総合科学技術・イノベーション会議（2017）『「ヒト胚の取扱いに関する基本的考え方」見直し等に係る報告（第一次）～生殖補助医療研究を目的とするゲノム編集技術等の利用について～』

6-18) 総合科学技術・イノベーション会議（2019）『「ヒト胚の取扱いに関する基本的考え方」見直し等に係る報告（第二次）～ヒト受精胚へのゲノム編集技術等の利用等について～』

6-19) 総合科学技術・イノベーション会議（2021）『「ヒト胚の取扱いに関する基本的考え方」見直し等に係る報告（案）（第三次）～研究用新規胚の作成を伴うゲノム編集技術など

の利用等について～』

6-20) 厚生労働省（2019）遺伝子治療等臨床研究に関する指針.

6-21) 日本学術会議 医学・医療領域におけるゲノム編集技術のあり方検討委員会（2017）我が国の医学・医療領域におけるゲノム編集技術のあり方.

6-22) 厚生科学審議会科学技術部会 ゲノム編集技術等を用いたヒト受精胚等の臨床利用のあり方に関する専門委員会（2020）議論の整理.

6-23) 日本学術会議 科学者委員会ゲノム編集技術に関する分科会（2020）ゲノム編集技術のヒト胚等への臨床応用に対する法規制のあり方について.

6-24) 加藤和人（2020）学術の動向，**25**(10): 54-59.

6-25) National Academies of Sciences, Engineering, and Medicine (2019) Second International Summit on Human Genome Editing: Continuing the Global Discussion: Proceedings of a Workshop in Brief. Washington, DC: The National Academies Press. https://doi.org/10.17226/25343.

6-26) National Academy of Sciences and National Academy of Medicine, Human Genome Editing: Science, Ethics, and Governance. 2017.

6-27) Nuffield Council of Bioethics, Genome editing and human reproduction: social and ethical issues. 2018.

6-28) Dzau, V. J. *et al.* (2018) Science, **362**: 1215.

6-29) International Commission on the Clinical Use of Human Germline Genome Editing: Heritable Human Genome Editing. 2020.

6-30) World Health Organization. WHO Expert Advisory Committee on Developing Global Standards for Governance and Oversight of Human Genome Editing. https://www.who.int/groups/expert-advisory-committee-on-developing-global-standards-for-governance-and-oversight-of-human-genome-editing/about（最終アクセス：2022 年 4 月 4 日）

6-31) World Health Organization (2019) WHO Expert Advisory Committee on Developing Global Standards for Governance and Oversight of Human Genome Editing: report of the first meeting. https://www.who.int/publications/i/item/WHO-SCI-RFH-2019-01（最終アクセス：2022 年 4 月 4 日）

6-32) World Health Organization (2019) Statement on governance and oversight of human genome editing. https://www.who.int/news/item/26-07-2019-statement-on-governance-and-oversight-of-human-genome-editing（最終アクセス：2022 年 4 月 4 日）

6-33) World Health Organization. International Clinical Trials Registry Platform (ICTRP). https://www.who.int/ictrp/en/（最終アクセス：2022 年 4 月 4 日）

6-34) World Health Organization (2021) WHO Expert Advisory Committee on Developing Global Standards for Governance and Oversight of Human Genome Editing: Human genome editing: a framework for governance. https://www.who.int/publications/i/item/9789240030060（最終アクセス：2022 年 4 月 4 日）

6-35) World Health Organization (2021) WHO Expert Advisory Committee on Developing Global Standards for Governance and Oversight of Human Genome Editing: Human genome editing: recommendations. https://www.who.int/publications/i/item/9789240030381（最終アクセス：2022 年 4 月 4 日）

6-36) World Health Organization (2019) The Thirteenth General Programme of Work, 2019-2023. https://apps.who.int/iris/bitstream/handle/10665/324775/WHO-PRP-18.1-eng.pdf（最終アクセス：2022 年 4 月 4 日）

6-37) UNESCO International Bureau of Education, Concept of Governance. http://www.ibe.unesco.org/en/geqaf/technical-notes/concept-governance（最終アクセス：2022 年 4 月 4 日）

6-38) 毎日新聞．2012 年 10 月 8 日 web 版．（2012 年 10 月 22 日アクセス）

6-39) Obama, B. (2016) Remarks by President Obama and Prime Minister Abe of Japan at Hiroshima Peace Memorial. https://obamawhitehouse.archives.gov/the-press-office/2016/05/27/remarks-president-obama-and-prime-minister-abe-japan-hiroshima-peace（最終アクセス：2022 年 4 月 4 日）

6-40) Kato, K. (2021) The ethics of editing humanity (interview), Bull. World Health Organ, **99**: 616-617.

索　引

編者略歴

山本　卓（やまもと　たかし）

1989 年　広島大学理学部 卒業
1992 年　同大学大学院理学研究科博士課程中退．博士（理学）．
1992 年　熊本大学理学部 助手
2002 年　広島大学大学院理学研究科 講師
2003 年　広島大学大学院理学研究科 助教授
2004 年より　広島大学大学院理学研究科 教授
2016 年より　日本ゲノム編集学会 会長
2017 年より　広島大学 次世代自動車技術共同研究講座 併任教授
2019 年より　広島大学大学院統合生命科学研究科 教授
2019 年より　広島大学ゲノム編集イノベーションセンター センター長

主な著書
『ゲノム編集とはなにか』（講談社），『ゲノム編集実験スタンダード』（編集，羊土社），『ゲノム編集の基本原理と応用』（裳華房），『ゲノム編集入門』（編，裳華房），『ゲノム編集成功の秘訣 Q&A』（編集，羊土社）ほか．

ゲノム編集と医学・医療への応用

2022 年　6 月　1 日　第 1 版 1 刷発行

検印省略

定価はカバーに表示してあります．

編　　者　山本　卓
発行者　吉野和浩
発行所　東京都千代田区四番町 8-1
電　話　03-3262-9166（代）
郵便番号 102-0081
株式会社　裳華房
印刷所　株式会社　真興社
製本所　株式会社　松岳社

一般社団法人
自然科学書協会会員

ISBN 978-4-7853-5873-0

★★山本 卓先生ご執筆の書籍★★

ゲノム編集の基本原理と応用
－ZFN，TALEN，CRISPR-Cas9－

山本　卓 著　Ａ５判／176頁／4色刷／定価2860円（本体2600円＋税10％）

2012年のCRISPR-Cas9 の開発によって，ゲノム編集はすべての研究者の技術となり，基礎から応用の幅広い分野における研究が競って進められている．

本書は，ライフサイエンスの研究に興味をもつ学生をおもな対象に，ゲノム編集はどのような技術であるのか，その基本原理や遺伝子の改変方法について，できるだけ予備知識がなくとも理解できるように解説した．さらに，農林学・水産学・畜産学や医学など，さまざまな応用分野におけるこの技術の実例や可能性についても記載した．

『ゲノム編集入門』より全体的に難度を低くし，より多くの読者に興味をもってもらえるように配慮した．

【主要目次】
1. ゲノム解析の基礎知識　2. ゲノム編集の基本原理：ゲノム編集ツール　3. DNA二本鎖切断（DSB）の修復経路を利用した遺伝子の改変　4. 哺乳類培養細胞でのゲノム編集　5. 様々な生物でのゲノム編集　6. ゲノム編集の発展技術　7. ゲノム編集の農水畜産分野での利用　8. ゲノム編集の医学分野での利用　9. ゲノム編集のオフターゲット作用とモザイク現象　10. ゲノム編集生物の取扱いとヒト生殖細胞・受精卵・胚でのゲノム編集

ゲノム編集入門 －ZFN・TALEN・CRISPR-Cas9－

山本　卓 編　Ａ５判／240頁／3色刷／定価3630円（本体3300円＋税10％）

人工DNA切断酵素の作製が煩雑で難しかったため限られた研究での利用にとどまっていたゲノム編集は，新しい編集ツールであるCRISPR-Cas9の出現によって，誰もが簡便に効率よく広範囲に利用できるものへと大きく変わった．有用物質を作る微生物の作製，植物や動物の品種改良や創薬に必要な疾患モデルの細胞や動物の作製，がんを含む病気の治療への利用など，ゲノム編集は，基礎研究の分野のみならず，産業や医療での分野においても世界中で研究が進められている．

本書は，「さまざまな生物でゲノム編集技術を使うメリットがどこにあるのかを知りたい」「産業や医療におけるこの技術の有用性を知りたい」と考える人を対象にしたゲノム編集の本格的な入門書である．最前線の研究者により，さまざまな動植物におけるゲノム編集の技術を紹介し，その可能性についてわかりやすく解説する．

【主要目次】
1. ゲノム編集の基本原理　2. CRISPR の発見から実用化までの歴史　3. 微生物でのゲノム編集の利用と拡大技術　4. 昆虫でのゲノム編集の利用　5. 海産無脊椎動物でのゲノム編集の利用　6. 小型魚類におけるゲノム編集の利用　7. 両生類でのゲノム編集の利用　8. 哺乳類でのゲノム編集の利用　9. 植物でのゲノム編集の利用　10. 医学分野でのゲノム編集の利用　11. ゲノム編集研究を行う上で注意すること

裳華房ホームページ　**https://www.shokabo.co.jp/**

キクタン TOEIC® L&Rテスト SCORE 500

一杉武史 編著

アルク

英語は聞いて覚える！
アルク・キクタンシリーズ

「読む」だけでは、言葉は決して身につきません。私たちが日本語を習得できたのは、赤ちゃんのころから日本語を繰り返し「聞いて」きたから――『キクタン』シリーズは、この「当たり前のこと」にこだわり抜いた単語集・熟語集です。「読んでは忘れ、忘れては読む」――そんな悪循環とはもうサヨナラです。「聞いて覚える」、そして「読んで理解する」、さらに「使って磨く」――英語習得の「新しい1歩」が、この1冊から必ず始まります！

Preface

本番の試験で毎回のように登場する必修語彙448をわずか8週間でマスター!

「毎回のように登場する」厳選の448語!これを押さえておけば初受験も怖くない!

本書は、2016年刊行の『改訂版キクタンTOEIC® Test Score 500』の新装版です。改装にあたり、これまで要望の多かった背景に音楽のない「見出し語+定義」の音声を新たに追加しました。移動中の学習や声出し練習など、学習シーンや練習法に応じて音声を選ぶことができます。

本書に収録されている単語・熟語は、最新の出題傾向、公式問題・模擬試験データを徹底的に分析することで選ばれた「毎回のように登場する448語」です。中には、500点を目指す人には難しいと感じられるものもいくつか含まれています。しかし、初受験で慌てないためには、これらの「超」頻出語を事前にしっかりと押さえておくことが必要です。

1日の学習量を8語に限定。「聞く」「書く」学習で高い定着率を持続!

単語を身につけるには、ムリとムダは禁物です。1日に50語や100語をムリに詰め込んでも、次の日に忘れてしまっていてはまったくのムダです。このムリとムダをなくすため、本書では1日の見出し数をあえて8語に限定し、学習上の負担を軽減しています。

この「1日8語」を「確実に」マスターするには、従来のように「読む」だけの学習では不十分です。本書のダウンロード音声には、単語を音楽に合わせて「聞いて覚える」チャンツに加え、見出し語が含まれているフレーズとセンテンスのすべてが収録されています。さらに、「書く」学習も採用していますので、学習語彙の高い定着率が期待できます。

Contents

1日8語×8週間で
TOEIC500点突破の448語をマスター！

Chapter 4

名詞：必修104

Page 127 ▸ 180

Chapter 5

動詞：必修72

Page 181 ▸ 218

Chapter 6

形容詞：必修32

Page 219 ▸ 236

Contents

Chapter 7

副詞・前置詞：必修32

【記号説明】

・MP3-001：「ダウンロード音声のトラック1を呼び出してください」という意味です。
・名動形副前：順に、名詞、動詞、形容詞、副詞、前置詞を表します。
・見出し下の「Part ～」：該当するTOEICのPartで登場する可能性が高い語を表します。
・定義中の（　）：補足説明を表します。
・定義中の［　］：言い換えを表します。
・❶：発音、アクセントに注意すべき単語についています。
・➕：補足説明を表します。

だから「ゼッタイに覚えられる」!

本書の4大特長

1

出題傾向・公式問題
さらにコーパスデータを
徹底分析!

**TOEIC® L&Rテストに出る!
日常生活で使える!**

TOEICのための単語集である限り、「TOEICに出る」のは当然――。本書の目標は、そこから「実用英語」に対応できる単語力をいかに身につけてもらうかにあります。見出し語の選定にあたっては、本試験の出題傾向・公式問題・模擬試験のデータに加え、最新の語彙研究から生まれたコーパス*のデータを徹底的に分析。目標スコアに到達するだけでなく、将来英語を使って世界で活躍するための基礎となる単語が選ばれています。

＊コーパス:実際に話されたり書かれたりした言葉を大量に収集した「言語テキスト・データベース」のこと。コーパスを分析すると、どんな単語・熟語がどのくらいの頻度で使われるのか、といったことを客観的に調べられるので、辞書の編さんの際などに活用されている。

2

「目」だけでなく
「耳」と「手」までも
フル活用して覚える!

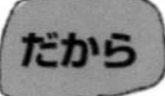

**「聞く単(キクタン)」!
しっかり身につく!**

「読む」だけでは、言葉は決して身につきません。私たちが日本語を習得できたのは、小さいころから日本語を繰り返し「聞いて・口に出して」きたから――この「当たり前のこと」を忘れてはいけません。本書では、音楽のリズムに乗りながら単語の学習ができる「チャンツ」を用意。「目」と「耳」から同時に単語をインプットし、さらに「口」に出していきますので、「覚えられない」不安を一発解消。「手」で書く学習も取り入れていますので、定着率が高まります。

『キクタンTOEIC® L&Rテスト SCORE 500』に収録されている単語・熟語は「TOEICに出る」「日常生活で使える」ものばかりが厳選されています。その上で「いかに効率的に単語を定着させるか」――このことを本書は最も重視しました。ここでは、なぜ「出る・使える」のか、そしてなぜ「覚えられる」のかに関して、本書の特長をご紹介します。

3

1日8語×8週間、7のチャプターの「スケジュール学習」!

ムリなくマスターできる!

「継続は力なり」、とは分かっていても、続けるのは大変なことです。では、なぜ「大変」なのか? それは、覚えきれないほどの量の単語をムリに詰め込もうとするからです。本書では、「ゼッタイに覚える」ことを前提に、1日の学習量をあえて8語に抑えています。さらに、8週間、56日の「スケジュール学習」ですので、効率的・効果的に学習単語をマスターできます。

4

1日最短2分、最長15分の「モード学習」!

挫折することなく最後まで続けられる!

今まで単語集を手にしたときに、「1日でどこからどこまでやればいいのだろう?」と思ったことはありませんか? 見出し語、フレーズ、例文……一度に目を通すのは、忙しいときには難しいものです。本書は、Check 1（単語＋定義）→Check 2（フレーズ）→Check 3（単語＋フレーズの書き取り）→Check 4（センテンス）→Check 5（センテンスの書き取り）と、チェックポイントごとに学習できる「モード学習」を用意。生活スタイルやその日の忙しさに合わせて学習量を調整できます。

生活スタイルに合わせて選べる
チェックポイントごとの「モード学習」

本書とダウンロード音声の利用法

Check 1

該当のトラックを呼び出して、「英語→日本語→英語」の順に収録されている「チャンツ音楽」で見出し語とその意味をチェック。時間に余裕がある人は、太字以外の定義も押さえておきましょう。

Check 2

Check 1で「見出し語→定義」を押さえたら、該当のトラックを呼び出して、その単語が含まれているフレーズをチェック。フレーズレベルで使用例を確認することで、単語の定着度が高まります。

Check 3

Check 1とCheck 2で学習した見出し語とフレーズを書いてチェック。該当のトラックを聞いてチェックし、空欄に単語を書き込みましょう。音声は繰り返し聞いてもOKです。

見出し語

その日に学習する8語が掲載されています。見出し語と定義に一通り目を通したら、「チャンツ音楽」を聞きましょう。

定義

見出し語の定義が掲載されています。

Quick Review

前日に学習した単語のチェックリストです。左ページに日本語、右ページに英語が掲載されています。

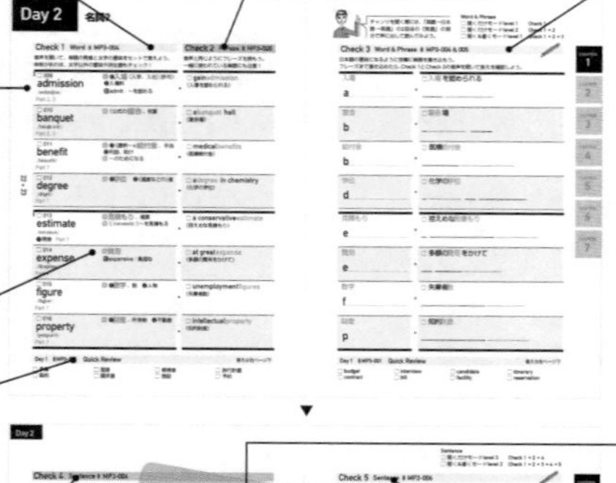

チェックシート

本書に付属のチェックシートは復習用に活用してください。Check 1では見出し語の定義が身についているか、Check 2と4では訳を参照しながらチェックシートで隠されている単語がすぐに浮かんでくるかを確認しましょう。

Check 4

該当のトラックを呼び出して、センテンスと意味を確認しましょう。その後もう一度音声を聞いて、発音をまねて音読しましょう。

Check 5

Check 4で学習したセンテンスを、今度は書いてチェックします。日本語の意味になるように空欄に単語を記入しましょう。該当のトラックを聞きながら記入してもOKです。

1日の学習量は4ページ、学習単語数は8語です。1つの見出し語につき、定義を学ぶ「Check 1」、フレーズ中で単語を学ぶ「Check 2」、単語とフレーズを書いて学ぶ「Check 3」、センテンス中で単語を学ぶ「Check 4」、センテンスを書いて学ぶ「Check 5」と5つのチェックポイントがあります。

「学習モード」

聞くだけモードlevel 1

Check 1

学習時間の目安：1日2分

Check 1の該当トラックで「チャンツ音楽」を聞き流すだけのモード。ちょっとした空き時間に繰り返し聞けば、「聞くだけ」学習でも効果アリ！

聞くだけモードlevel 2

Check 1▸Check 2

学習時間の目安：1日3分

Check 1の該当トラックで単語とその意味を押さえたら、Check 2の該当トラックを聞いて、Check 1で覚えた単語が使われているフレーズをチェック。音声に合わせて単語やフレーズを音読すれば、定着度もアップします。

聞く&書くモードlevel 1

Check 1▸Check 2▸Check 3

学習時間の目安：1日5分

Check 1からCheck 3まで、テキストの指示に従って学習を進めましょう。Check 3で「書く」学習をすることで、単語の意味が分かるだけでなく、単語のスペルまでしっかり定着します。

聞くだけモードlevel 3

Check 1▸Check 2▸Check 4

学習時間の目安：1日8分

Check 1、2、4の該当トラックを聞く学習モードです。単語→フレーズ→センテンスと、聞き取りの単位を長くしていくことで、語彙力だけでなくリスニング力や単語を使って文を作る応用力も鍛えることができます。

聞く&書くモードlevel 2

Check 1▸Check 2▸Check 3▸Check 4▸Check 5

学習時間の目安：1日15分

Check 1からCheck 5まで、テキストの指示に従って学習を進める、「かんぺき」モードです。ここまでやっても学習時間はたった15分！

＊学習時間はあくまでも目安です。時間に余裕があるときは、チャンツ音楽を繰り返し聞いたり、フレーズやセンテンスの音読を重ねたりして、なるべく多く学習単語・熟語に触れるように心がけましょう。

TOEIC® L&Rテストの概要

TOEIC® L&Rテストとは

TOEICはTest of English for International Communicationの略で、TOEICテストとは英語を母国語としない人を対象とした英語によるコミュニケーション能力を測定するためのテストです。そのうち、Listening & Reading Test（L&Rテスト）は、Listening（聞く）とReading（読む）の2つの英語力を測定します。

TOEIC® L&Rテストの特徴

級などの区分はなく、受験者全員が同じ試験を受験しそのスコアで能力を判断します。結果は、合否ではなく10～990点のスコアで示されます。
テストはリスニング・セクションとリーディング・セクションからなり、リスニングとリーディングの能力を客観的に測定することで総合的な英語のコミュニケーション能力を評価することができます。テスト中は、音声はもちろん問題用紙に印刷されている指示や問題出題がすべて英語のみでなされ、日本語は一切出てきません。

スコアと英語コミュニケーション能力の相関

スコアは10～990点で示されます。以下がTOEIC® L&Rテストのスコアと英語コミュニケーション能力レベルの相関表です。

レベル	スコア	能力
レベルA	860以上	Non-Nativeとして十分なコミュニケーションができる
レベルB	730～855	どんな状況でも適切なコミュニケーションができる素地を備えている
レベルC	470～725	日常生活のニーズを充足し、限定された範囲内では業務上のコミュニケーションができる
レベルD	220～465	通常会話で最低限のコミュニケーションができる
レベルE	215以下	コミュニケーションができるまでに至っていない

試験の実施や受験申し込みについての最新情報は、TOEIC公式サイトで確認してください。

●TOEIC公式サイト

https://www.iibc-global.org/toeic.html

TOEIC® L&Rテストの試験内容

TOEIC® L&Rテストの問題はリスニング・セクション（100問・約45分間）とリーディング・セクション（100問・75分間）で構成され、Part 1からPart 7まであります。Part 1～Part 4がリスニング・セクション、Part 5 ～Part 7がリーディング・セクションとなります。

【リスニング・セクション】

Part 1
写真描写問題（6問）

1枚の写真について4つの短い説明文が1度だけ放送されます。4つのうち、写真を最も的確に描写しているものを選びます。

Part 2
応答問題（25問）

1つの質問または文章とそれに対する3つの応答がそれぞれ1度だけ放送されます。設問に対して最もふさわしい応答を選びます。

Part 3
会話問題（39問）

2人または3人の人物による会話が1度だけ放送されます。問題用紙に印刷された3つの設問と選択肢を読み、4つの選択肢の中から最も適切なものを選びます。問題用紙に印刷された図などで見た情報を関連づけて解答する設問もあります。

Part 4
説明文問題（30問）

アナウンスやナレーションのようなミニトークが1度だけ放送されます。各トークを聞いて問題用紙に印刷された3つの設問と選択肢を読み、4つの選択肢の中から最も適切なものを選びます。問題用紙に印刷された図などで見た情報を関連づけて解答する設問もあります。

【リーディング・セクション】

Part 5
短文穴埋め問題（30問）

不完全な文を完成させるために、4つの選択肢の中から最も適切なものを選びます。

Part 6
長文穴埋め問題（16問）

不完全な文書を完成させるために、4つの選択肢（単語や句または一文）の中から最も適切なものを選びます。

Part 7
1つの文書（29問）
複数の文書（25問）

問題用紙にはいろいろな文書が印刷されています。設問を読み、4つの選択肢の中から最も適切なものを選びます。

音声ダウンロードのご案内

本書の音声はパソコンまたはスマートフォンでのダウンロードが可能です（どちらも無料です）。

パソコンをご利用の場合

以下のウェブサイトから、音声のデータ（mp3ファイル／zip圧縮済み）をダウンロードしてください。

アルク「ダウンロードセンター」

https://portal-dlc.alc.co.jp/

ダウンロードセンターで本書を探す際は、
商品コード「**7020052**」を利用すると便利です。

スマートフォンをご利用の場合

スマホで音声の再生ができるアプリ「英語学習booco」をご利用ください。
アプリ「英語学習booco」のインストール方法は表紙カバー袖でご案内しています。
なお、「ダウンロードセンター」およびアプリ「英語学習booco」のサービス内容は、予告なく変更する場合がございます。あらかじめご了承ください。

本書の音声について

- 本書では、各Dayの「チャンツ」「センテンス」のダウンロード音声を、トラック「001」であれば「🔊MP3-001」のように表示しています。
- 各Day 冒頭の「見出し語＋定義」の音声には「チャンツ音楽なし」のバージョンもあります。他の本書付属音声と同様に、「ダウンロードセンター」およびアプリ「英語学習booco」からダウンロードすることができます。（→**「見出し語_音楽なし」**）

次のルールでファイル名を設定しています。

例）**01_Day1**：Day 1の「見出し語＋定義」（音楽なし）
　　02_Day2：Day 2の「見出し語＋定義」（音楽なし）

CHAPTER 1

名詞：超必修104

Chapter 1のスタートです！このChapterでは、TOEIC「超必修」の名詞104をマスターしていきます。先はまだまだ長いけれど、焦らず急がず学習を進めていきましょう。

TOEIC的格言

A good beginning makes a good ending.

始めが肝心。
[直訳] よい始まりがよい終わりとなる。

Day 1 名詞1

Check 1 Word 🔊 MP3-001

音声を聞いて、単語の発音と太字の意味をセットで覚えよう。
余裕があれば、太字以外の意味や派生語もチェック！

Check 2 Phrase 🔊 MP3-002

音声と同じようにフレーズを読もう。
一緒に使われている単語にも注意！

Word	意味	Phrase
□ 001 **budget** /bʌ́dʒit/ Part 2, 3	名❶**予算**(案) ❷経費	□ draw up a budget (予算を作成する)
□ 002 **contract** /kɑ́ntrækt/ ❗アクセント Part 2, 3	名**契約**(書) 動(/kəntrǽkt/)契約を結ぶ	□ a contract of employment (雇用契約)
□ 003 **interview** /íntərvjùː/ ❗アクセント Part 2, 3	名**面接** 動〜と面接する	□ a job interview (就職面接)
□ 004 **bill** /bíl/ Part 2, 3	名**請求書**、勘定書 動〜に請求書を送る	□ an electricity bill (電気代の請求書)
□ 005 **candidate** /kǽndidət/ Part 7	名**候補者**、志願者	□ the ideal candidate (理想的な候補者)
□ 006 **facility** /fəsíləti/ Part 4	名(しばしば〜ies) **施設**、設備	□ a sports facility (スポーツ施設)
□ 007 **itinerary** /aitínərèri/ Part 2, 3	名**旅行計画**、旅程(表)	□ change the itinerary (旅行計画を変更する)
□ 008 **reservation** /rèzərvéiʃən/ Part 2, 3	名(ホテルなどの)**予約** 動reserve：〜を予約する	□ make a reservation (予約する)

いよいよDay 1のスタート！　今日から13日間は「超必修」の名詞104をチェック。まずはチャンツを聞こう！

Word & Phrase
□ 聞くだけモードlevel 1　Check 1
□ 聞くだけモードlevel 2　Check 1 ▸ 2
□ 聞く&書くモードlevel 1　Check 1 ▸ 2 ▸ 3

Check 3 Word & Phrase 》MP3-001 & 002

日本語の意味になるように空欄に単語を書き込もう。
フレーズまで書き込めたら、Check 1とCheck 2の音声を聞いて答えを確認しよう。

予算 b______	▸	□ 予算を作成する ______ ___ _ ________
契約 c______	▸	□ 雇用契約 _ ________ ___ ________
面接 i______	▸	□ 就職面接 _ ____ ________
請求書 b______	▸	□ 電気代の請求書 ___ ________ ____
候補者 c______	▸	□ 理想的な候補者 ____ ______ ________
施設 f______	▸	□ スポーツ施設 _ ________ ________
旅行計画 i______	▸	□ 旅行計画を変更する ________ ____ ________
予約 r______	▸	□ 予約する ______ _ ________

CHAPTER 1
CHAPTER 2
CHAPTER 3
CHAPTER 4
CHAPTER 5
CHAPTER 6
CHAPTER 7

Check 4 Sentence 》MP3-003

Check 1～3で学習した語を含むセンテンスを聞いて、意味を確認しよう。
その後にもう一度音声を聞いて、そっくりにまねするつもりで音読してみよう。

□ 001
The project has a budget of $20 million.
（そのプロジェクトの予算は2000万ドルだ）

□ 002
We won a contract to build the facility.
（私たちはその施設を建設する契約を獲得した）

□ 003
He was late for the interview.
（彼はその面接に遅刻した）

□ 004
I forgot to pay the bill.
（私はその請求書の支払いをするのを忘れた）

□ 005
There are three candidates for the position.
（その職には3人の候補者がいる）

□ 006
The company has several research facilities.
（その会社にはいくつかの研究施設がある）

□ 007
Have you planned your itinerary?
（旅行計画は立てましたか？）

□ 008
I had to cancel my hotel reservation.
（私はホテルの予約をキャンセルしなければならなかった）

Sentence
☐ 聞くだけモードlevel 3　Check 1 ▸2 ▸4
☐ 聞く&書くモードlevel 2　Check 1 ▸2 ▸3 ▸4 ▸5

Check 5 Sentence MP3-003

日本語の意味になるように空欄に単語を書き込もう。
分からなかったら、音声を聞きながら記入してもOK。

☐ そのプロジェクトの予算は2000万ドルだ

The project ____ _ ________ ___ $20 million.

☐ 私たちはその施設を建設する契約を獲得した

We ____ _ ___________ ___ build the facility.

☐ 彼はその面接に遅刻した

He was _____ ____ ____ ____________.

☐ 私はその請求書の支払いをするのを忘れた

I forgot to ____ ____ _____.

☐ その職には3人の候補者がいる

There are three _____________ ____ ____ __________.

☐ その会社にはいくつかの研究施設がある

The company has _________ __________ _____________.

☐ 旅行計画は立てましたか？

Have you _________ _____ ____________?

☐ 私はホテルの予約をキャンセルしなければならなかった

I had to ________ ___ _______ _______________.

Day 2　名詞2

Check 1　Word　MP3-004

音声を聞いて、単語の発音と太字の意味をセットで覚えよう。
余裕があれば、太字以外の意味や派生語もチェック！

Check 2　Phrase　MP3-005

音声と同じようにフレーズを読もう。
一緒に使われている単語にも注意！

Check 1	意味	Check 2
□ 009 **admission** /ædmíʃən/ Part 2, 3	名❶**入場**［入学、入社］（許可） ❷入場料 動admit：～を認める	□ gain **admission**（入場を認められる）
□ 010 **banquet** /bǽŋkwit/ Part 2, 3	名（公式の）**宴会**、祝宴	□ a **banquet** hall（宴会場）
□ 011 **benefit** /bénəfit/ Part 7	名❶（通例～s）**給付金**、手当 ❷利益、助け 動～のためになる	□ medical **benefits**（医療給付金）
□ 012 **degree** /digríː/ Part 7	名❶**学位** ❷（温度などの）度	□ a **degree** in chemistry（化学の学位）
□ 013 **estimate** /éstəmət/ ❗発音 Part 7	名**見積もり**、概算 動（/éstəmèit/）～を見積もる	□ a conservative **estimate**（控えめな見積もり）
□ 014 **expense** /ikspéns/ Part 4	名❶**費用** ❷（～s）経費 形expensive：高価な	□ at great **expense**（多額の費用をかけて）
□ 015 **figure** /fígjər/ Part 7	名❶**数字**、数 ❷姿 ❸人物	□ unemployment **figures**（失業者数）
□ 016 **property** /prápərti/ Part 7	名❶**財産**、所有物 ❷不動産	□ intellectual **property**（知的財産）

Day 1　MP3-001　Quick Review　　答えは右ページ下

□ 予算　□ 面接　□ 候補者　□ 旅行計画
□ 契約　□ 請求書　□ 施設　□ 予約

チャンツを聞く際には、「英語→日本語→英語」の2回目の「英語」の部分で声に出して読んでみよう。

Word & Phrase
- □ 聞くだけモードlevel 1　Check 1
- □ 聞くだけモードlevel 2　Check 1 ▸2
- □ 聞く&書くモードlevel 1　Check 1 ▸2 ▸3

Check 3 Word & Phrase 》MP3-004 & 005

日本語の意味になるように空欄に単語を書き込もう。
フレーズまで書き込めたら、Check 1とCheck 2の音声を聞いて答えを確認しよう。

入場 a______	▸	□ 入場を認められる ______ ______
宴会 b______	▸	□ 宴会場 _ ______ ______
給付金 b______	▸	□ 医療給付金 ______ ______
学位 d______	▸	□ 化学の学位 _ ______ ___ ______
見積もり e______	▸	□ 控えめな見積もり _ ______ ______
費用 e______	▸	□ 多額の費用をかけて ___ ______ ______
数字 f______	▸	□ 失業者数 ______ ______
財産 p______	▸	□ 知的財産 ______ ______

Day 1 》MP3-001 **Quick Review** 答えは左ページ下

- □ budget
- □ contract
- □ interview
- □ bill
- □ candidate
- □ facility
- □ itinerary
- □ reservation

Check 4 Sentence 》 MP3-006

Check 1～3で学習した語を含むセンテンスを聞いて、意味を確認しよう。
その後にもう一度音声を聞いて、そっくりにまねするつもりで音読してみよう。

□ 009
Last admission to the zoo is at 4 p.m.
（その動物園の最終入場は午後4時だ）

□ 010
The banquet will be held on April 25.
（その宴会は4月25日に開かれる予定だ）

□ 011
We offer a competitive salary, plus benefits.
（当社は他に負けない給与と、さらに手当を提供します）

□ 012
Applicants must have a degree in accounting.
（志願者は会計学の学位を有していなければならない）

□ 013
He made an estimate of the costs.
（彼は経費の見積もりを作成した）

□ 014
She tried to cut down on her living expenses.
（彼女は生活費を切り詰めようとした）

□ 015
US employment figures improved last month.
（先月、米国の雇用者数は改善した）

□ 016
This land is government property.
（この土地は国有財産だ）

Sentence
□ 聞くだけモードlevel 3　Check 1 ▶2 ▶4
□ 聞く＆書くモードlevel 2　Check 1 ▶2 ▶3 ▶4 ▶5

Check 5 Sentence 》MP3-006

日本語の意味になるように空欄に単語を書き込もう。
分からなかったら、音声を聞きながら記入してもOK。

□ その動物園の最終入場は午後4時だ

_____ ____________ ___ the zoo is at 4 p.m.

□ その宴会は4月25日に開かれる予定だ

The _________ _____ ___ _____ on April 25.

□ 当社は他に負けない給与と、さらに手当を提供します

We offer a competitive ________, _____ _____________.

□ 志願者は会計学の学位を有していなければならない

Applicants must _____ _ ________ in accounting.

□ 彼は経費の見積もりを作成した

He _____ __ ___________ of the costs.

□ 彼女は生活費を切り詰めようとした

She tried to cut down on her ________ ___________.

□ 先月、米国の雇用者数は改善した

US _____________ _________ ___________ last month.

□ この土地は国有財産だ

This land is _____________ ___________.

CHAPTER 2
CHAPTER 3
CHAPTER 4
CHAPTER 5
CHAPTER 6
CHAPTER 7

Day 3 名詞3

Check 1 Word 》MP3-007

音声を聞いて、単語の発音と太字の意味をセットで覚えよう。
余裕があれば、太字以外の意味や派生語もチェック！

Check 2 Phrase 》MP3-008

音声と同じようにフレーズを読もう。
一緒に使われている単語にも注意！

Check 1 Word	意味	Check 2 Phrase
□ 017 **representative** /rèprizéntətiv/ Part 4	名 **代理人**、代表者 動 represent：❶（団体など）を代表する ❷～を表す	□ a local sales representative（現地の販売代理人）
□ 018 **solution** /səlúːʃən/ Part 4	名 **解決策** 動 solve：～を解決する	□ find a solution（解決策を見つける）
□ 019 **warranty** /wɔ́ːrənti/ Part 4	名 **保証**（書）	□ a warranty card（保証書）
□ 020 **demand** /dimǽnd/ Part 5, 6	名 ❶**需要** ❷要求 動 ～を要求する	□ meet demand（需要に応える）
□ 021 **headquarters** /hédkwɔ̀ːrtərz/ Part 4	名 **本社**、本部	□ a headquarters building（本社ビル）
□ 022 **merchandise** /mɚ́ːrtʃəndàiz/ ❶発音 Part 7	名（集合的に）**商品**、製品	□ carry merchandise（商品を扱っている）
□ 023 **notice** /nóutis/ Part 7	名 ❶**通知**、通達 ❷掲示、告示 動 ～に気がつく	□ written notice（文書による通知）
□ 024 **profit** /prάfit/ Part 5, 6	名 **利益**、収益 動 利益を得る 形 profitable：収益の多い	□ a rise in profits（利益の増加）

Day 2 》MP3-004 Quick Review 答えは右ページ下

□ 入場 □ 給付金 □ 見積もり □ 数字
□ 宴会 □ 学位 □ 費用 □ 財産

「3日坊主」にならないためにも、今日・明日の学習がとっても大切！「継続」を心がけよう。

Word & Phrase
- □ 聞くだけモードlevel 1　Check 1
- □ 聞くだけモードlevel 2　Check 1 ▸2
- □ 聞く＆書くモードlevel 1　Check 1 ▸2 ▸3

Check 3 Word & Phrase 》MP3-007 & 008

日本語の意味になるように空欄に単語を書き込もう。
フレーズまで書き込めたら、Check 1とCheck 2の音声を聞いて答えを確認しよう。

代理人 r____	▸	□ 現地の販売代理人 _ ____ ____ ________
解決策 s____	▸	□ 解決策を見つける ____ _ ________
保証 w____	▸	□ 保証書 _ ________ ____
需要 d____	▸	□ 需要に応える ____ ________
本社 h____	▸	□ 本社ビル _ ________ ________
商品 m____	▸	□ 商品を扱っている ____ ________
通知 n____	▸	□ 文書による通知 ________ ________
利益 p____	▸	□ 利益の増加 _ ____ __ ________

Day 2 》MP3-004 **Quick Review**　答えは左ページ下

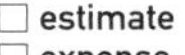

□ admission	□ benefit	□ estimate	□ figure
□ banquet	□ degree	□ expense	□ property

Check 4 Sentence 》MP3-009

Check 1～3で学習した語を含むセンテンスを聞いて、意味を確認しよう。
その後にもう一度音声を聞いて、そっくりにまねするつもりで音読してみよう。

□ 017
Mr. Smith is our representative in the UK.
（スミス氏は当社の英国での代理人だ）

□ 018
Is there any solution to this problem?
（何かこの問題の解決策はありませんか？）

□ 019
This car comes with a three-year warranty.
（この車は3年保証がついている）

□ 020
This product is in great demand.
（この製品には大きな需要がある）

□ 021
The firm's headquarters is in Chicago.
（その会社の本社はシカゴにある）

□ 022
All merchandise is sold at discount prices.
（全商品が割引価格で売られている）

□ 023
The tour was canceled without prior notice.
（そのツアーは事前の通知なしに中止になった）

□ 024
The company made a big profit.
（その会社は大きな利益を上げた）

Sentence
□ 聞くだけモードlevel 3　Check 1 ▶ 2 ▶ 4
□ 聞く＆書くモードlevel 2　Check 1 ▶ 2 ▶ 3 ▶ 4 ▶ 5

Check 5 Sentence 》MP3-009

日本語の意味になるように空欄に単語を書き込もう。
分からなかったら、音声を聞きながら記入してもOK。

□ スミス氏は当社の英国での代理人だ

Mr. Smith is our ________ __ ___ __.

□ 何かこの問題の解決策はありませんか？

Is there any ________ __ ___ ______?

□ この車は3年保証がついている

This car comes with a _____-____ ______.

□ この製品には大きな需要がある

This product is __ _____ ______.

□ その会社の本社はシカゴにある

___ ______ __________ is in Chicago.

□ 全商品が割引価格で売られている

All ________ __ ____ __ discount prices.

□ そのツアーは事前の通知なしに中止になった

The tour was canceled ______ _____ ______.

□ その会社は大きな利益を上げた

The company ____ _ ___ ______.

Day 4 名詞4

Check 1 Word MP3-010

音声を聞いて、単語の発音と太字の意味をセットで覚えよう。
余裕があれば、太字以外の意味や派生語もチェック！

Check 2 Phrase MP3-011

音声と同じようにフレーズを読もう。
一緒に使われている単語にも注意！

Check 1 Word	意味	Check 2 Phrase
□ 025 **survey** /sə́ːrvei/ ❶アクセント Part 4	名**調査** 動(/sərvéi/)～を調査する	□ the results of the survey (調査の結果)
□ 026 **customer** /kʌ́stəmər/ Part 4	名**顧客**	□ the biggest customer (最大の顧客)
□ 027 **questionnaire** /kwèstʃənέər/ ❶アクセント Part 7	名**アンケート**(用紙)	□ hand out questionnaires (アンケートを配る)
□ 028 **venue** /vénjuː/ Part 4	名**開催地**、会場	□ a conference venue (会議の開催地)
□ 029 **destination** /dèstənéiʃən/ Part 2, 3	名**目的地**、行き先	□ a holiday destination (休暇の目的地)
□ 030 **procedure** /prəsíːdʒər/ Part 5, 6	名❶**手順** ❷手続き	□ safety procedures (安全手順)
□ 031 **statement** /stéitmənt/ Part 7	名❶**報告書**、明細書 ❷声明(書) 動state：～をはっきり述べる	□ a financial statement (財務報告書)
□ 032 **appointment** /əpɔ́intmənt/ Part 2, 3	名(面会の)**約束**、(医師などの)予約	□ keep an appointment (約束を守る)

Day 3 MP3-007 Quick Review

答えは右ページ下

□ 代理人 □ 保証 □ 本社 □ 通知
□ 解決策 □ 需要 □ 商品 □ 利益

「細切れ時間」を有効活用してる？
いつでもどこでもテキストとチャンツを持ち歩いて、単語に触れよう！

Word & Phrase
□ 聞くだけモードlevel 1　Check 1
□ 聞くだけモードlevel 2　Check 1 ▸2
□ 聞く＆書くモードlevel 1　Check 1 ▸2 ▸3

Check 3 Word & Phrase 》MP3-010 & 011

日本語の意味になるように空欄に単語を書き込もう。
フレーズまで書き込めたら、Check 1とCheck 2の音声を聞いて答えを確認しよう。

調査 s______	▸	□ 調査の結果 ____ ____ ____ ____ ____
顧客 c______	▸	□ 最大の顧客 ____ ____ ____
アンケート q______	▸	□ アンケートを配る ____ ____ ____
開催地 v______	▸	□ 会議の開催地 ____ ____ ____
目的地 d______	▸	□ 休暇の目的地 ____ ____ ____
手順 p______	▸	□ 安全手順 ____ ____
報告書 s______	▸	□ 財務報告書 ____ ____ ____
約束 a______	▸	□ 約束を守る ____ ____ ____

Day 3 》MP3-007 **Quick Review**　　答えは左ページ下

□ representative　□ warranty　□ headquarters　□ notice
□ solution　□ demand　□ merchandise　□ profit

Check 4 Sentence 》 MP3-012

Check 1～3で学習した語を含むセンテンスを聞いて、意味を確認しよう。
その後にもう一度音声を聞いて、そっくりにまねするつもりで音読してみよう。

□ 025

They conducted a survey of 100 students.

（彼らは100人の学生の調査を行った）

□ 026

We need to improve our customer service.

（私たちは顧客サービスを改善する必要がある）

□ 027

Please fill out this questionnaire.

（このアンケートに記入してください）

□ 028

The venue for the event was changed.

（そのイベントの開催地は変更された）

□ 029

I arrived at my destination on time.

（私は時間通りに目的地に着いた）

□ 030

We must follow proper procedures.

（私たちは正しい手順を踏まなければならない）

□ 031

Have you drawn up the accounting statement?

（会計報告書を作成しましたか？）

□ 032

I have an appointment with her tomorrow.

（私は明日、彼女と会う約束がある）

Sentence
☐ 聞くだけモードlevel 3　Check 1 ▸2 ▸4
☐ 聞く＆書くモードlevel 2　Check 1 ▸2 ▸3 ▸4 ▸5

Check 5 Sentence 》MP3-012

日本語の意味になるように空欄に単語を書き込もう。
分からなかったら、音声を聞きながら記入してもOK。

☐ 彼らは100人の学生の調査を行った

They ______ _ ______ of 100 students.

☐ 私たちは顧客サービスを改善する必要がある

We need to ______ ___ ______ ______.

☐ このアンケートに記入してください

Please ___ ___ ___ ______.

☐ そのイベントの開催地は変更された

The ______ ___ ___ ______ was changed.

☐ 私は時間通りに目的地に着いた

I ______ __ __ ______ on time.

☐ 私たちは正しい手順を踏まなければならない

We must ______ ______ ______.

☐ 会計報告書を作成しましたか？

Have you drawn up the ______ ______?

☐ 私は明日、彼女と会う約束がある

I ___ __ ______ ___ her tomorrow.

Day 5 名詞5

Check 1 Word MP3-013

音声を聞いて、単語の発音と太字の意味をセットで覚えよう。
余裕があれば、太字以外の意味や派生語もチェック！

Check 2 Phrase MP3-014

音声と同じようにフレーズを読もう。
一緒に使われている単語にも注意！

Check 1	意味	Check 2
□ 033 **brochure** /brouʃúər/ ❶発音 Part 2, 3	名**パンフレット**、小冊子	□ a sightseeing brochure（観光パンフレット）
□ 034 **colleague** /kɑ́li:g/ Part 2, 3	名**同僚**	□ a hardworking colleague（勤勉な同僚）
□ 035 **inventory** /ínvəntɔ̀:ri/ Part 4	名**在庫品**	□ inventory control（在庫管理）
□ 036 **refund** /rí:fʌnd/ ❶アクセント Part 7	名**払い戻し**(金) 動(/rifʌ́nd/)(料金など)を払い戻す	□ demand a refund（払い戻しを求める）
□ 037 **warehouse** /wέərhàus/ Part 1	名**倉庫**	□ goods in a warehouse（倉庫内の商品）
□ 038 **luggage** /lʌ́gidʒ/ Part 1	名(集合的に)(旅行者の)**手荷物**	□ two pieces of luggage（手荷物2個）
□ 039 **opportunity** /ɑ̀pərtjú:nəti/ ❶アクセント Part 2, 3	名**機会**、好機	□ a golden opportunity（絶好の機会）
□ 040 **merger** /mə́:rdʒər/ Part 7	名(企業の)**合併** 動merge：(～と)合併する(with ～)	□ a proposed merger（合併案）

34 ▸ 35

Day 4 MP3-010 Quick Review　　答えは右ページ下

□ 調査	□ アンケート	□ 目的地	□ 報告書
□ 顧客	□ 開催地	□ 手順	□ 約束

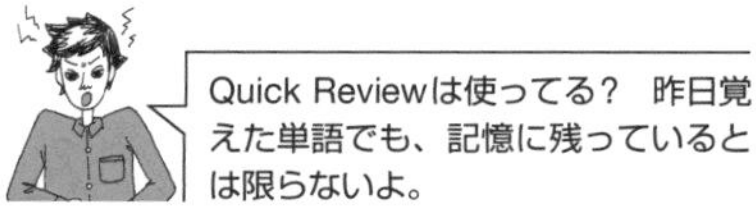

Quick Reviewは使ってる？　昨日覚えた単語でも、記憶に残っているとは限らないよ。

Word & Phrase
- □ 聞くだけモードlevel 1　Check 1
- □ 聞くだけモードlevel 2　Check 1 ▶2
- □ 聞く&書くモードlevel 1　Check 1 ▶2 ▶3

Check 3 Word & Phrase 》MP3-013 & 014

日本語の意味になるように空欄に単語を書き込もう。
フレーズまで書き込めたら、Check 1とCheck 2の音声を聞いて答えを確認しよう。

パンフレット b______	▶	□ 観光パンフレット _ ______ ______
同僚 c______	▶	□ 勤勉な同僚 _ ______ ______
在庫品 i______	▶	□ 在庫管理 ______ ______
払い戻し r______	▶	□ 払い戻しを求める ______ _ ______
倉庫 w______	▶	□ 倉庫内の商品 ______ ___ _ ______
手荷物 l______	▶	□ 手荷物2個 ____ ______ ___ ______
機会 o______	▶	□ 絶好の機会 _ ______ ______
合併 m______	▶	□ 合併案 _ ______ ______

Day 4 》MP3-010 Quick Review　答えは左ページ下

- □ survey
- □ customer
- □ questionnaire
- □ venue
- □ destination
- □ procedure
- □ statement
- □ appointment

Check 4 Sentence 》MP3-015

Check 1～3で学習した語を含むセンテンスを聞いて、意味を確認しよう。
その後にもう一度音声を聞いて、そっくりにまねするつもりで音読してみよう。

□ 033
I picked up some travel brochures.
（私は何冊か旅行パンフレットをもらってきた）

□ 034
One of my colleagues got married recently.
（最近、同僚の1人が結婚した）

□ 035
We check our inventory every day.
（私たちは毎日在庫品を確認する）

□ 036
She received a full refund.
（彼女は全額払い戻しを受けた）

□ 037
Boxes are stacked in the warehouse.
（箱が倉庫に積み重ねられている）

□ 038
A woman is checking in her luggage.
（女性は手荷物を預けている）

□ 039
Don't miss this opportunity.
（この機会を逃してはいけません）

□ 040
The merger of the two banks was announced.
（両行の合併が発表された）

Sentence
□ 聞くだけモードlevel 3　Check 1 ▸2 ▸4
□ 聞く&書くモードlevel 2　Check 1 ▸2 ▸3 ▸4 ▸5

Check 5 Sentence 》MP3-015

日本語の意味になるように空欄に単語を書き込もう。
分からなかったら、音声を聞きながら記入してもOK。

□ 私は何冊か旅行パンフレットをもらってきた

I picked up some ________ ____________.

□ 最近、同僚の1人が結婚した

____ ___ ___ ____________ got married recently.

□ 私たちは毎日在庫品を確認する

We _______ ____ ____________ every day.

□ 彼女は全額払い戻しを受けた

She ___________ _ _____ ________.

□ 箱が倉庫に積み重ねられている

Boxes are _________ ___ ____ ____________.

□ 女性は手荷物を預けている

A woman is ___________ ___ ____ _________.

□ この機会を逃してはいけません

Don' t _____ _____ _______________.

□ 両行の合併が発表された

The ________ ___ ____ ____ banks was announced.

Day 6 名詞6

Check 1 Word 》MP3-016

音声を聞いて、単語の発音と太字の意味をセットで覚えよう。
余裕があれば、太字以外の意味や派生語もチェック！

Check 2 Phrase 》MP3-017

音声と同じようにフレーズを読もう。
一緒に使われている単語にも注意！

□ 041
accounting
/əkáuntiŋ/
Part 7

名**会計**(学)、経理
名accountant：会計士

▸ □ knowledge of accounting
(会計の知識)

□ 042
equipment
/ikwípmənt/
Part 5, 6

名(集合的に)**装置**、器具類

▸ □ electrical equipment
(電気装置)

□ 043
architect
/ɑ́ːrkətèkt/
Part 2, 3

名**建築家**
名architecture：❶建築様式 ❷建築

▸ □ a famous architect
(有名な建築家)

□ 044
construction
/kənstrʌ́kʃən/
Part 1

名**建設**、建築工事
動construct：～を建設する

▸ □ a construction site
(建設現場)

□ 045
department
/dipɑ́ːrtmənt/
Part 4

名(会社などの)**部**、課

▸ □ the accounting department
(経理部)

□ 046
insurance
/inʃúərəns/
❶アクセント Part 5, 6

名**保険**

▸ □ car insurance
(自動車保険)

□ 047
supply
/səplái/
Part 5, 6

名❶(通例～ies)**備品**、必需品 ❷供給
動～を供給する
名supplier：供給[納入]業者

▸ □ medical supplies
(医療用品)

□ 048
conference
/kɑ́nfərəns/
Part 2, 3

名(通例年1回開催の)**会議**

▸ □ a conference hall
(会議場)

Day 5 》MP3-013 Quick Review

答えは右ページ下

□ パンフレット
□ 同僚
□ 在庫品
□ 払い戻し
□ 倉庫
□ 手荷物
□ 機会
□ 合併

見出し語の下にある「❗発音」や「❗アクセント」を見てる? わずかな違いで通じないこともあるので注意!

Word & Phrase
☐ 聞くだけモードlevel 1　Check 1
☐ 聞くだけモードlevel 2　Check 1 ▸ 2
☐ 聞く&書くモードlevel 1　Check 1 ▸ 2 ▸ 3

Check 3 Word & Phrase 》MP3-016 & 017

日本語の意味になるように空欄に単語を書き込もう。
フレーズまで書き込めたら、Check 1とCheck 2の音声を聞いて答えを確認しよう。

会計 a______	▸	☐ 会計の知識 ______ __ ______
装置 e______	▸	☐ 電気装置 ______ ______
建築家 a______	▸	☐ 有名な建築家 _ ______ ______
建設 c______	▸	☐ 建設現場 _ ______ ______
部 d______	▸	☐ 経理部 __ ______ ______
保険 i______	▸	☐ 自動車保険 __ ______
備品 s______	▸	☐ 医療用品 ______ ______
会議 c______	▸	☐ 会議場 _ ______ ______

Day 5 》MP3-013 **Quick Review** 答えは左ページ下

☐ brochure　☐ inventory　☐ warehouse　☐ opportunity
☐ colleague　☐ refund　☐ luggage　☐ merger

Check 4 Sentence 》 MP3-018

Check 1～3で学習した語を含むセンテンスを聞いて、意味を確認しよう。
その後にもう一度音声を聞いて、そっくりにまねするつもりで音読してみよう。

□ 041

She has a long career in accounting.

（彼女には経理での長い勤務歴がある）

□ 042

The laboratory is full of high-tech equipment.

（その実験室はハイテク装置でいっぱいだ）

□ 043

His dream is to be an architect.

（彼の夢は建築家になることだ）

□ 044

The building is under construction.

（そのビルは建設中だ）

□ 045

I was transferred to the sales department.

（私は営業部に異動になった）

□ 046

You should take out travel insurance.

（あなたは旅行保険に加入したほうがいい）

□ 047

She is in charge of office supplies.

（彼女は事務用品を管理している）

□ 048

How long does the conference last?

（その会議はどのくらい続くのですか？）

Sentence
□ 聞くだけモードlevel 3　Check 1 ▸2 ▸4
□ 聞く＆書くモードlevel 2　Check 1 ▸2 ▸3 ▸4 ▸5

Check 5 Sentence 》MP3-018

日本語の意味になるように空欄に単語を書き込もう。
分からなかったら、音声を聞きながら記入してもOK。

□ 彼女には経理での長い勤務歴がある

She has a long ________ ___ ______________.

□ その実験室はハイテク装置でいっぱいだ

The laboratory is full of _____-_____ ____________.

□ 彼の夢は建築家になることだ

His dream is ___ ___ ___ ____________.

□ そのビルは建設中だ

The building is _______ _______________.

□ 私は営業部に異動になった

I was transferred to ____ _______ ______________.

□ あなたは旅行保険に加入したほうがいい

You should _____ _____ ________ ____________.

□ 彼女は事務用品を管理している

She is in charge of ________ ___________.

□ その会議はどのくらい続くのですか？

How long does the _____________ _____?

Day 7 名詞7

Check 1 Word MP3-019

音声を聞いて、単語の発音と太字の意味をセットで覚えよう。
余裕があれば、太字以外の意味や派生語もチェック！

Check 2 Phrase MP3-020

音声と同じようにフレーズを読もう。
一緒に使われている単語にも注意！

Check 1 Word	意味	Check 2 Phrase
□ 049 **transit** /trǽnzit/ Part 4	名❶**輸送**、運送 ❷通過、乗り継ぎ 名transition：移行、変遷	□ transit time（輸送時間）
□ 050 **invoice** /ínvɔis/ Part 2, 3	名（明細記入）**請求書**、仕入れ書、インボイス	□ send an invoice（請求書を送る）
□ 051 **issue** /íʃuː/ Part 5, 6	名❶**問題**（点） ❷（雑誌などの）～号 動～を発行する	□ a big issue（大問題）
□ 052 **deposit** /dipázit/ Part 2, 3	名❶**預金** ❷手付金、頭金 動～を預金する	□ make a deposit（預金する）
□ 053 **instrument** /ínstrəmənt/ ❶アクセント Part 1	名❶**楽器** ❷器具、道具	□ a brass instrument（金管楽器）
□ 054 **transportation** /trænspərtéiʃən/ Part 2, 3	名**輸送**、交通［輸送］機関 動transport：～を輸送する	□ transportation system（輸送システム）
□ 055 **balance** /bǽləns/ Part 7	名**残高**	□ a balance of $3,000（3000ドルの残高）
□ 056 **income** /ínkʌm/ Part 5, 6	名**収入**、所得	□ a source of income（収入源）

Day 6 MP3-016 Quick Review

答えは右ページ下

□ 会計 □ 装置 □ 建築家 □ 建設 □ 部 □ 保険 □ 備品 □ 会議

今日で本書は1週間が終了！　道のりはまだまだ長いけど、急がず焦らず学習を進めていこう。

Word & Phrase
☐ 聞くだけモードlevel 1　Check 1
☐ 聞くだけモードlevel 2　Check 1 ▸ 2
☐ 聞く＆書くモードlevel 1　Check 1 ▸ 2 ▸ 3

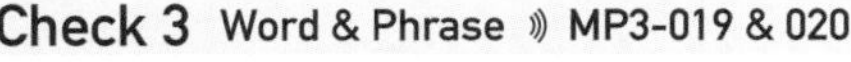

Check 3 Word & Phrase 》MP3-019 & 020

日本語の意味になるように空欄に単語を書き込もう。
フレーズまで書き込めたら、Check 1とCheck 2の音声を聞いて答えを確認しよう。

輸送 t______	▸	☐ 輸送時間 ______ ______
請求書 i______	▸	☐ 請求書を送る ______ ______ ______
問題 i______	▸	☐ 大問題 __ ______ ______
預金 d______	▸	☐ 預金する ______ __ ______
楽器 i______	▸	☐ 金管楽器 __ ______ ______
輸送 t______	▸	☐ 輸送システム ______ ______
残高 b______	▸	☐ 3000ドルの残高 __ ______ ___ ______
収入 i______	▸	☐ 収入源 __ ______ ___ ______

Day 6 》MP3-016　**Quick Review**　答えは左ページ下

☐ accounting　☐ architect　☐ department　☐ supply
☐ equipment　☐ construction　☐ insurance　☐ conference

Check 4 Sentence 》MP3-021

Check 1～3で学習した語を含むセンテンスを聞いて、意味を確認しよう。
その後にもう一度音声を聞いて、そっくりにまねするつもりで音読してみよう。

□ 049
The item was damaged in transit.
（その商品は輸送中に損傷した）

□ 050
There is an error in the invoice.
（その請求書には間違いがある）

□ 051
We must address environmental issues.
（私たちは環境問題に取り組まなければならない）

□ 052
I have over $50,000 on deposit.
（私は5万ドル以上を預金している）

□ 053
They' re playing instruments.
（彼らは楽器を演奏している）

□ 054
We must find other means of transportation.
（私たちはほかの輸送手段を見つけなければならない）

□ 055
What is your bank balance right now?
（現在のあなたの預金残高はいくらですか？）

□ 056
All income must be reported.
（すべての収入は申告されなければならない）

Sentence
□ 聞くだけモードlevel 3　Check 1 ▸ 2 ▸ 4
□ 聞く&書くモードlevel 2　Check 1 ▸ 2 ▸ 3 ▸ 4 ▸ 5

Check 5 Sentence 》MP3-021

日本語の意味になるように空欄に単語を書き込もう。
分からなかったら、音声を聞きながら記入してもOK。

□ その商品は輸送中に損傷した

The item was ________ __ ________.

□ その請求書には間違いがある

There is an ______ __ ____ ________.

□ 私たちは環境問題に取り組まなければならない

We must ________ ______________ _______.

□ 私は5万ドル以上を預金している

I have over $50,000 __ ________.

□ 彼らは楽器を演奏している

They' re ________ ____________.

□ 私たちはほかの輸送手段を見つけなければならない

We must find other ______ __ ________________.

□ 現在のあなたの預金残高はいくらですか？

What is your _____ ________ ______ ____?

□ すべての収入は申告されなければならない

____ _______ _____ be reported.

Day 8 名詞8

Check 1 Word MP3-022

音声を聞いて、単語の発音と太字の意味をセットで覚えよう。
余裕があれば、太字以外の意味や派生語もチェック！

Check 2 Phrase MP3-023

音声と同じようにフレーズを読もう。
一緒に使われている単語にも注意！

Check 1 Word	意味	Check 2 Phrase
□ 057 **résumé** /rézumèi/ ❶発音 Part 2, 3	名**履歴書**	□ enclose a résumé (履歴書を同封する)
□ 058 **donation** /dounéiʃən/ Part 4	名❶**寄付** ❷寄付金 動donate：～を寄付する	□ a large donation (多額の寄付)
□ 059 **retail** /rí:teil/ Part 4	名**小売り** 名retailer：小売業者	□ a retail price (小売価格)
□ 060 **tip** /típ/ Part 7	名❶**助言**、ヒント ❷チップ	□ a valuable tip (貴重な助言)
□ 061 **rate** /réit/ Part 4	名❶**率**、割合 ❷料金 名rating：❶(～s) 視聴[聴取]率 ❷評価	□ the growth rate (成長率)
□ 062 **employee** /implɔ́ii:/ Part 4	名**従業員** 動employ：～を雇う 名employment：雇用	□ the number of employees (従業員数)
□ 063 **award** /əwɔ́:rd/ Part 2, 3	名**賞**、賞品、賞金 動(賞など)を授与する	□ Academy Award (アカデミー賞)
□ 064 **instruction** /instrʌ́kʃən/ Part 2, 3	名❶(～s) **使用**[取扱] **説明書** ❷(通例～s)指示、命令 動instruct：～に指示する	□ read the instructions (使用説明書を読む)

Day 7 MP3-019 Quick Review

答えは右ページ下

□ 輸送	□ 問題	□ 楽器	□ 残高
□ 請求書	□ 預金	□ 輸送	□ 収入

単語には1つの品詞の用法しかないとは限らない。複数の品詞の用法がある場合には、その意味もチェック!

Word & Phrase
□ 聞くだけモードlevel 1　Check 1
□ 聞くだけモードlevel 2　Check 1 ▸2
□ 聞く&書くモードlevel 1　Check 1 ▸2 ▸3

Check 3 Word & Phrase MP3-022 & 023

日本語の意味になるように空欄に単語を書き込もう。
フレーズまで書き込めたら、Check 1とCheck 2の音声を聞いて答えを確認しよう。

履歴書 r______	▸	□ 履歴書を同封する ______ _ ______
寄付 d______	▸	□ 多額の寄付 _ ______ ______
小売り r______	▸	□ 小売価格 _ ______ ______
助言 t______	▸	□ 貴重な助言 _ ______ ______
率 r______	▸	□ 成長率 ______ ______ ______
従業員 e______	▸	□ 従業員数 ______ ______ ___ ______
賞 a______	▸	□ アカデミー賞 ______ ______
使用説明書 i______	▸	□ 使用説明書を読む ______ ______ ______

Day 7 MP3-019 **Quick Review**　答えは左ページ下

□ transit　□ issue　□ instrument　□ balance
□ invoice　□ deposit　□ transportation　□ income

Check 4 Sentence 》MP3-024

Check 1～3で学習した語を含むセンテンスを聞いて、意味を確認しよう。
その後にもう一度音声を聞いて、そっくりにまねするつもりで音読してみよう。

□ 057

Send your résumé no later than July 31.

（7月31日までに履歴書を送ってください）

□ 058

He made a donation of $500 to charity.

（彼は慈善事業に500ドルを寄付した）

□ 059

The business has more than 100 retail stores.

（その会社には100を超える小売店がある）

□ 060

He gave me tips for a job interview.

（彼は私に就職面接の助言をしてくれた）

□ 061

The unemployment rate dropped to 3 percent.

（失業率は3パーセントに下がった）

□ 062

The bank has around 25,000 employees.

（その銀行には約2万5000人の従業員がいる）

□ 063

She won the best actress award.

（彼女は主演女優賞を獲得した）

□ 064

Make sure to follow the instructions.

（必ず使用説明書に従ってください）

Sentence
□ 聞くだけモードlevel 3　Check 1 ▶ 2 ▶ 4
□ 聞く&書くモードlevel 2　Check 1 ▶ 2 ▶ 3 ▶ 4 ▶ 5

Check 5 Sentence 》MP3-024

日本語の意味になるように空欄に単語を書き込もう。
分からなかったら、音声を聞きながら記入してもOK。

□ 7月31日までに履歴書を送ってください

Send your ________ ___ _______ ______ July 31.

□ 彼は慈善事業に500ドルを寄付した

He ______ _ ___________ ___ $500 to charity.

□ その会社には100を超える小売店がある

The business has more than 100 ________ ________.

□ 彼は私に就職面接の助言をしてくれた

He ______ ___ ______ ____ a job interview.

□ 失業率は3パーセントに下がった

The ________________ _____ _________ to 3 percent.

□ その銀行には約2万5000人の従業員がいる

The bank has ________ ________ ____________.

□ 彼女は主演女優賞を獲得した

She won the _____ _________ ______.

□ 必ず使用説明書に従ってください

Make sure to ________ ____ _______________.

Day 9 名詞9

Check 1 Word MP3-025

音声を聞いて、単語の発音と太字の意味をセットで覚えよう。
余裕があれば、太字以外の意味や派生語もチェック！

Check 2 Phrase MP3-026

音声と同じようにフレーズを読もう。
一緒に使われている単語にも注意！

Check 1		Check 2
□ 065 **position** /pəzíʃən/ Part 7	名❶**職** ❷地位 ❸立場 ❹位置	□ a senior position（上級職）
□ 066 **produce** /prádju:s/ ❗アクセント Part 5, 6	名（集合的に）**農産物**、野菜と果物 動（/prədjú:s/）～を生産[製造]する	□ fresh produce（新鮮な農産物）
□ 067 **item** /áitəm/ Part 7	名**品目**、項目 動itemize：～を項目に分ける、個条書きにする	□ items in a catalog（カタログ中の品目）
□ 068 **quality** /kwáləti/ Part 4	名❶**品質**、質 ❷性質	□ water quality（水質）
□ 069 **fare** /féər/ Part 2, 3	名（交通機関の）**運賃**、料金	□ an air fare（航空運賃）
□ 070 **revenue** /révənjù:/ Part 4	名❶（会社の）**総収益**、総利益 ❷（国などの）歳入	□ a drop in revenue（総収益の減少）
□ 071 **strategy** /strǽtədʒi/ Part 2, 3	名**戦略**、戦術 形strategic：戦略的な	□ an economic strategy（経済戦略）
□ 072 **complaint** /kəmpléint/ Part 5, 6	名**不満**、苦情 動complain：不満[苦情]を言う	□ a common complaint（よくある不満）

Day 8 MP3-022 **Quick Review** 答えは右ページ下

□ 履歴書　□ 小売り　□ 率　□ 賞
□ 寄付　□ 助言　□ 従業員　□ 使用説明書

チャンツを「聞いているだけ」ではだめ。「つぶやく」程度でもいいので、必ず口を動かすようにしよう。

Word & Phrase
- □ 聞くだけモードlevel 1　Check 1
- □ 聞くだけモードlevel 2　Check 1 ▸ 2
- □ 聞く＆書くモードlevel 1　Check 1 ▸ 2 ▸ 3

Check 3 Word & Phrase 》MP3-025 & 026

日本語の意味になるように空欄に単語を書き込もう。
フレーズまで書き込めたら、Check 1とCheck 2の音声を聞いて答えを確認しよう。

職 p______	▸	□ 上級職 _ ______ ______
農産物 p______	▸	□ 新鮮な農産物 ______ ______
品目 i______	▸	□ カタログ中の品目 ______ ___ _ ______
品質 q______	▸	□ 水質 ______ ______
運賃 f______	▸	□ 航空運賃 ___ ___ ______
総収益 r______	▸	□ 総収益の減少 _ ______ ___ ______
戦略 s______	▸	□ 経済戦略 ___ ______ ______
不満 c______	▸	□ よくある不満 _ ______ ______

CHAPTER 1　CHAPTER 2　CHAPTER 3　CHAPTER 4　CHAPTER 5　CHAPTER 6　CHAPTER 7

Day 8 》MP3-022 Quick Review

答えは左ページ下

- □ résumé
- □ donation
- □ retail
- □ tip
- □ rate
- □ employee
- □ award
- □ instruction

Check 4 Sentence 》MP3-027

Check 1～3で学習した語を含むセンテンスを聞いて、意味を確認しよう。
その後にもう一度音声を聞いて、そっくりにまねするつもりで音読してみよう。

□ 065

Why are you interested in this position?

(なぜこの職に興味があるのですか?)

□ 066

The store carries local produce.

(その店は地元の農産物を扱っている)

□ 067

All items are at half price.

(全品目が半額だ)

□ 068

This product is of very high quality.

(この製品はとても高品質だ)

□ 069

The airline has announced fare increases.

(その航空会社は運賃の値上げを発表した)

□ 070

The estimated revenue was $11 billion.

(予想総収益は110億ドルだった)

□ 071

We have to revise our business strategy.

(私たちは事業戦略を修正しなければならない)

□ 072

What is your complaint?

(何が不満ですか?)

Sentence
□ 聞くだけモードlevel 3　Check 1 ▸2 ▸4
□ 聞く＆書くモードlevel 2　Check 1 ▸2 ▸3 ▸4 ▸5

Check 5 Sentence 》MP3-027

日本語の意味になるように空欄に単語を書き込もう。
分からなかったら、音声を聞きながら記入してもOK。

□ なぜこの職に興味があるのですか？

Why are you ________ __ ___ ______?

□ その店は地元の農産物を扱っている

The store ______ ____ _____.

□ 全品目が半額だ

___ ____ are at half price.

□ この製品はとても高品質だ

This product is __ ___ ___ _____.

□ その航空会社は運賃の値上げを発表した

The airline has _______ ___ _______.

□ 予想総収益は110億ドルだった

The _______ _____ was $11 billion.

□ 私たちは事業戦略を修正しなければならない

We have to _____ ___ _______ ______.

□ 何が不満ですか？

What __ ___ _______?

Day 10 名詞10

Check 1 Word 》MP3-028

音声を聞いて、単語の発音と太字の意味をセットで覚えよう。
余裕があれば、太字以外の意味や派生語もチェック！

Check 2 Phrase 》MP3-029

音声と同じようにフレーズを読もう。
一緒に使われている単語にも注意！

□ 073
executive
/igzékjutiv/
❶発音 Part 4
名**重役**、経営幹部
形❶実施［事務］の ❷重役の
動execute：～を実行する
▸ □ a sales executive
（販売担当重役）

□ 074
exhibit
/igzíbit/
❶発音 Part 1
名**展示［陳列］品**
動～を展示する
名exhibition：❶展覧［展示］会 ❷展示
▸ □ touch the exhibits
（展示品に触る）

□ 075
forecast
/fɔ́:rkæ̀st/
Part 7
名**予想**、予測、予報
動～を予想［予測、予報］する
▸ □ an economic forecast
（経済予測）

54▸55
□ 076
honor
/ánər/
❶発音 Part 4
名❶**光栄** ❷名誉
▸ □ have the honor of meeting him
（彼に会う光栄に浴する）

□ 077
inquiry
/inkwáiəri/
Part 4
名❶**問い合わせ**、質問 ❷調査
動inquire：尋ねる、問い合わせる
▸ □ make an inquiry
（問い合わせる）

□ 078
plumber
/plʌ́mər/
❶発音 Part 1
名**配管工**、水道屋さん
▸ □ get a plumber
（配管工を呼んでくる）

□ 079
prescription
/priskrípʃən/
Part 2, 3
名**処方箋**
動prescribe：～を処方する
▸ □ fill a prescription
（処方箋の薬を調合する）

□ 080
replacement
/ripléismənt/
Part 5, 6
名**後任［後継］者**、取り換え品
動replace：❶～を取り換える ❷～の後任になる
▸ □ a replacement for the CEO
（そのCEOの後任者）

Day 9 》MP3-025 **Quick Review** 答えは右ページ下

□ 職 □ 品目 □ 運賃 □ 戦略
□ 農産物 □ 品質 □ 総収益 □ 不満

見出し語の派生語もチェックしてる？ 時間に余裕があったらチェックして、語彙を増やしていこう！

Word & Phrase
- □ 聞くだけモードlevel 1　Check 1
- □ 聞くだけモードlevel 2　Check 1 ▸2
- □ 聞く&書くモードlevel 1　Check 1 ▸2 ▸3

Check 3 Word & Phrase 》MP3-028 & 029

日本語の意味になるように空欄に単語を書き込もう。
フレーズまで書き込めたら、Check 1とCheck 2の音声を聞いて答えを確認しよう。

重役 e______	▸	□ 販売担当重役 _ ______ ______
展示品 e______.	▸	□ 展示品に触る ______ ____ ______
予想 f______	▸	□ 経済予測 __ ______ ______
光栄 h______	▸	□ 彼に会う光栄に浴する ____ ____ ____ __ ______ ____
問い合わせ i______	▸	□ 問い合わせる ____ __ ______
配管工 p______	▸	□ 配管工を呼んでくる ___ _ ______
処方箋 p______	▸	□ 処方箋の薬を調合する ____ _ ______
後任者 r______	▸	□ そのCEOの後任者 _ ______ ____ ____ ____

Day 9 》MP3-025 **Quick Review** 答えは左ページ下

- □ position
- □ produce
- □ item
- □ quality
- □ fare
- □ revenue
- □ strategy
- □ complaint

Check 4 Sentence 》 MP3-030

Check 1～3で学習した語を含むセンテンスを聞いて、意味を確認しよう。
その後にもう一度音声を聞いて、そっくりにまねするつもりで音読してみよう。

□ 073

Mr. Barry is an advertising executive.

(バリー氏は広告担当重役だ)

□ 074

The exhibits are placed on the wall.

(展示品が壁に掛けられている)

□ 075

The sales forecast is too optimistic.

(その販売予想は楽観的すぎる)

□ 076

It's an honor to have you here.

(あなたをここにお迎えできて光栄です)

□ 077

I received several inquiries about the position.

(私はその職に関して数件の問い合わせを受けた)

□ 078

The plumber is fixing a toilet.

(配管工はトイレを修理している)

□ 079

Did your doctor give you a prescription?

(医者はあなたに処方箋を出してくれましたか?)

□ 080

We have to find a replacement for John.

(私たちはジョンの後任者を見つけなければならない)

Sentence
□ 聞くだけモードlevel 3 Check 1 ▸2 ▸4
□ 聞く&書くモードlevel 2 Check 1 ▸2 ▸3 ▸4 ▸5

Check 5 Sentence 》MP3-030

日本語の意味になるように空欄に単語を書き込もう。
分からなかったら、音声を聞きながら記入してもOK。

□ バリー氏は広告担当重役だ

Mr. Barry is ___ ___________ __________.

□ 展示品が壁に掛けられている

The ________ ____ ________ on the wall.

□ その販売予想は楽観的すぎる

The _______ ________ is too optimistic.

□ あなたをここにお迎えできて光栄です

It's ___ ______ ___ ______ you here.

□ 私はその職に関して数件の問い合わせを受けた

I ________ ________ ________ ______ the position.

□ 配管工はトイレを修理している

The ________ ___ ________ a toilet.

□ 医者はあなたに処方箋を出してくれましたか？

Did your doctor ______ ____ _ ____________?

□ 私たちはジョンの後任者を見つけなければならない

We have to ______ _ ____________ ____ John.

Day 11 名詞11

Check 1 Word 》MP3-031

音声を聞いて、単語の発音と太字の意味をセットで覚えよう。
余裕があれば、太字以外の意味や派生語もチェック！

Check 2 Phrase 》MP3-032

音声と同じようにフレーズを読もう。
一緒に使われている単語にも注意！

Check 1 Word	意味	Check 2 Phrase
□ 081 **supervisor** /sú:pərvàizər/ Part 4	名**監督[管理]者** 動supervise：～を監督[管理、指揮]する 名supervision：監督、管理	□ a construction supervisor（建築現場監督者）
□ 082 **vehicle** /ví:ikl/ ❶発音 Part 1	名**乗り物**	□ a three-wheeled vehicle（3輪の乗り物）
□ 083 **agenda** /ədʒéndə/ Part 2, 3	名**議題**、協議事項	□ the next item on the agenda（議題の次の項目）
□ 084 **consumer** /kənsjú:mər/ Part 7	名**消費者** 動consume：～を消費する 名consumption：消費	□ consumer rights（消費者の権利）
□ 085 **registration** /rèdʒistréiʃən/ Part 2, 3	名**登録**、登記、記録 動register：～を登録[記録]する	□ a registration fee（登録料）
□ 086 **author** /ɔ́:θər/ Part 4	名**著者**	□ an author of children's books（児童書の著者）
□ 087 **expertise** /èkspərtí:z/ ❶アクセント Part 7	名**専門的知識**[技術] 名expert：専門家、熟達者	□ expertise in marketing（マーケティングの専門的知識）
□ 088 **extension** /iksténʃən/ Part 2, 3	名❶(電話の)**内線** ❷延期 ❸拡張 動extend：～を延長する 形extensive：広範囲にわたる	□ a list of extension numbers（内線番号表）

Day 10 》MP3-028 Quick Review 答えは右ページ下

□ 重役 □ 予想 □ 問い合わせ □ 処方箋
□ 展示品 □ 光栄 □ 配管工 □ 後任者

勉強する気分になれないときは、チャンツを「聞き流す」だけでもOK。語彙に触れる時間を作ろう！

Word & Phrase
- □ 聞くだけモードlevel 1　Check 1
- □ 聞くだけモードlevel 2　Check 1 ▸ 2
- □ 聞く&書くモードlevel 1　Check 1 ▸ 2 ▸ 3

Check 3 Word & Phrase 》MP3-031 & 032

日本語の意味になるように空欄に単語を書き込もう。
フレーズまで書き込めたら、Check 1とCheck 2の音声を聞いて答えを確認しよう。

監督者 s____	▸	□ 建築現場監督者 _ ________ ________
乗り物 v____	▸	□ 3輪の乗り物 _ ____-______ ______
議題 a____	▸	□ 議題の次の項目 ___ ____ ____ __ ___ _____
消費者 c____	▸	□ 消費者の権利 ______ _____
登録 r____	▸	□ 登録料 _ ________ ___
著者 a____	▸	□ 児童書の著者 __ _____ __ ________ _____
専門的知識 e____	▸	□ マーケティングの専門的知識 ______ __ ________
内線 e____	▸	□ 内線番号表 _ ____ __ ________ ______

Day 10 》MP3-028 **Quick Review** 答えは左ページ下

□ executive	□ forecast	□ inquiry	□ prescription
□ exhibit	□ honor	□ plumber	□ replacement

Check 4 Sentence 》MP3-033

Check 1～3で学習した語を含むセンテンスを聞いて、意味を確認しよう。
その後にもう一度音声を聞いて、そっくりにまねするつもりで音読してみよう。

□ 081

He rose to the position of supervisor.

(彼は監督者の職に昇進した)

□ 082

People are getting in the vehicle.

(人々は乗り物に乗り込んでいるところだ)

□ 083

Can you print 20 copies of the agenda?

(議題を20部印刷してくれますか?)

□ 084

Consumer spending fell 0.3 percent last month.

(先月、消費者支出は0.3パーセント下がった)

□ 085

Have you submitted your registration form?

(登録用紙は提出しましたか?)

□ 086

Who is the author of this novel?

(この小説の著者は誰ですか?)

□ 087

He has expertise in quality management.

(彼には品質管理の専門的知識がある)

□ 088

Can I have Extension 2354, please?

(内線2354をお願いします)

Sentence
□ 聞くだけモードlevel 3　Check 1 ▶2 ▶4
□ 聞く&書くモードlevel 2　Check 1 ▶2 ▶3 ▶4 ▶5

Check 5 Sentence 》MP3-033

日本語の意味になるように空欄に単語を書き込もう。
分からなかったら、音声を聞きながら記入してもOK。

□ 彼は監督者の職に昇進した

He rose to the ______ __ ________.

□ 人々は乗り物に乗り込んでいるところだ

People are ______ __ __ ______.

□ 議題を20部印刷してくれますか？

Can you print 20 ______ __ __ ______?

□ 先月、消費者支出は0.3パーセント下がった

______ ______ ____ 0.3 percent last month.

□ 登録用紙は提出しましたか？

Have you ______ ___ ________ ____?

□ この小説の著者は誰ですか？

Who is the ______ __ ___ _____?

□ 彼には品質管理の専門的知識がある

He has ______ __ ______ ________.

□ 内線2354をお願いします

___ _ ____ ________ 2354, please?

Day 12 名詞12

Check 1 Word 》MP3-034

音声を聞いて、単語の発音と太字の意味をセットで覚えよう。
余裕があれば、太字以外の意味や派生語もチェック！

Check 2 Phrase 》MP3-035

音声と同じようにフレーズを読もう。
一緒に使われている単語にも注意！

□ 089
ingredient
/ingríːdiənt/
Part 5, 6
名（料理などの）**材料**、成分、要素
▸ □ fresh ingredients
（新鮮な材料）

□ 090
railing
/réiliŋ/
Part 1
名**手すり**
▸ □ a wooden railing
（木製の手すり）

□ 091
fund
/fʌ́nd/
Part 5, 6
名（しばしば～s）**資金**、基金
動～に資金を提供する
▸ □ government funds
（政府資金）

□ 092
agency
/éidʒənsi/
Part 2, 3
名**代理店**
名agent：代理人
▸ □ a travel agency
（旅行代理店）

□ 093
committee
/kəmíti/
❶アクセント Part 4
名**委員会**
▸ □ be on a committee
（委員会の一員である）

□ 094
proposal
/prəpóuzəl/
Part 2, 3
名**提案**
動propose：～を提案する
▸ □ accept a proposal
（提案を受け入れる）

□ 095
appliance
/əpláiəns/
Part 2, 3
名（家庭用の）**器具**、機器
▸ □ a household appliance
（家庭用器具）

□ 096
departure
/dipɑ́ːrtʃər/
Part 4
名**出発**
動depart：出発する
▸ □ departure time
（出発時間）

Day 11 》MP3-031 Quick Review

答えは右ページ下

□ 監督者	□ 議題	□ 登録	□ 専門的知識
□ 乗り物	□ 消費者	□ 著者	□ 内線

見出し語下の「Part 1」マークには、Part 1型の例文を用意。情景を頭に浮かべながら、音読しよう!

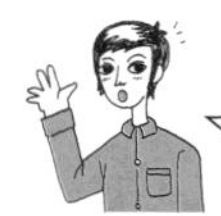

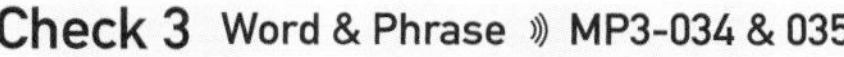

Word & Phrase
- □ 聞くだけモードlevel 1 Check 1
- □ 聞くだけモードlevel 2 Check 1 ▸2
- □ 聞く&書くモードlevel 1 Check 1 ▸2 ▸3

Check 3 Word & Phrase 》MP3-034 & 035

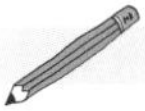

日本語の意味になるように空欄に単語を書き込もう。
フレーズまで書き込めたら、Check 1とCheck 2の音声を聞いて答えを確認しよう。

材料 i______	▸	□ 新鮮な材料 ______ ______
手すり r______	▸	□ 木製の手すり _ ______ ______
資金 f______	▸	□ 政府資金 ______ ______
代理店 a______	▸	□ 旅行代理店 _ ______ ______
委員会 c______	▸	□ 委員会の一員である ___ ___ _ ______
提案 p______	▸	□ 提案を受け入れる ______ _ ______
器具 a______	▸	□ 家庭用器具 _ ______ ______
出発 d______	▸	□ 出発時間 ______ ______

Day 11 》MP3-031 **Quick Review** 答えは左ページ下

- □ supervisor
- □ vehicle
- □ agenda
- □ consumer
- □ registration
- □ author
- □ expertise
- □ extension

Check 4 Sentence 》 MP3-036

Check 1～3で学習した語を含むセンテンスを聞いて、意味を確認しよう。
その後にもう一度音声を聞いて、そっくりにまねするつもりで音読してみよう。

□ 089
We only use natural ingredients.
(当店は天然の材料のみを使用しています)

□ 090
The bike is leaning against the railing.
(自転車が手すりに寄りかかっている)

□ 091
The project was postponed for lack of funds.
(そのプロジェクトは資金不足のため延期された)

□ 092
She works for an advertising agency.
(彼女は広告代理店に勤めている)

□ 093
The committee meeting will be held on May 1.
(委員会の会議は5月1日に開かれる予定だ)

□ 094
The committee rejected his proposal.
(委員会は彼の提案を拒絶した)

□ 095
I need to buy some kitchen appliances.
(私はいくつか台所用器具を買う必要がある)

□ 096
We apologize for the late departure.
(出発の遅れをおわびいたします)

Sentence
□ 聞くだけモードlevel 3　Check 1 ▸2 ▸4
□ 聞く&書くモードlevel 2　Check 1 ▸2 ▸3 ▸4 ▸5

Check 5 Sentence 》MP3-036

日本語の意味になるように空欄に単語を書き込もう。
分からなかったら、音声を聞きながら記入してもOK。

□ 当店は天然の材料のみを使用しています

We only ____ ________ __________.

□ 自転車が手すりに寄りかかっている

The bike is ________ ________ ____ ________.

□ そのプロジェクトは資金不足のため延期された

The project was postponed ____ _____ __ ______.

□ 彼女は広告代理店に勤めている

She works for __ __________ ______.

□ 委員会の会議は5月1日に開かれる予定だ

The ________ ________ will be held on May 1.

□ 委員会は彼の提案を拒絶した

The committee ________ ____ ________.

□ 私はいくつか台所用器具を買う必要がある

I need to buy some ________ __________.

□ 出発の遅れをおわびいたします

We apologize ____ ____ _____ ________.

Day 13 名詞13

Check 1 Word 》MP3-037

音声を聞いて、単語の発音と太字の意味をセットで覚えよう。
余裕があれば、太字以外の意味や派生語もチェック！

Check 2 Phrase 》MP3-038

音声と同じようにフレーズを読もう。
一緒に使われている単語にも注意！

Word	意味	Phrase
□ 097 **function** /fʌ́ŋkʃən/ Part 5, 6	名**機能**、働き 動機能を果たす 形functional：❶実用的な ❷機能の	□ bodily functions（身体機能）
□ 098 **summary** /sʌ́məri/ Part 4	名**要約**、概略 動summarize：～を要約する	□ a summary of the report（その報告書の要約）
□ 099 **application** /æpləkéiʃən/ Part 2, 3	名**申し込み**(書) 動apply：(apply forで)～を申し込む	□ a loan application（ローンの申し込み）
□ 100 **caution** /kɔ́:ʃən/ Part 5, 6	名❶**用心**、注意、警戒 ❷警告	□ with caution（用心して）
□ 101 **certificate** /sərtífikət/ Part 7	名❶**証明書** ❷(課程の)修了証、免許状 形certified：公認の	□ issue a certificate（証明書を発行する）
□ 102 **editor** /édətər/ Part 2, 3	名**編集者** 名edition：(本などの)版	□ the financial editor（金融担当編集者）
□ 103 **firm** /fə́:rm/ Part 7	名**会社**	□ a design firm（デザイン会社）
□ 104 **minute** /mínit/ Part 2, 3	名❶(～s)**議事録** ❷分	□ look through the minutes（議事録に目を通す）

Day 12 》MP3-034 Quick Review

答えは右ページ下

□ 材料　□ 資金　□ 委員会　□ 器具
□ 手すり　□ 代理店　□ 提案　□ 出発

今日でChapter 1は最後！　時間に余裕があったら、章末のReviewにも挑戦しておこう。

Word & Phrase
□ 聞くだけモードlevel 1　Check 1
□ 聞くだけモードlevel 2　Check 1 ▶2
□ 聞く＆書くモードlevel 1　Check 1 ▶2 ▶3

Check 3 Word & Phrase 》MP3-037 & 038

日本語の意味になるように空欄に単語を書き込もう。
フレーズまで書き込めたら、Check 1とCheck 2の音声を聞いて答えを確認しよう。

機能 f______	▶	□ 身体機能 ______ ______
要約 s______	▶	□ その報告書の要約 _ ______ __ ___ ______
申し込み a______	▶	□ ローンの申し込み _ ____ ______
用心 c______	▶	□ 用心して ____ ______
証明書 c______	▶	□ 証明書を発行する _____ _ ______
編集者 e______	▶	□ 金融担当編集者 ___ ______ _____
会社 f______	▶	□ デザイン会社 _ _____ ____
議事録 m______	▶	□ 議事録に目を通す ____ ______ ___ ______

Day 12 》MP3-034　Quick Review　　答えは左ページ下

□ ingredient　□ fund　□ committee　□ appliance
□ railing　□ agency　□ proposal　□ departure

Check 4 Sentence 》 MP3-039

Check 1～3で学習した語を含むセンテンスを聞いて、意味を確認しよう。
その後にもう一度音声を聞いて、そっくりにまねするつもりで音読してみよう。

□ 097

She studies the functions of the brain.

（彼女は脳の機能を研究している）

□ 098

I read a summary of the proposal.

（私はその提案の要約を読んだ）

□ 099

Have you completed your application form?

（申込用紙に記入しましたか？）

□ 100

Use caution when walking in this area.

（この地域を歩く際は用心してください）

□ 101

Do you have your birth certificate?

（出生証明書を持っていますか？）

□ 102

He was hired as editor of the magazine.

（彼はその雑誌の編集者として採用された）

□ 103

The firm was established in 1968.

（その会社は1968年に設立された）

□ 104

Who took the minutes of the last meeting?

（前回の会議の議事録を取ったのは誰ですか？）

Sentence
□ 聞くだけモードlevel 3　Check 1 ▶2 ▶4
□ 聞く&書くモードlevel 2　Check 1 ▶2 ▶3 ▶4 ▶5

Check 5 Sentence 》MP3-039

日本語の意味になるように空欄に単語を書き込もう。
分からなかったら、音声を聞きながら記入してもOK。

□ 彼女は脳の機能を研究している

She studies the __________ ___ ____ ______.

□ 私はその提案の要約を読んだ

I read a ________ ___ ____ _________.

□ 申込用紙に記入しましたか？

Have you __________ _____ ____________ _____?

□ この地域を歩く際は用心してください

____ ________ when walking in this area.

□ 出生証明書を持っていますか？

Do you have your ______ ____________?

□ 彼はその雑誌の編集者として採用された

He ____ ______ ___ _______ of the magazine.

□ その会社は1968年に設立された

The _____ ____ ____________ in 1968.

□ 前回の会議の議事録を取ったのは誰ですか？

Who _____ ____ ________ ___ the last meeting?

Chapter 1 Review

Word List

13日間学習してきた単語をおさらい。まずは日本語の意味に対応する単語を空欄に書き入れてみよう（解答はこのページ下）。間違ったものは、正しく書き直してもう一度正確に覚え直すこと。空欄が埋まったら、今度はチェックシートで日本語を隠して、単語を見て意味が分かるかテストしよう。

01 □□	＿＿＿＿	予算
02 □□	＿＿＿＿	施設
03 □□	＿＿＿＿	入場
04 □□	＿＿＿＿	見積もり
05 □□	＿＿＿＿	代理人
06 □□	＿＿＿＿	本社
07 □□	＿＿＿＿	顧客
08 □□	＿＿＿＿	目的地
09 □□	＿＿＿＿	パンフレット
10 □□	＿＿＿＿	倉庫
11 □□	＿＿＿＿	会計
12 □□	＿＿＿＿	保険
13 □□	＿＿＿＿	預金
14 □□	＿＿＿＿	収入
15 □□	＿＿＿＿	寄付
16 □□	＿＿＿＿	従業員
17 □□	＿＿＿＿	農産物
18 □□	＿＿＿＿	戦略
19 □□	＿＿＿＿	予想
20 □□	＿＿＿＿	配管工
21 □□	＿＿＿＿	監督者
22 □□	＿＿＿＿	専門的知識
23 □□	＿＿＿＿	手すり
24 □□	＿＿＿＿	証明書

解答

01 budget (001)
02 facility (006)
03 admission (009)
04 estimate (013)
05 representative (017)
06 headquarters (021)
07 customer (026)
08 destination (029)
09 brochure (033)
10 warehouse (037)
11 accounting (041)
12 insurance (046)
13 deposit (052)
14 income (056)
15 donation (058)
16 employee (062)
17 produce (066)
18 strategy (071)
19 forecast (075)
20 plumber (078)
21 supervisor (081)
22 expertise (087)
23 railing (090)
24 certificate (101)

CHAPTER 2
動詞：超必修72

Chapter 2では、TOEIC「超必修」の動詞72をマスターしていきます。Chapter 1を終え、学習のペースもだいぶつかめてきたのでは？ このペースをキープしていきましょう。

TOEIC的格言

A bird in the hand is worth two in the bush.

明日の百より、今日の五十。
［直訳］手の中の一羽は低木の中の二羽に値する。

Day 14 動詞1

Check 1 Word 》MP3-040

音声を聞いて、単語の発音と太字の意味をセットで覚えよう。
余裕があれば、太字以外の意味や派生語もチェック！

Check 2 Phrase 》MP3-041

音声と同じようにフレーズを読もう。
一緒に使われている単語にも注意！

Check 1 Word	意味	Check 2 Phrase
□ 105 **review** /rivjúː/ Part 5, 6	動❶**～を再調査[検討]する** ❷～を復習する ❸～を批評する 名❶再調査 ❷復習 ❸批評	□ review **the situation** (状況を再調査する)
□ 106 **complete** /kəmplíːt/ Part 5, 6	動**～を完成させる** 形完全な 副completely：完全に	□ complete **a puzzle** (パズルを完成させる)
□ 107 **purchase** /pə́ːrtʃəs/ ❗発音 Part 4	動**～を購入する**、買う 名❶購入 ❷購入品	□ purchase **a ticket** (チケットを購入する)
□ 108 **feature** /fíːtʃər/ Part 2, 3	動**～を呼び物にする**、特集する 名特徴	□ feature **a wonderful view** (素晴らしい景色を呼び物にする)
□ 109 **indicate** /índikèit/ Part 5, 6	動**～を示す**、表す 名indication：兆候、しるし	□ indicate **danger** (危険を示す)
□ 110 **submit** /səbmít/ Part 2, 3	動**～を提出する** 名submission：提出	□ submit **a budget** (予算案を提出する)
□ 111 **accept** /æksépt/ Part 2, 3	動❶**～を受け入れる**、受諾する ❷～を受け取る 名acceptance：受け入れ、受諾	□ accept **the reality** (現実を受け入れる)
□ 112 **approve** /əprúːv/ Part 7	動**～を承認する** 名approval：承認	□ approve **an application** (申し込みを承認する)

Day 13 》MP3-037 Quick Review

答えは右ページ下

□ 機能
□ 要約
□ 申し込み
□ 用心
□ 証明書
□ 編集者
□ 会社
□ 議事録

Chapter 2では、9日をかけて「超必修」の動詞72をチェック。まずはチャンツを聞いてみよう!

Word & Phrase
□ 聞くだけモードlevel 1　Check 1
□ 聞くだけモードlevel 2　Check 1 ▸ 2
□ 聞く&書くモードlevel 1　Check 1 ▸ 2 ▸ 3

Check 3 Word & Phrase 》MP3-040 & 041

日本語の意味になるように空欄に単語を書き込もう。
フレーズまで書き込めたら、Check 1とCheck 2の音声を聞いて答えを確認しよう。

～を再調査する r______	▸	□ 状況を再調査する ______ ____ ______
～を完成させる c______	▸	□ パズルを完成させる ______ _ ______
～を購入する p______	▸	□ チケットを購入する ______ _ ______
～を呼び物にする f______	▸	□ 素晴らしい景色を呼び物にする ______ _ ______ ______
～を示す i______	▸	□ 危険を示す ______ ______
～を提出する s______	▸	□ 予算案を提出する ______ _ ______
～を受け入れる a______	▸	□ 現実を受け入れる ______ ____ ______
～を承認する a______	▸	□ 申し込みを承認する ______ ____ ______

Day 13 》MP3-037 **Quick Review** 答えは左ページ下

□ function　□ application　□ certificate　□ firm
□ summary　□ caution　□ editor　□ minute

Check 4 Sentence 》MP3-042

Check 1～3で学習した語を含むセンテンスを聞いて、意味を確認しよう。
その後にもう一度音声を聞いて、そっくりにまねするつもりで音読してみよう。

□ 105
We need to review what happened.
(私たちは何が起きたかを再調査する必要がある)

□ 106
It took five years to complete the project.
(そのプロジェクトを完成させるのに5年かかった)

□ 107
He purchased the land 10 years ago.
(彼は10年前にその土地を購入した)

□ 108
The amusement park features many rides.
(その遊園地は多くの乗り物を呼び物にしている)

□ 109
Her smile indicated that she was pleased.
(彼女のほほ笑みは彼女が満足していることを示した)

□ 110
He submitted his resignation today.
(彼は今日、辞表を提出した)

□ 111
She accepted my advice.
(彼女は私の助言を受け入れた)

□ 112
The board of directors approved the plan.
(取締役会はその計画を承認した)

Sentence
□ 聞くだけモードlevel 3　Check 1 ▶2 ▶4
□ 聞く&書くモードlevel 2　Check 1 ▶2 ▶3 ▶4 ▶5

Check 5 Sentence 》MP3-042

日本語の意味になるように空欄に単語を書き込もう。
分からなかったら、音声を聞きながら記入してもOK。

□ 私たちは何が起きたかを再調査する必要がある

We need to ________ ______ __________.

□ そのプロジェクトを完成させるのに5年かかった

It took five years ___ __________ ____ ________.

□ 彼は10年前にその土地を購入した

He __________ ____ ______ 10 years ago.

□ その遊園地は多くの乗り物を呼び物にしている

The __________ ______ __________ many rides.

□ 彼女のほほ笑みは彼女が満足していることを示した

Her smile __________ ______ ____ ____ pleased.

□ 彼は今日、辞表を提出した

He __________ ____ ______________ today.

□ 彼女は私の助言を受け入れた

She __________ ___ ________.

□ 取締役会はその計画を承認した

The board of directors __________ ____ ______.

動詞2

Check 1 Word 》MP3-043

音声を聞いて、単語の発音と太字の意味をセットで覚えよう。
余裕があれば、太字以外の意味や派生語もチェック！

Check 2 Phrase 》MP3-044

音声と同じようにフレーズを読もう。
一緒に使われている単語にも注意！

Check 1		Check 2
□ 113 **contact** /kɑ́ntækt/ Part 5, 6	動 **～に連絡する**、～と連絡を取る 名 連絡	□ contact **him by e-mail** (電子メールで彼に連絡する)
□ 114 **delay** /diléi/ Part 4	動 **～を遅らせる** 名 遅延	□ delay **the start of the event** (そのイベントの開始を遅らせる)
□ 115 **enclose** /inklóuz/ Part 7	動 **～を同封する** 名 enclosure：同封物	□ enclose **a photo** (写真を同封する)
□ 116 **postpone** /poustpóun/ Part 4	動 **～を延期する**	□ postpone **the meeting** (会議を延期する)
□ 117 **revise** /riváiz/ Part 2, 3	動 **～を修正**［改訂］**する** 名 revision：修正、改訂	□ revise **the software** (ソフトウエアを修正する)
□ 118 **take place** /tèik pléis/ Part 2, 3	動 **行われる**、開催される	□ take place **on time** (時間通りに行われる)
□ 119 **transfer** /trǽnsfəːr/ Part 2, 3	動 ❶ **～を転任させる** ❷ ～を移す 名 ❶転任 ❷転送	□ transfer **him to Osaka** (彼を大阪へ転任させる)
□ 120 **anticipate** /æntísəpèit/ Part 5, 6	動 **～を予想**［予期］**する** 名 anticipation：予想	□ anticipate **every problem** (あらゆる問題を予想する)

Day 14 》MP3-040 Quick Review 答えは右ページ下

□ ～を再調査する □ ～を購入する □ ～を示す □ ～を受け入れる
□ ～を完成させる □ ～を呼び物にする □ ～を提出する □ ～を承認する

チャンツを聞く際には、「英語→日本語→英語」の2回目の「英語」の部分で声に出して読んでみよう。

Word & Phrase
□ 聞くだけモードlevel 1　Check 1
□ 聞くだけモードlevel 2　Check 1 ▸2
□ 聞く&書くモードlevel 1　Check 1 ▸2 ▸3

Check 3　Word & Phrase　MP3-043 & 044

日本語の意味になるように空欄に単語を書き込もう。
フレーズまで書き込めたら、Check 1とCheck 2の音声を聞いて答えを確認しよう。

～に連絡する c______	▸	□ 電子メールで彼に連絡する ______ ____ ___ _-_____
～を遅らせる d______	▸	□ そのイベントの開始を遅らせる ______ ____ ______ ___ ____ ______
～を同封する e______	▸	□ 写真を同封する ______ _ ______
～を延期する p______	▸	□ 会議を延期する ______ ____ ______
～を修正する r______	▸	□ ソフトウエアを修正する ______ ____ ______
行われる t______ p______	▸	□ 時間通りに行われる ______ ______ ___ _____
～を転任させる t______	▸	□ 彼を大阪へ転任させる ______ ____ ___ ______
～を予想する a______	▸	□ あらゆる問題を予想する ______ ______ ______

Day 14　MP3-040　**Quick Review**　答えは左ページ下

□ review　□ purchase　□ indicate　□ accept
□ complete　□ feature　□ submit　□ approve

Check 4 Sentence 》MP3-045

Check 1～3で学習した語を含むセンテンスを聞いて、意味を確認しよう。
その後にもう一度音声を聞いて、そっくりにまねするつもりで音読してみよう。

□ 113
Don't hesitate to contact me anytime.
（いつでも遠慮なく私に連絡してください）

□ 114
Our arrival will be delayed by over an hour.
（到着は1時間以上遅れる予定です）

□ 115
Please enclose a résumé with this form.
（この用紙と一緒に履歴書を同封してください）

□ 116
We had to postpone the party.
（私たちはパーティーを延期しなければならなかった）

□ 117
I was asked to revise my proposal.
（私は提案を修正するように言われた）

□ 118
The conference will take place on March 9.
（その会議は3月9日に行われる予定だ）

□ 119
They will transfer me to an overseas branch.
（彼らは私を海外の支店へ転任させるだろう）

□ 120
We anticipate that sales will improve.
（私たちは売上高が改善することを予想している）

Sentence
□ 聞くだけモードlevel 3　Check 1 ▶2 ▶4
□ 聞く＆書くモードlevel 2　Check 1 ▶2 ▶3 ▶4 ▶5

Check 5 Sentence 》MP3-045

日本語の意味になるように空欄に単語を書き込もう。
分からなかったら、音声を聞きながら記入してもOK。

□ いつでも遠慮なく私に連絡してください

Don't ___________ __ ___________ __ anytime.

□ 到着は1時間以上遅れる予定です

Our ___________ _____ __ ___________ by over an hour.

□ この用紙と一緒に履歴書を同封してください

Please ___________ _ _________ with this form.

□ 私たちはパーティーを延期しなければならなかった

We had to ___________ ____ ________.

□ 私は提案を修正するように言われた

I was asked to _________ __ ___________.

□ その会議は3月9日に行われる予定だ

The ___________ _____ _____ _______ on March 9.

□ 彼らは私を海外の支店へ転任させるだろう

They will ___________ __ __ an overseas branch.

□ 私たちは売上高が改善することを予想している

__ ___________ _____ sales will improve.

Day 16 動詞3

Check 1 Word MP3-046

音声を聞いて、単語の発音と太字の意味をセットで覚えよう。
余裕があれば、太字以外の意味や派生語もチェック！

Check 2 Phrase MP3-047

音声と同じようにフレーズを読もう。
一緒に使われている単語にも注意！

Check 1		Check 2
□ 121 **launch** /lɔ́:ntʃ/ Part 2, 3	動❶**～に着手する**、～を開始する ❷～を売り出す 名❶(事業などの)開始 ❷発売	□ launch an investigation (調査に着手する)
□ 122 **load** /lóud/ Part 1	動**～を積む**、積み込む 名積み荷	□ load boxes onto a truck (箱をトラックに積む)
□ 123 **address** /ədrés/ Part 1	動❶**～に演説する** ❷～に話しかける ❸(問題など)に取り組む 名❶住所 ❷演説	□ address an audience (聴衆に演説する)
□ 124 **participate in** /pɑ:rtísəpèit in/ Part 2, 3	動**～に参加する** 名participation：参加 名participant：参加者	□ participate in a discussion (議論に参加する)
□ 125 **conduct** /kəndʌ́kt/ ❗アクセント Part 1	動**～を行う** 名(/kándʌkt/)❶行い ❷実施	□ conduct a study (研究を行う)
□ 126 **hire** /háiər/ Part 7	動**～を雇う**	□ hire a lawyer (弁護士を雇う)
□ 127 **sign** /sáin/ Part 2, 3	動**～に署名する** 名❶兆候 ❷標識 名signature：署名、サイン	□ sign a letter (手紙に署名する)
□ 128 **attend** /əténd/ Part 5, 6	動**～に出席する** 名attendance：出席 名attendee：出席者	□ attend a seminar (セミナーに出席する)

Day 15 MP3-043 Quick Review 答えは右ページ下

□ ～に連絡する　□ ～を同封する　□ ～を修正する　□ ～を転任させる
□ ～を遅らせる　□ ～を延期する　□ 行われる　□ ～を予想する

「声を出しながら」音声を聞いてる？
恥ずかしい?! 恥ずかしがっていて
は「話せる」ようにはならないよ！

Word & Phrase
☐ 聞くだけモードlevel 1　Check 1
☐ 聞くだけモードlevel 2　Check 1 ▸2
☐ 聞く＆書くモードlevel 1　Check 1 ▸2 ▸3

Check 3 Word & Phrase 》MP3-046 & 047

日本語の意味になるように空欄に単語を書き込もう。
フレーズまで書き込めたら、Check 1とCheck 2の音声を聞いて答えを確認しよう。

～に着手する l______	▸	☐ 調査に着手する ______ __ ______
～を積む l______	▸	☐ 箱をトラックに積む ______ ______ ______ _ ______
～に演説する a______	▸	☐ 聴衆に演説する ______ __ ______
～に参加する p______ i______	▸	☐ 議論に参加する ______ __ _ ______
～を行う c______	▸	☐ 研究を行う ______ _ ______
～を雇う h______	▸	☐ 弁護士を雇う ______ _ ______
～に署名する s______	▸	☐ 手紙に署名する ______ _ ______
～に出席する a______	▸	☐ セミナーに出席する ______ _ ______

Day 15 》MP3-043 **Quick Review** 答えは左ページ下

☐ contact　☐ enclose　☐ revise　☐ transfer
☐ delay　☐ postpone　☐ take place　☐ anticipate

Check 4 Sentence 》MP3-048

Check 1～3で学習した語を含むセンテンスを聞いて、意味を確認しよう。
その後にもう一度音声を聞いて、そっくりにまねするつもりで音読してみよう。

□ 121
The company launched a new business.
（その会社は新しい事業に着手した）

□ 122
They're loading luggage into the bus.
（彼らは手荷物をバスに積んでいる）

□ 123
She's addressing the crowd.
（彼女は群衆に演説している）

□ 124
Are you participating in the seminar?
（あなたはそのセミナーに参加するつもりですか？）

□ 125
The man is conducting a test.
（男性は検査を行っている）

□ 126
We hired a mountain guide.
（私たちは山岳ガイドを雇った）

□ 127
Have you signed the contract yet?
（その契約書にもう署名しましたか？）

□ 128
How many people attended the lecture?
（何人がその講義に出席しましたか？）

Sentence
□ 聞くだけモードlevel 3　Check 1 ▶2 ▶4
□ 聞く＆書くモードlevel 2　Check 1 ▶2 ▶3 ▶4 ▶5

Check 5 Sentence 》MP3-048

日本語の意味になるように空欄に単語を書き込もう。
分からなかったら、音声を聞きながら記入してもOK。

□ その会社は新しい事業に着手した

The company ________ _ ___ ________.

□ 彼らは手荷物をバスに積んでいる

________ ________ ________ into the bus.

□ 彼女は群衆に演説している

She's ________ ___ _____.

□ あなたはそのセミナーに参加するつもりですか？

Are you ____________ __ ___ ________?

□ 男性は検査を行っている

The man is ________ _ ____.

□ 私たちは山岳ガイドを雇った

We _____ _ ________ _____.

□ その契約書にもう署名しましたか？

Have you ______ ___ ________ yet?

□ 何人がその講義に出席しましたか？

How many people ________ ___ ______?

Day 17 動詞4

Check 1 Word ≫ MP3-049

音声を聞いて、単語の発音と太字の意味をセットで覚えよう。
余裕があれば、太字以外の意味や派生語もチェック！

Check 2 Phrase ≫ MP3-050

音声と同じようにフレーズを読もう。
一緒に使われている単語にも注意！

Check 1		Check 2
□ 129 **offer** /ɔ́:fər/ ❗アクセント Part 4	動**～を申し出る**、提供する 名申し出、提案	□ offer **support** （支援を申し出る）
□ 130 **implement** /ímpləmènt/ ❗発音 Part 4	動**～を実行**[履行]**する** 名（/ímpləmənt/）道具、用具	□ implement **changes** （改革を実行する）
□ 131 **distribute** /distríbju:t/ ❗アクセント Part 5, 6	動**～を配給**[分配]**する** 名distribution：分配、配給 名distributor：販売代理店	□ distribute **food** （食料を配給する）
□ 132 **stack** /stǽk/ Part 1	動**～を積み重ねる** 名きちんとした積み重ね	□ stack **plates** （皿を積み重ねる）
□ 133 **handle** /hǽndl/ Part 5, 6	動❶（問題など）**を扱う**、処理する ❷～に手を触れる 名取っ手	□ handle **information** （情報を扱う）
□ 134 **renew** /rinjú:/ Part 2, 3	動❶**～を更新する** ❷～を再開する 名renewal：❶更新 ❷再開	□ renew **a license** （免許証を更新する）
□ 135 **remove** /rimú:v/ Part 1	動**～を取り除く**、取り外す	□ remove **stains** （染みを取り除く）
□ 136 **confirm** /kənfə́:rm/ Part 2, 3	動**～を確認する** 名confirmation：確認	□ confirm **the departure time** （出発時間を確認する）

Day 16 ≫MP3-046 Quick Review 答えは右ページ下

□ ～に着手する □ ～に演説する □ ～を行う □ ～に署名する
□ ～を積む □ ～に参加する □ ～を雇う □ ～に出席する

「分散学習」も効果的。起床後に単語、昼食後にフレーズ、就寝前にセンテンスと、学習時間を作ろう！

Word & Phrase
- □ 聞くだけモードlevel 1　Check 1
- □ 聞くだけモードlevel 2　Check 1 ▸2
- □ 聞く&書くモードlevel 1　Check 1 ▸2 ▸3

Check 3 Word & Phrase 》MP3-049 & 050

日本語の意味になるように空欄に単語を書き込もう。
フレーズまで書き込めたら、Check 1とCheck 2の音声を聞いて答えを確認しよう。

～を申し出る o______	▸	□ 支援を申し出る ______ ______
～を実行する i______	▸	□ 改革を実行する ______ ______
～を配給する d______	▸	□ 食料を配給する ______ ______
～を積み重ねる s______	▸	□ 皿を積み重ねる ______ ______
～を扱う h______	▸	□ 情報を扱う ______ ______
～を更新する r______	▸	□ 免許証を更新する ______ __ ______
～を取り除く r______	▸	□ 染みを取り除く ______ ______
～を確認する c______	▸	□ 出発時間を確認する ______ ___ ______ ______

Day 16 》MP3-046 **Quick Review** 答えは左ページ下

□ launch	□ address	□ conduct	□ sign
□ load	□ participate in	□ hire	□ attend

Check 4 Sentence 》MP3-051

Check 1～3で学習した語を含むセンテンスを聞いて、意味を確認しよう。
その後にもう一度音声を聞いて、そっくりにまねするつもりで音読してみよう。

□ 129
We're happy to offer help if you need it.
(必要ならば、喜んで援助を申し出ます)

□ 130
The firm implemented cost-cutting measures.
(その会社は経費削減策を実行した)

□ 131
We distributed blankets to the homeless.
(私たちはホームレスの人々に毛布を配給した)

□ 132
Books are stacked on the floor.
(本が床に積み重ねられている)

□ 133
She handled the problem properly.
(彼女は適切にその問題を扱った)

□ 134
Don't forget to renew your passport.
(パスポートを更新するのを忘れないでください)

□ 135
They're removing weeds.
(彼らは雑草を取り除いている)

□ 136
I'd like to confirm my hotel reservation.
(ホテルの予約を確認したいのですが)

Sentence
□ 聞くだけモードlevel 3　Check 1 ▸2 ▸4
□ 聞く＆書くモードlevel 2　Check 1 ▸2 ▸3 ▸4 ▸5

Check 5 Sentence 》MP3-051

日本語の意味になるように空欄に単語を書き込もう。
分からなかったら、音声を聞きながら記入してもOK。

□ 必要ならば、喜んで援助を申し出ます

We're ______ __ ______ _____ if you need it.

□ その会社は経費削減策を実行した

The firm ______________ _____-_________ __________.

□ 私たちはホームレスの人々に毛布を配給した

We ______________ __________ __ the homeless.

□ 本が床に積み重ねられている

Books are _________ __ ____ ______.

□ 彼女は適切にその問題を扱った

She _________ ____ _________ properly.

□ パスポートを更新するのを忘れないでください

Don't forget to ______ _____ __________.

□ 彼らは雑草を取り除いている

They're __________ ______.

□ ホテルの予約を確認したいのですが

I'd like to _________ __ ______ ______________.

Day 18 動詞5

Check 1 Word 》MP3-052

音声を聞いて、単語の発音と太字の意味をセットで覚えよう。
余裕があれば、太字以外の意味や派生語もチェック！

Check 2 Phrase 》MP3-053

音声と同じようにフレーズを読もう。
一緒に使われている単語にも注意！

Check 1		Check 2
□ 137 **organize** /ɔ́ːrɡənàiz/ Part 2, 3	動❶(催しなど)**を計画**[準備]**する** ❷(団体など)を組織する 名organization：組織(体)	□ **organize** a trip (旅行を計画する)
□ 138 **establish** /istǽbliʃ/ Part 4	動**～を設立**[創立]**する** 名establishment：❶社会的機関、公共施設 ❷設立	□ **establish** a company (会社を設立する)
□ 139 **pour** /pɔ́ːr/ ❶発音 Part 1	動**～をつぐ**、注ぐ	□ **pour** wine (ワインをつぐ)
□ 140 **replace** /ripléis/ Part 2, 3	動❶**～を取り換える** ❷～の後任になる 名replacement：後任[後継]者、取り換え品	□ **replace** tires (タイヤを取り換える)
□ 141 **withdraw** /wiðdrɔ́ː/ Part 2, 3	動❶(預金など)**を引き出す** ❷～を撤回する ❸退く 名withdrawal：預金の引き出し	□ **withdraw** $200 (200ドルを引き出す)
□ 142 **accompany** /əkʌ́mpəni/ Part 5, 6	動**～に同行する**、～と一緒に行く	□ **accompany** her on a trip (旅行で彼女に同行する)
□ 143 **hold** /hóuld/ Part 2, 3	動❶(会など)**を催す**、行う ❷電話を切らずに待つ ❸～を持っている	□ **hold** a banquet (宴会を催す)
□ 144 **assume** /əsjúːm/ Part 5, 6	動❶**～だと想定**[仮定]**する** ❷(役目など)を引き受ける 名assumption：想定、仮定	□ **assume** he is right (彼が正しいと想定する)

Day 17 》MP3-049 Quick Review

答えは右ページ下

□ ～を申し出る　□ ～を配給する　□ ～を扱う　□ ～を取り除く
□ ～を実行する　□ ～を積み重ねる　□ ～を更新する　□ ～を確認する

Quick Reviewは使ってる？　昨日覚えた単語でも、記憶に残っているとは限らないよ。

Word & Phrase
- ☐ 聞くだけモードlevel 1　Check 1
- ☐ 聞くだけモードlevel 2　Check 1 ▸ 2
- ☐ 聞く＆書くモードlevel 1　Check 1 ▸ 2 ▸ 3

Check 3 Word & Phrase 》MP3-052 & 053

日本語の意味になるように空欄に単語を書き込もう。
フレーズまで書き込めたら、Check 1とCheck 2の音声を聞いて答えを確認しよう。

～を計画する o______	▸	☐ 旅行を計画する ______ _ ______
～を設立する e______	▸	☐ 会社を設立する ______ _ ______
～をつぐ p______	▸	☐ ワインをつぐ ______ ______
～を取り換える r______	▸	☐ タイヤを取り換える ______ ______
～を引き出す w______	▸	☐ 200ドルを引き出す ______ ______
～に同行する a______	▸	☐ 旅行で彼女に同行する ______ ______ ______ _ ______
～を催す h______	▸	☐ 宴会を催す ______ _ ______
～だと想定する a______	▸	☐ 彼が正しいと想定する ______ ______ ______ ______

Day 17 》MP3-049 **Quick Review**　答えは左ページ下

☐ offer	☐ distribute	☐ handle	☐ remove
☐ implement	☐ stack	☐ renew	☐ confirm

Check 4 Sentence 》MP3-054

Check 1～3で学習した語を含むセンテンスを聞いて、意味を確認しよう。
その後にもう一度音声を聞いて、そっくりにまねするつもりで音読してみよう。

□ 137

Who is organizing our high-school reunion?

(誰が私たちの高校の同窓会を計画しているのですか?)

□ 138

The university was established in 1918.

(その大学は1918年に設立された)

□ 139

The woman is pouring water into a glass.

(女性はグラスに水をついでいる)

□ 140

Why don't you replace the battery?

(電池を取り換えたらどうですか?)

□ 141

I'll go and withdraw some money.

(いくらかお金を引き出しに行きます)

□ 142

I'm happy to accompany you.

(喜んであなたに同行します)

□ 143

The concert was held outside.

(そのコンサートは屋外で催された)

□ 144

Let's assume the worst has happened.

(最悪の事態が起きたと想定しましょう)

Sentence
□ 聞くだけモードlevel 3　Check 1 ▶2 ▶4
□ 聞く＆書くモードlevel 2　Check 1 ▶2 ▶3 ▶4 ▶5

Check 5 Sentence 》MP3-054

日本語の意味になるように空欄に単語を書き込もう。
分からなかったら、音声を聞きながら記入してもOK。

□ 誰が私たちの高校の同窓会を計画しているのですか？

Who is ______ ____ ______-________ ________?

□ その大学は1918年に設立された

The ______ ____ ______ in 1918.

□ 女性はグラスに水をついでいる

The woman is ______ ______ _____ a glass.

□ 電池を取り換えたらどうですか？

Why don't you ______ ____ ______?

□ いくらかお金を引き出しに行きます

I'll go and ______ _____ ______.

□ 喜んであなたに同行します

I'm happy ___ ______ ____.

□ そのコンサートは屋外で催された

The concert ____ _____ ______.

□ 最悪の事態が起きたと想定しましょう

______ ______ the worst has happened.

Day 19 動詞6

Check 1 Word 》MP3-055

音声を聞いて、単語の発音と太字の意味をセットで覚えよう。
余裕があれば、太字以外の意味や派生語もチェック！

Check 2 Phrase 》MP3-056

音声と同じようにフレーズを読もう。
一緒に使われている単語にも注意！

Check 1		Check 2
□ 145 **board** /bɔ́:rd/ Part 1	動**〜に乗り込む** 名❶役員会、委員会 ❷掲示板	□ board a train (電車に乗り込む)
□ 146 **divide** /diváid/ Part 5, 6	動❶**〜を分ける**、分割する ❷〜を分配する 名division：❶(会社などの)部局、部門 ❷分割	□ divide a cake (ケーキを分ける)
□ 147 **expire** /ikspáiər/ Part 5, 6	動**期限が切れる**、満期になる 名expiration：(期限の)満期、満了	□ expire next month (来月、期限が切れる)
□ 148 **deliver** /dilívər/ Part 4	動**〜を配達する** 名delivery：配達	□ deliver newspapers (新聞を配達する)
□ 149 **recruit** /rikrú:t/ Part 7	動(新入社員など)**を募集**[採用]**する** 名新入社員	□ recruit employees (従業員を募集する)
□ 150 **specialize in** /spéʃəlàiz in/ Part 5, 6	動**〜を専門にする**、専攻する	□ specialize in rare books (希少本を専門にする)
□ 151 **verify** /vérəfài/ Part 5, 6	動**〜が正しいことを証明する** 名verification：証明	□ verify her story (彼女の話が正しいことを証明する)
□ 152 **apply for** /əplái fər/ Part 2, 3	動**〜を申し込む** 名application：申し込み(書)	□ apply for a loan (ローンを申し込む)

Day 18 》MP3-052 Quick Review 答えは右ページ下

□ 〜を計画する　□ 〜をつぐ　□ 〜を引き出す　□ 〜を催す
□ 〜を設立する　□ 〜を取り換える　□ 〜に同行する　□ 〜だと想定する

「細切れ時間」を有効活用してる？
いつでもどこでもテキストとチャンツを持ち歩いて、単語に触れよう！

Word & Phrase
- □ 聞くだけモードlevel 1　Check 1
- □ 聞くだけモードlevel 2　Check 1 ▸ 2
- □ 聞く＆書くモードlevel 1　Check 1 ▸ 2 ▸ 3

Check 3 Word & Phrase 》MP3-055 & 056

日本語の意味になるように空欄に単語を書き込もう。
フレーズまで書き込めたら、Check 1とCheck 2の音声を聞いて答えを確認しよう。

～に乗り込む b＿＿＿	▸	□ 電車に乗り込む ＿＿＿ ＿ ＿＿＿
～を分ける d＿＿＿	▸	□ ケーキを分ける ＿＿＿ ＿ ＿＿＿
期限が切れる e＿＿＿	▸	□ 来月、期限が切れる ＿＿＿ ＿＿＿ ＿＿＿
～を配達する d＿＿＿	▸	□ 新聞を配達する ＿＿＿ ＿＿＿
～を募集する r＿＿＿	▸	□ 従業員を募集する ＿＿＿ ＿＿＿
～を専門にする s＿＿＿ i＿＿＿	▸	□ 希少本を専門にする ＿＿＿ ＿＿ ＿＿＿ ＿＿＿
～が正しいことを証明する v＿＿＿	▸	□ 彼女の話が正しいことを証明する ＿＿＿ ＿＿ ＿＿＿
～を申し込む a＿＿＿ f＿＿＿	▸	□ ローンを申し込む ＿＿＿ ＿＿ ＿ ＿＿＿

Day 18 》MP3-052 **Quick Review** 答えは左ページ下

□ organize	□ pour	□ withdraw	□ hold
□ establish	□ replace	□ accompany	□ assume

Check 4 Sentence 》 MP3-057

Check 1～3で学習した語を含むセンテンスを聞いて、意味を確認しよう。
その後にもう一度音声を聞いて、そっくりにまねするつもりで音読してみよう。

□ 145
They're boarding the bus.
（彼らはバスに乗り込んでいる）

□ 146
The students were divided into four groups.
（生徒たちは4つのグループに分けられた）

□ 147
My passport expired last week.
（私のパスポートは先週、期限が切れた）

□ 148
We deliver your orders for free.
（当店は注文品を無料で配達します）

□ 149
The club is recruiting new members.
（そのクラブは新規会員を募集している）

□ 150
This shop specializes in handmade bags.
（この店は手作りのバッグを専門にしている）

□ 151
They verified the information.
（彼らはその情報が正しいことを証明した）

□ 152
I applied for several scholarships.
（私はいくつかの奨学金を申し込んだ）

Sentence
□ 聞くだけモードlevel 3　Check 1 ►2 ►4
□ 聞く&書くモードlevel 2　Check 1 ►2 ►3 ►4 ►5

Check 5 Sentence MP3-057

日本語の意味になるように空欄に単語を書き込もう。
分からなかったら、音声を聞きながら記入してもOK。

□ 彼らはバスに乗り込んでいる

They're ______ ____ ____.

□ 生徒たちは4つのグループに分けられた

The students were ______ ____ ____ ______.

□ 私のパスポートは先週、期限が切れた

My passport ______ ____ ____.

□ 当店は注文品を無料で配達します

We ______ ____ ______ for free.

□ そのクラブは新規会員を募集している

The club is ______ ____ ______.

□ この店は手作りのバッグを専門にしている

This shop ______ ____ ______ ____.

□ 彼らはその情報が正しいことを証明した

They ______ ____ ______.

□ 私はいくつかの奨学金を申し込んだ

I ______ ____ ______ ______.

Day 20 動詞7

Check 1 Word MP3-058

音声を聞いて、単語の発音と太字の意味をセットで覚えよう。
余裕があれば、太字以外の意味や派生語もチェック！

Check 2 Phrase MP3-059

音声と同じようにフレーズを読もう。
一緒に使われている単語にも注意！

Word	意味	Phrase
□ 153 **explore** /ikspló:r/ Part 2, 3	動❶**～を探検する** ❷～を調査する 名exploration：❶探査、探検 ❷調査	□ explore a jungle （ジャングルを探検する）
□ 154 **operate** /ápərèit/ Part 1	動❶**～を操作する** ❷～を経営する ❸操業する 名operation：❶営業 ❷手術 ❸操作	□ operate a machine （機械を操作する）
□ 155 **reject** /ridʒékt/ Part 4	動**～を拒絶する**、断る 名rejection：拒絶、却下	□ reject an offer of help （援助の申し出を拒絶する）
□ 156 **sweep** /swí:p/ Part 1	動**～を掃除する**、掃く	□ sweep the room （部屋を掃除する）
□ 157 **acquire** /əkwáiər/ Part 5, 6	動❶**～を獲得する**、買収する ❷～を習得する 名acquisition：❶（会社などの）買収、獲得 ❷習得	□ acquire a right （権利を獲得する）
□ 158 **reduce** /ridjú:s/ Part 5, 6	動**～を減らす**、減少させる 名reduction：削減、減少	□ reduce unemployment （失業を減らす）
□ 159 **serve** /sə́:rv/ Part 4	動（人）**に食事を出す**、（食事）を出す	□ serve 30 people （30人に食事を出す）
□ 160 **assemble** /əsémbl/ Part 1	動❶**～を組み立てる** ❷集まる ❸～を集める 名assembly：❶組み立て ❷集会	□ assemble a model （模型を組み立てる）

Day 19 MP3-055 **Quick Review** 答えは右ページ下

□ ～に乗り込む　□ 期限が切れる　□ ～を募集する　□ ～が正しいことを証明する
□ ～を分ける　□ ～を配達する　□ ～を専門にする　□ ～を申し込む

英字紙などでを使って、語彙との出合いを増やそう。今まで学習した語彙ともきっと遭遇するはず。

Word & Phrase
□ 聞くだけモードlevel 1　Check 1
□ 聞くだけモードlevel 2　Check 1 ▸ 2
□ 聞く&書くモードlevel 1　Check 1 ▸ 2 ▸ 3

Check 3 Word & Phrase 》MP3-058 & 059

日本語の意味になるように空欄に単語を書き込もう。
フレーズまで書き込めたら、Check 1とCheck 2の音声を聞いて答えを確認しよう。

〜を探検する e______	▸	□ ジャングルを探検する ______ _ ______
〜を操作する o______	▸	□ 機械を操作する ______ _ ______
〜を拒絶する r______	▸	□ 援助の申し出を拒絶する ______ __ ______ __ ______
〜を掃除する s______	▸	□ 部屋を掃除する ______ ____ ______
〜を獲得する a______	▸	□ 権利を獲得する ______ _ ______
〜を減らす r______	▸	□ 失業を減らす ______ ______
〜に食事を出す s______	▸	□ 30人に食事を出す ______ __ ______
〜を組み立てる a______	▸	□ 模型を組み立てる ______ _ ______

Day 19 》MP3-055 **Quick Review** 答えは左ページ下

□ board　□ expire　□ recruit　□ verify
□ divide　□ deliver　□ specialize in　□ apply for

Check 4 Sentence 》MP3-060

Check 1～3で学習した語を含むセンテンスを聞いて、意味を確認しよう。
その後にもう一度音声を聞いて、そっくりにまねするつもりで音読してみよう。

□ 153

We explored the island on foot.

(私たちは歩いてその島を探検した)

□ 154

The woman is operating a computer.

(女性はコンピューターを操作している)

□ 155

The committee rejected the proposal.

(委員会はその提案を拒絶した)

□ 156

The man is sweeping the floor.

(男性は床を掃除している)

□ 157

He acquired a reputation as a writer.

(彼は作家として名声を獲得した)

□ 158

We have to reduce costs.

(私たちは経費を減らさなければならない)

□ 159

What should we serve our guests?

(私たちは客に何の食事を出せばいいでしょうか?)

□ 160

The woman is assembling furniture.

(女性は家具を組み立てている)

Sentence
□ 聞くだけモードlevel 3　Check 1 ▸2 ▸4
□ 聞く&書くモードlevel 2　Check 1 ▸2 ▸3 ▸4 ▸5

Check 5 Sentence 》MP3-060

日本語の意味になるように空欄に単語を書き込もう。
分からなかったら、音声を聞きながら記入してもOK。

□ 私たちは歩いてその島を探検した

We ______ ___ ______ on foot.

□ 女性はコンピューターを操作している

The woman is ______ _ ______.

□ 委員会はその提案を拒絶した

The committee ______ ___ ______.

□ 男性は床を掃除している

The man is ______ ___ ______.

□ 彼は作家として名声を獲得した

He ______ _ ______ as a writer.

□ 私たちは経費を減らさなければならない

We have to ______ ______.

□ 私たちは客に何の食事を出せばいいでしょうか？

What should we ______ ___ ______?

□ 女性は家具を組み立てている

The woman is ______ ______.

Day 21 動詞8

Check 1 Word MP3-061

音声を聞いて、単語の発音と太字の意味をセットで覚えよう。
余裕があれば、太字以外の意味や派生語もチェック！

Check 2 Phrase MP3-062

音声と同じようにフレーズを読もう。
一緒に使われている単語にも注意！

Check 1		Check 2
□ 161 **process** /práses/ Part 2, 3	動❶**〜を処理する** ❷(食品)を加工する 名過程、工程	□ process **data** (データを処理する)
□ 162 **increase** /inkríːs/ ❗アクセント Part 2, 3	動❶**増加する** ❷〜を増やす 名(/ínkriːs/)増加	□ increase **by 4 percent** (4パーセント増加する)
□ 163 **modify** /mádəfài/ Part 5, 6	動**〜を修正する**、変更する	□ modify **the design** (デザインを修正する)
□ 164 **seek** /síːk/ Part 4	動**〜を得ようとする**、探し求める	□ seek **employment** (職を得ようとする)
□ 165 **update** /ʌ̀pdéit/ ❗アクセント Part 2, 3	動❶**〜を更新[改訂]する** ❷〜に最新情報を与える 名(/ʌ́pdèit/)❶最新情報 ❷最新版	□ update **a file** (ファイルを更新する)
□ 166 **inspect** /inspékt/ Part 1	動**〜を検査[調査]する** 名inspection：視察、調査	□ inspect **an engine** (エンジンを検査する)
□ 167 **recognize** /rékəgnàiz/ ❗アクセント Part 2, 3	動❶**〜を見分ける**、識別する ❷〜を認める 名recognition：❶認識、評価 ❷承認	□ recognize **symptoms** (症状を見分ける)
□ 168 **recommend** /rèkəménd/ ❗アクセント Part 2, 3	動❶**〜を推薦する** ❷〜を勧める 名recommendation：推薦	□ recommend **a good doctor** (いい医者を推薦する)

Day 20 MP3-058 Quick Review

答えは右ページ下

□ 〜を探検する　□ 〜を拒絶する　□ 〜を獲得する　□ 〜に食事を出す
□ 〜を操作する　□ 〜を掃除する　□ 〜を減らす　□ 〜を組み立てる

見出し語の上のチェックボックスを使ってる？　押さえた単語にはチェックマークをつけて、復習に使おう。

Word & Phrase
- □ 聞くだけモードlevel 1　Check 1
- □ 聞くだけモードlevel 2　Check 1 ▸2
- □ 聞く&書くモードlevel 1　Check 1 ▸2 ▸3

Check 3　Word & Phrase　》MP3-061 & 062

日本語の意味になるように空欄に単語を書き込もう。
フレーズまで書き込めたら、Check 1とCheck 2の音声を聞いて答えを確認しよう。

～を処理する p____	▸	□ データを処理する ____ ____
増加する i____	▸	□ 4パーセント増加する ____ ____ ____ ____
～を修正する m____	▸	□ デザインを修正する ____ ____ ____
～を得ようとする s____	▸	□ 職を得ようとする ____ ____
～を更新する u____	▸	□ ファイルを更新する ____ ____ ____
～を検査する i____	▸	□ エンジンを検査する ____ ____ ____
～を見分ける r____	▸	□ 症状を見分ける ____ ____
～を推薦する r____	▸	□ いい医者を推薦する ____ ____ ____ ____

Day 20 》MP3-058　**Quick Review**　答えは左ページ下

□ explore	□ reject	□ acquire	□ serve
□ operate	□ sweep	□ reduce	□ assemble

Check 4 Sentence))) MP3-063

Check 1～3で学習した語を含むセンテンスを聞いて、意味を確認しよう。
その後にもう一度音声を聞いて、そっくりにまねするつもりで音読してみよう。

□ 161
Visa applications take time to process.
（ビザの申請は処理するのに時間がかかる）

□ 162
Our sales increased slightly last quarter.
（当社の売り上げは直前の四半期にわずかに増加した）

□ 163
We decided to modify our plans.
（私たちは計画を修正することにした）

□ 164
The company is seeking more funds.
（その会社はより多くの資金を得ようとしている）

□ 165
The software is updated automatically.
（そのソフトウエアは自動的に更新される）

□ 166
The man is inspecting the car.
（男性は車を検査している）

□ 167
I couldn't recognize him at once.
（私はすぐには彼を見分けられなかった）

□ 168
Can you recommend a good book?
（いい本を推薦してくれますか？）

Sentence
□ 聞くだけモードlevel 3　Check 1 ▸2 ▸4
□ 聞く＆書くモードlevel 2　Check 1 ▸2 ▸3 ▸4 ▸5

Check 5 Sentence 》MP3-063

日本語の意味になるように空欄に単語を書き込もう。
分からなかったら、音声を聞きながら記入してもOK。

□ ビザの申請は処理するのに時間がかかる

Visa applications ______ ______ ___ _________.

□ 当社の売り上げは直前の四半期にわずかに増加した

Our sales ____________ ___________ ______ _________.

□ 私たちは計画を修正することにした

We decided to ________ ____ ______.

□ その会社はより多くの資金を得ようとしている

The company is _________ _____ ______.

□ そのソフトウエアは自動的に更新される

The software is _________ _______________.

□ 男性は車を検査している

The man is _____________ ____ ____.

□ 私はすぐには彼を見分けられなかった

I couldn't ____________ ____ ___ _____.

□ いい本を推薦してくれますか？

____ ____ ____________ a good book?

Day 22 動詞9

Check 1 Word MP3-064

音声を聞いて、単語の発音と太字の意味をセットで覚えよう。
余裕があれば、太字以外の意味や派生語もチェック！

Check 2 Phrase MP3-065

音声と同じようにフレーズを読もう。
一緒に使われている単語にも注意！

Check 1		Check 2
□ 169 **repair** /ripέər/ Part 1	動**～を修理[修繕]する** 名修理	□ repair a car (車を修理する)
□ 170 **sign up for** /sáin ʌ́p fər/ Part 7	動(署名して)**～に申し込む**、～に参加する 名signature：署名、サイン	□ sign up for a cooking class (料理教室に申し込む)
□ 171 **charge** /tʃɑ́:rdʒ/ Part 5, 6	動(代金)**を請求する** 名料金	□ charge $20 an hour (1時間につき20ドルを請求する)
□ 172 **enhance** /inhǽns/ Part 2, 3	動(力など)**を高める**、強める 名enhancement：向上、強化	□ enhance the quality of life (生活の質を高める)
□ 173 **last** /lǽst/ Part 4	動❶**続く** ❷長持ちする 形❶この前の ❷(the ～)最後の	□ last an hour (1時間続く)
□ 174 **mention** /ménʃən/ Part 4	動**～に言及する** 名言及	□ mention the issue (その問題に言及する)
□ 175 **reflect** /riflékt/ Part 1	動❶**～を映す** ❷～を反射する	□ reflect the moonlight (月明かりを映す)
□ 176 **arrange** /əréindʒ/ Part 1	動❶**～をきちんと並べる** ❷～の準備をする 名arrangement：❶準備 ❷配列	□ arrange books (本をきちんと並べる)

Day 21 MP3-061 Quick Review

答えは右ページ下

□ ～を処理する □ ～を修正する □ ～を更新する □ ～を見分ける
□ 増加する □ ～を得ようとする □ ～を検査する □ ～を推薦する

今日でChapter 2は最後！ 時間に余裕があったら、章末のReviewにも挑戦しておこう。

Word & Phrase
- □ 聞くだけモードlevel 1　Check 1
- □ 聞くだけモードlevel 2　Check 1 ▸ 2
- □ 聞く＆書くモードlevel 1　Check 1 ▸ 2 ▸ 3

Check 3 Word & Phrase 》MP3-064 & 065

日本語の意味になるように空欄に単語を書き込もう。
フレーズまで書き込めたら、Check 1とCheck 2の音声を聞いて答えを確認しよう。

～を修理する r______	▸	□ 車を修理する ______ _ ____
～に申し込む s___ u___ f___	▸	□ 料理教室に申し込む _____ ___ ____ _ ________ _______
～を請求する c______	▸	□ 1時間につき20ドルを請求する ______ ____ ___ _____
～を高める e______	▸	□ 生活の質を高める ______ ____ _________ ___ _____
続く l______	▸	□ 1時間続く _____ ___ _____
～に言及する m______	▸	□ その問題に言及する ______ ____ ______
～を映す r______	▸	□ 月明かりを映す ______ ____ ___________
～をきちんと並べる a______	▸	□ 本をきちんと並べる ______ ______

Day 21 》MP3-061 **Quick Review**　答えは左ページ下

- □ process
- □ increase
- □ modify
- □ seek
- □ update
- □ inspect
- □ recognize
- □ recommend

Check 4 Sentence 》 MP3-066

Check 1～3で学習した語を含むセンテンスを聞いて、意味を確認しよう。
その後にもう一度音声を聞いて、そっくりにまねするつもりで音読してみよう。

□ 169

The man is repairing the roof.

（男性は屋根を修理している）

□ 170

How about signing up for a dance class?

（ダンス教室に申し込むのはどうですか？）

□ 171

They charged $300 for the repair.

（彼らはその修理に対して300ドルを請求した）

□ 172

We have to enhance our productivity.

（私たちは生産性を高めなければならない）

□ 173

The event will last until 9 p.m.

（そのイベントは午後9時まで続く予定だ）

□ 174

The CEO mentioned his resignation.

（そのCEOは自らの辞任に言及した）

□ 175

Her face is reflected in the mirror.

（彼女の顔が鏡に映っている）

□ 176

They're arranging the chairs.

（彼らはいすをきちんと並べている）

Sentence
□ 聞くだけモードlevel 3　Check 1 ▶2 ▶4
□ 聞く&書くモードlevel 2　Check 1 ▶2 ▶3 ▶4 ▶5

Check 5 Sentence 》MP3-066

日本語の意味になるように空欄に単語を書き込もう。
分からなかったら、音声を聞きながら記入してもOK。

□ 男性は屋根を修理している

The man is ______ ___ ___.

□ ダンス教室に申し込むのはどうですか？

How ___ ______ ___ ___ a dance class?

□ 彼らはその修理に対して300ドルを請求した

They ______ ___ ___ the repair.

□ 私たちは生産性を高めなければならない

We have to ______ ___ ________.

□ そのイベントは午後9時まで続く予定だ

The event will ___ ____ _ ___.

□ そのCEOは自らの辞任に言及した

The CEO ______ ___ ________.

□ 彼女の顔が鏡に映っている

Her face is ______ __ ___ _____.

□ 彼らはいすをきちんと並べている

They're ______ ___ _____.

Chapter 2 Review

Word List

9日間学習してきた単語をおさらい。まずは日本語の意味に対応する単語を空欄に書き入れてみよう（解答はこのページ下）。間違ったものは、正しく書き直してもう一度正確に覚え直すこと。空欄が埋まったら、今度はチェックシートで日本語を隠して、単語を見て意味が分かるかテストしよう。

No.	単語	意味
01 □□	＿＿＿＿	～を購入する
02 □□	＿＿＿＿	～を示す
03 □□	＿＿＿＿	～を提出する
04 □□	＿＿＿＿	～に連絡する
05 □□	＿＿＿＿	～を同封する
06 □□	＿＿＿＿	～を延期する
07 □□	＿＿＿＿	～に着手する
08 □□	＿＿＿＿	～を積む
09 □□	＿＿＿＿	～を雇う
10 □□	＿＿＿＿	～を配給する
11 □□	＿＿＿＿	～を更新する
12 □□	＿＿＿＿	～を確認する
13 □□	＿＿＿＿	～を計画する
14 □□	＿＿＿＿	～をつぐ
15 □□	＿＿＿＿	～に同行する
16 □□	＿＿＿＿	～に乗り込む
17 □□	＿＿＿＿	～を分ける
18 □□	＿＿＿＿	～を配達する
19 □□	＿＿＿＿	～を探検する
20 □□	＿＿＿＿	～を掃除する
21 □□	＿＿＿＿	～を減らす
22 □□	＿＿＿＿	増加する
23 □□	＿＿＿＿	～を検査する
24 □□	＿＿＿＿	～を修理する

解答

01 purchase（107）
02 indicate（109）
03 submit（110）
04 contact（113）
05 enclose（115）
06 postpone（116）
07 launch（121）
08 load（122）
09 hire（126）
10 distribute（131）
11 renew（134）
12 confirm（136）
13 organize（137）
14 pour（139）
15 accompany（142）
16 board（145）
17 divide（146）
18 deliver（148）
19 explore（153）
20 sweep（156）
21 reduce（158）
22 increase（162）
23 inspect（166）
24 repair（169）

CHAPTER 3
形容詞：超必修32

Chapter 3では、TOEIC「超必修」の形容詞32を押さえていきます。4日間と短いこのChapterですが、気を抜かず学習を進めていきましょう。

TOEIC的格言

A little knowledge is a dangerous thing.

生兵法は大けがのもと。
[直訳] わずかな知識は危険なものだ。

Day 23 形容詞1

Check 1 Word 》MP3-067

音声を聞いて、単語の発音と太字の意味をセットで覚えよう。
余裕があれば、太字以外の意味や派生語もチェック！

Check 2 Phrase 》MP3-068

音声と同じようにフレーズを読もう。
一緒に使われている単語にも注意！

Check 1		Check 2
□ 177 **available** /əvéiləbl/ Part 5, 6	形❶**利用［入手］できる** ❷（人が）会うことができる 名availability：空き状況、入手［利用］の可能性	□ available facilities（利用できる施設）
□ 178 **accurate** /ǽkjurət/ Part 5, 6	形**正確な** 副accurately：正確に	□ accurate information（正確な情報）
□ 179 **appropriate** /əpróupriət/ Part 2, 3	形**適切な**	□ an appropriate method（適切な方法）
□ 180 **significant** /signífikənt/ ❶アクセント Part 5, 6	形❶**重要な**、重大な ❷かなりの 名significance：重要性	□ a significant discovery（重要な発見）
□ 181 **previous** /prí:viəs/ ❶発音 Part 5, 6	形**以前の**、前の 副previously：以前に［は］	□ a previous owner（以前の所有者）
□ 182 **innovative** /ínəvèitiv/ Part 4	形**革新［刷新］的な** 動innovate：❶（新しいことなど）を導入する ❷刷新する 名innovation：革新	□ an innovative design（革新的なデザイン）
□ 183 **various** /vɛ́əriəs/ Part 4	形**さまざまな**、いろいろな 名variety：❶種類 ❷多様性	□ various reasons（さまざまな理由）
□ 184 **alternative** /ɔ:ltə́:rnətiv/ ❶アクセント Part 5, 6	形**代わりの** 名代替案［手段］、選択肢	□ an alternative venue（代わりの開催地）

Day 22 》MP3-064 **Quick Review** 答えは右ページ下

□ ～を修理する　□ ～を請求する　□ 続く　□ ～を映す
□ ～に申し込む　□ ～を高める　□ ～に言及する　□ ～をきちんと並べる

Chapter 3では、4日をかけて「超必修」の形容詞32をチェック。まずはチャンツを聞いてみよう！

Word & Phrase
□ 聞くだけモードlevel 1　Check 1
□ 聞くだけモードlevel 2　Check 1 ▶2
□ 聞く&書くモードlevel 1　Check 1 ▶2 ▶3

Check 3 Word & Phrase 》MP3-067 & 068

日本語の意味になるように空欄に単語を書き込もう。
フレーズまで書き込めたら、Check 1とCheck 2の音声を聞いて答えを確認しよう。

利用できる a______	▶	□ 利用できる施設 ______ ______
正確な a______	▶	□ 正確な情報 ______ ______
適切な a______	▶	□ 適切な方法 ___ ______ ______
重要な s______	▶	□ 重要な発見 _ ______ ______
以前の p______	▶	□ 以前の所有者 _ ______ ______
革新的な i______	▶	□ 革新的なデザイン ___ ______ ______
さまざまな v______	▶	□ さまざまな理由 ______ ______
代わりの a______	▶	□ 代わりの開催地 ___ ______ ______

Day 22 》MP3-064 **Quick Review** 答えは左ページ下

□ repair　□ charge　□ last　□ reflect
□ sign up for　□ enhance　□ mention　□ arrange

Check 4 Sentence 》 MP3-069

Check 1〜3で学習した語を含むセンテンスを聞いて、意味を確認しよう。
その後にもう一度音声を聞いて、そっくりにまねするつもりで音読してみよう。

□ 177
We should use all available information.
(私たちは利用できるすべての情報を用いるべきだ)

□ 178
His prediction was fairly accurate.
(彼の予測はかなり正確だった)

□ 179
I didn't think her comments were appropriate.
(私は彼女のコメントが適切だとは思わなかった)

□ 180
This problem is not very significant.
(この問題はあまり重要でない)

□ 181
No previous experience is needed for this job.
(この仕事には以前の経験は必要とされない)

□ 182
We need innovative ideas.
(私たちは革新的なアイデアを必要としている)

□ 183
There are various shops along the main street.
(メインストリート沿いにはさまざまな店がある)

□ 184
Do you have any alternative suggestions?
(何か代わりの提案はありますか?)

Sentence
□ 聞くだけモードlevel 3　Check 1 ▶2 ▶4
□ 聞く＆書くモードlevel 2　Check 1 ▶2 ▶3 ▶4 ▶5

Check 5 Sentence MP3-069

日本語の意味になるように空欄に単語を書き込もう。
分からなかったら、音声を聞きながら記入してもOK。

□ 私たちは利用できるすべての情報を用いるべきだ

We should ____ ____ ____ ____.

□ 彼の予測はかなり正確だった

His prediction was ____ ____.

□ 私は彼女のコメントが適切だとは思わなかった

I didn't think her ____ ____ ____.

□ この問題はあまり重要でない

This problem is ____ ____ ____.

□ この仕事には以前の経験は必要とされない

____ ____ ____ is needed for this job.

□ 私たちは革新的なアイデアを必要としている

We need ____ ____.

□ メインストリート沿いにはさまざまな店がある

____ ____ ____ ____ along the main street.

□ 何か代わりの提案はありますか？

Do you have any ____ ____?

Day 24 形容詞2

Check 1 Word MP3-070

音声を聞いて、単語の発音と太字の意味をセットで覚えよう。
余裕があれば、太字以外の意味や派生語もチェック！

Check 2 Phrase MP3-071

音声と同じようにフレーズを読もう。
一緒に使われている単語にも注意！

Check 1	意味	Check 2
□ 185 **relevant** /réləvənt/ Part 7	形 **関係のある**	□ a relevant question（関係のある質問）
□ 186 **valid** /vǽlid/ Part 4	形（法的に）**有効な**	□ a valid passport（有効なパスポート）
□ 187 **outstanding** /àutstǽndiŋ/ Part 4	形 ❶**優れた**、傑出した ❷未払いの	□ an outstanding player（優れた選手）
□ 188 **effective** /iféktiv/ Part 5, 6	形 **効果的な**、有効な 副 effectively：効果的に	□ an effective method（効果的な方法）
□ 189 **consecutive** /kənsékjutiv/ Part 5, 6	形 **連続した**	□ a consecutive number（連続した数字）
□ 190 **individual** /ìndəvídʒuəl/ ❗アクセント Part 5, 6	形 ❶**個々の** ❷個人の 名 個人	□ individual needs（個々のニーズ）
□ 191 **out of stock** /àut əv stάk/ Part 2, 3	形 **在庫がなくて**、品切れで	□ go out of stock（在庫がなくなる）
□ 192 **complex** /kəmpléks/ ❗アクセント Part 7	形 **複雑な** 名（/kάmpleks/）総合ビル	□ a complex system（複雑なシステム）

Day 23 MP3-067 Quick Review 答えは右ページ下

□ 利用できる　□ 適切な　□ 以前の　□ さまざまな
□ 正確な　□ 重要な　□ 革新的な　□ 代わりの

形容詞の役割は、名詞を修飾する「限定用法」と、補語になる「叙述用法」の2つ。センテンスでチェックしよう。

Word & Phrase
- □ 聞くだけモードlevel 1　Check 1
- □ 聞くだけモードlevel 2　Check 1 ▸2
- □ 聞く&書くモードlevel 1　Check 1 ▸2 ▸3

Check 3 Word & Phrase 》MP3-070 & 071

日本語の意味になるように空欄に単語を書き込もう。
フレーズまで書き込めたら、Check 1とCheck 2の音声を聞いて答えを確認しよう。

関係のある r______	▸	□ 関係のある質問 _ ______ ______
有効な v______	▸	□ 有効なパスポート _ ______ ______
優れた o______	▸	□ 優れた選手 __ ______ ______
効果的な e______	▸	□ 効果的な方法 __ ______ ______
連続した c______	▸	□ 連続した数字 _ ______ ______
個々の i______	▸	□ 個々のニーズ ______ ______
在庫がなくて o___ o___ s___	▸	□ 在庫がなくなる __ ___ ___ ______
複雑な c______	▸	□ 複雑なシステム _ ______ ______

CHAPTER 1
CHAPTER 2
CHAPTER 3
CHAPTER 4
CHAPTER 5
CHAPTER 6
CHAPTER 7

Day 23 》MP3-067 Quick Review

答えは左ページ下

- □ available
- □ accurate
- □ appropriate
- □ significant
- □ previous
- □ innovative
- □ various
- □ alternative

Check 4 Sentence ») MP3-072

Check 1~3で学習した語を含むセンテンスを聞いて、意味を確認しよう。
その後にもう一度音声を聞いて、そっくりにまねするつもりで音読してみよう。

□ 185

Science is very relevant to our everyday lives.

(科学は私たちの日常生活ととても関係がある)

□ 186

My driver's license is valid for another three years.

(私の運転免許証はあと3年間有効だ)

□ 187

She was cited for her outstanding performance.

(彼女は優れた業績によって表彰された)

□ 188

Yoga is highly effective for reducing stress.

(ヨガはストレスの軽減に非常に効果的だ)

□ 189

It rained for three consecutive days.

(連続3日間雨が降った)

□ 190

He refused to comment on individual cases.

(彼は個々の事例に関してコメントするのを拒んだ)

□ 191

The product is now out of stock.

(その製品は現在、在庫がない)

□ 192

This is a highly complex issue.

(これは非常に複雑な問題だ)

Sentence
□ 聞くだけモードlevel 3　Check 1 ▶2 ▶4
□ 聞く＆書くモードlevel 2　Check 1 ▶2 ▶3 ▶4 ▶5

Check 5 Sentence 》MP3-072

日本語の意味になるように空欄に単語を書き込もう。
分からなかったら、音声を聞きながら記入してもOK。

□ 科学は私たちの日常生活ととても関係がある

Science is ______ ____________ ___ our everyday lives.

□ 私の運転免許証はあと3年間有効だ

My driver's license is _______ ____ __________ three years.

□ 彼女は優れた業績によって表彰された

She was cited for her ________________ ________________.

□ ヨガはストレスの軽減に非常に効果的だ

Yoga is _________ ______________ ____ reducing stress.

□ 連続3日間雨が降った

It rained for _______ _________________ ______.

□ 彼は個々の事例に関してコメントするのを拒んだ

He refused to comment on _______________ _______.

□ その製品は現在、在庫がない

The product is ____ ____ ___ _______.

□ これは非常に複雑な問題だ

This is a _________ __________ _______.

Day 25 形容詞3

Check 1 Word MP3-073

音声を聞いて、単語の発音と太字の意味をセットで覚えよう。
余裕があれば、太字以外の意味や派生語もチェック！

Check 2 Phrase MP3-074

音声と同じようにフレーズを読もう。
一緒に使われている単語にも注意！

Word	意味	Phrase
□ 193 **current** /kə́:rənt/ Part 2, 3	形**現在の**、今の 副currently：現在は、現在のところ	□ the current exchange rate（現在の為替レート）
□ 194 **annual** /ǽnjuəl/ Part 4	形**年1回の**、毎年の、1年間の 副annually：毎年、年1度	□ an annual checkup（年1回の健康診断）
□ 195 **efficient** /ifíʃənt/ ❶アクセント Part 4	形❶**効率**［能率］**的な** ❷有能な 名efficiency：効率、能率 副efficiently：能率的に	□ efficient service（効率的なサービス）
□ 196 **intensive** /inténsiv/ Part 5, 6	形**集中的な**、徹底的な	□ intensive training（集中訓練）
□ 197 **sufficient** /səfíʃənt/ ❶アクセント Part 7	形**十分な** 副sufficiently：十分に	□ sufficient income（十分な収入）
□ 198 **necessary** /nésəsèri/ Part 5, 6	形**必要な**	□ a necessary skill（必要な技能）
□ 199 **additional** /ədíʃənl/ Part 5, 6	形**追加の** 動add：～を加える 名addition：追加	□ additional costs（追加費用）
□ 200 **adjacent** /ədʒéisnt/ Part 5, 6	形**隣接した**、近隣の	□ an adjacent building（隣接したビル）

Day 24 MP3-070 Quick Review 答えは右ページ下

□ 関係のある　□ 優れた　□ 連続した　□ 在庫がなくて
□ 有効な　□ 効果的な　□ 個々の　□ 複雑な

「書く」学習を続けてる？　正確なスペルを覚えるためにも、面倒くさがらずに続けよう！

Word & Phrase
- □ 聞くだけモードlevel 1　Check 1
- □ 聞くだけモードlevel 2　Check 1 ▸ 2
- □ 聞く＆書くモードlevel 1　Check 1 ▸ 2 ▸ 3

Check 3 Word & Phrase 》MP3-073 & 074

日本語の意味になるように空欄に単語を書き込もう。
フレーズまで書き込めたら、Check 1とCheck 2の音声を聞いて答えを確認しよう。

現在の c ______	▸	□ 現在の為替レート ____ ____ ____ ____
年1回の a ______	▸	□ 年1回の健康診断 ____ ____ ____
効率的な e ______	▸	□ 効率的なサービス ____ ____
集中的な i ______	▸	□ 集中訓練 ____ ____
十分な s ______	▸	□ 十分な収入 ____ ____
必要な n ______	▸	□ 必要な技能 ____ ____ ____
追加の a ______	▸	□ 追加費用 ____ ____
隣接した a ______	▸	□ 隣接したビル ____ ____ ____

Day 24 》MP3-070 Quick Review

答えは左ページ下

- □ relevant
- □ valid
- □ outstanding
- □ effective
- □ consecutive
- □ individual
- □ out of stock
- □ complex

Check 4 Sentence 》MP3-075

Check 1～3で学習した語を含むセンテンスを聞いて、意味を確認しよう。
その後にもう一度音声を聞いて、そっくりにまねするつもりで音読してみよう。

□ 193
Who is the current CEO of the company?
(その会社の現在のCEOは誰ですか?)

□ 194
The festival is an annual event.
(そのフェスティバルは年1回のイベントだ)

□ 195
This automated system is highly efficient.
(この自動システムは非常に効率的だ)

□ 196
I signed up for the intensive French course.
(私はそのフランス語集中コースに申し込んだ)

□ 197
I have sufficient time to complete the work.
(私にはその仕事を完了させるのに十分な時間がある)

□ 198
If necessary, contact me by e-mail.
(必要ならば、電子メールで私に連絡してください)

□ 199
There is no additional fee for this service.
(このサービスには追加料金はない)

□ 200
The golf course is adjacent to our hotel.
(そのゴルフコースは当ホテルに隣接している)

Sentence
□ 聞くだけモードlevel 3　Check 1 ▸2 ▸4
□ 聞く＆書くモードlevel 2　Check 1 ▸2 ▸3 ▸4 ▸5

Check 5 Sentence 》MP3-075

日本語の意味になるように空欄に単語を書き込もう。
分からなかったら、音声を聞きながら記入してもOK。

□ その会社の現在のCEOは誰ですか？

____ ___ ____ _________ CEO of the company?

□ そのフェスティバルは年1回のイベントだ

The festival is ___ _______ ______.

□ この自動システムは非常に効率的だ

This automated system is _______ _________.

□ 私はそのフランス語集中コースに申し込んだ

I signed up for the _________ _______ _______.

□ 私にはその仕事を完了させるのに十分な時間がある

I _____ __________ _____ ___ complete the work.

□ 必要ならば、電子メールで私に連絡してください

___ _________, contact me by e-mail.

□ このサービスには追加料金はない

There is no __________ ____ ____ this service.

□ そのゴルフコースは当ホテルに隣接している

The golf course ___ ________ ___ our hotel.

Day 26 形容詞4

Check 1 Word 》MP3-076

音声を聞いて、単語の発音と太字の意味をセットで覚えよう。
余裕があれば、太字以外の意味や派生語もチェック！

Check 2 Phrase 》MP3-077

音声と同じようにフレーズを読もう。
一緒に使われている単語にも注意！

Check 1	意味	Check 2
□ 201 **due** /djúː/ Part 2, 3	形 **支払い期日の来た**	□ fall due（支払い期日になる）
□ 202 **generous** /dʒénərəs/ Part 5, 6	形 **気前のよい**、寛大な	□ a generous gift（気前のよい贈り物）
□ 203 **numerous** /njúːmərəs/ ❶発音 Part 7	形 **数多くの**、たくさんの	□ numerous problems（数多くの問題）
□ 204 **temporary** /témpərèri/ Part 5, 6	形 **一時的な**、臨時の 副 temporarily：一時的に	□ a temporary measure（一時的な措置）
□ 205 **out of order** /àut əv ɔ́ːrdər/ Part 2, 3	形 **故障して**	□ get out of order easily（簡単に故障する）
□ 206 **reasonable** /ríːzənəbl/ Part 7	形 ❶ **理にかなった**、もっともな ❷（値段が）手ごろな	□ a reasonable solution（理にかなった解決策）
□ 207 **confidential** /kɑ̀nfədénʃəl/ Part 5, 6	形 **秘密**［内密］**の**	□ confidential information（秘密情報）
□ 208 **financial** /fainǽnʃəl/ ❶アクセント Part 4	形 ❶ **財務の**、財政上の ❷金融の 名 finance：❶（～s）財源、資金 ❷財政、財務	□ financial advice（財務アドバイス）

Day 25 》MP3-073 Quick Review

答えは右ページ下

□ 現在の
□ 年1回の
□ 効率的な
□ 集中的な
□ 十分な
□ 必要な
□ 追加の
□ 隣接した

今日でChapter 3は最後！ 時間に余裕があったら、章末のReviewにも挑戦しておこう。

Word & Phrase
□ 聞くだけモードlevel 1 Check 1
□ 聞くだけモードlevel 2 Check 1 ▸2
□ 聞く&書くモードlevel 1 Check 1 ▸2 ▸3

Check 3 Word & Phrase 》MP3-076 & 077

日本語の意味になるように空欄に単語を書き込もう。
フレーズまで書き込めたら、Check 1とCheck 2の音声を聞いて答えを確認しよう。

支払い期日の来た d______	▸	□ 支払い期日になる ______ ______
気前のよい g______	▸	□ 気前のよい贈り物 __ ______ ______
数多くの n______	▸	□ 数多くの問題 ______ ______
一時的な t______	▸	□ 一時的な措置 __ ______ ______
故障して o___ o___ o___	▸	□ 簡単に故障する ____ ____ ____ ______ ______
理にかなった r______	▸	□ 理にかなった解決策 __ ______ ______
秘密の c______	▸	□ 秘密情報 ______ ______
財務の f______	▸	□ 財務アドバイス ______ ______

Day 25 》MP3-073 **Quick Review** 答えは左ページ下

□ current	□ efficient	□ sufficient	□ additional
□ annual	□ intensive	□ necessary	□ adjacent

Check 4 Sentence 》 MP3-078

Check 1～3で学習した語を含むセンテンスを聞いて、意味を確認しよう。
その後にもう一度音声を聞いて、そっくりにまねするつもりで音読してみよう。

□ 201
The rent is due on the 1st of each month.
(賃貸料は毎月1日が支払い期日だ)

□ 202
He is not only rich but also generous.
(彼は金持ちなだけなく、気前もよい)

□ 203
The article contains numerous errors.
(その記事には数多くの間違いが含まれている)

□ 204
This is only a temporary solution.
(これは一時的な解決策にすぎない)

□ 205
This machine is temporarily out of order.
(この機械は一時的に故障している)

□ 206
Her explanation was perfectly reasonable.
(彼女の説明は完全に理にかなっていた)

□ 207
Please keep this matter confidential.
(この件は秘密にしておいてください)

□ 208
The company's financial condition is healthy.
(その会社の財務状態は健全だ)

Sentence
☐ 聞くだけモードlevel 3　Check 1 ▶ 2 ▶ 4
☐ 聞く＆書くモードlevel 2　Check 1 ▶ 2 ▶ 3 ▶ 4 ▶ 5

Check 5 Sentence 》MP3-078

日本語の意味になるように空欄に単語を書き込もう。
分からなかったら、音声を聞きながら記入してもOK。

☐ 賃貸料は毎月1日が支払い期日だ

The rent ___ ___ ___ the 1st of each month.

☐ 彼は金持ちなだけなく、気前もよい

He is not only rich ___ ___ ___.

☐ その記事には数多くの間違いが含まれている

The article ___ ___ ___.

☐ これは一時的な解決策にすぎない

This is ___ ___ ___ ___.

☐ この機械は一時的に故障している

This machine is ___ ___ ___ ___.

☐ 彼女の説明は完全に理にかなっていた

Her explanation was ___ ___.

☐ この件は秘密にしておいてください

Please ___ ___ ___ ___.

☐ その会社の財務状態は健全だ

The company's ___ ___ is healthy.

CHAPTER 1
CHAPTER 2
CHAPTER 3
CHAPTER 4
CHAPTER 5
CHAPTER 6
CHAPTER 7

Chapter 3 Review

Word List

4日間学習してきた単語をおさらい。まずは日本語の意味に対応する単語を空欄に書き入れてみよう（解答はこのページ下）。間違ったものは、正しく書き直してもう一度正確に覚え直すこと。空欄が埋まったら、今度はチェックシートで日本語を隠して、単語を見て意味が分かるかテストしよう。

01	____________	利用できる
02	____________	正確な
03	____________	適切な
04	____________	重要な
05	____________	以前の
06	____________	革新的な
07	____________	関係のある
08	____________	有効な
09	____________	優れた
10	____________	連続した
11	____________	個々の
12	____________	複雑な
13	____________	現在の
14	____________	年1回の
15	____________	効率的な
16	____________	集中的な
17	____________	十分な
18	____________	必要な
19	____________	隣接した
20	____________	気前のよい
21	____________	数多くの
22	____________	一時的な
23	____________	秘密の
24	____________	財務の

解答

01 available (177)
02 accurate (178)
03 appropriate (179)
04 significant (180)
05 previous (181)
06 innovative (182)
07 relevant (185)
08 valid (186)
09 outstanding (187)
10 consecutive (189)
11 individual (190)
12 complex (192)
13 current (193)
14 annual (194)
15 efficient (195)
16 intensive (196)
17 sufficient (197)
18 necessary (198)
19 adjacent (200)
20 generous (202)
21 numerous (203)
22 temporary (204)
23 confidential (207)
24 financial (208)

CHAPTER 4

名詞：必修104

Chapter 4では、TOEIC「必修」の名詞104をマスターします。「超」が抜けても、どれも重要な単語ばかり。本テストで慌てることがないように、1語1語を着実に身につけていきましょう。

TOEIC的格言

Don't put off till tomorrow what you can do today.
今日できることは明日に延ばすな。

Day 27 名詞14

Check 1 Word MP3-079

音声を聞いて、単語の発音と太字の意味をセットで覚えよう。
余裕があれば、太字以外の意味や派生語もチェック！

Check 2 Phrase MP3-080

音声と同じようにフレーズを読もう。
一緒に使われている単語にも注意！

Check 1	意味	Check 2
□ 209 **range** /réindʒ/ Part 7	名**範囲**、幅	□ a price range（価格の範囲）
□ 210 **regulation** /règjuléiʃən/ Part 4	名❶**規則** ❷規制 動regulate：～を規制する	□ health regulations（保健規則）
□ 211 **spectator** /spékteitər/ Part 1	名**観客**、見物人	□ the crowd of spectators（観客の群れ）
□ 212 **policy** /pɑ́ləsi/ Part 5, 6	名❶**保険契約**、保険証書 ❷政策、方針	□ renew a policy（保険契約を更新する）
□ 213 **hospitality** /hɑ̀spətǽləti/ Part 5, 6	名**親切なもてなし**、歓待	□ return her hospitality（彼女の親切なもてなしに返礼する）
□ 214 **beverage** /bévəridʒ/ Part 1	名（水以外の）**飲み物**、飲料	□ a hot beverage（熱い飲み物）
□ 215 **passenger** /pǽsəndʒər/ Part 1	名**乗客**、旅客	□ airplane passengers（飛行機の乗客）
□ 216 **transaction** /trænzǽkʃən/ Part 7	名❶**取引** ❷（業務の）処理 動transact：❶取引を行う ❷（取引など）を行う	□ financial transactions（金融取引）

Day 26 MP3-076 **Quick Review** 答えは右ページ下

□ 支払い期日の来た　□ 数多くの　□ 故障して　□ 秘密の
□ 気前のよい　□ 一時的な　□ 理にかなった　□ 財務の

Chapter 4では、13日をかけて必修名詞104をチェック。まずはチャンツを聞いてみよう!

Word & Phrase
- □ 聞くだけモードlevel 1　Check 1
- □ 聞くだけモードlevel 2　Check 1 ▸ 2
- □ 聞く&書くモードlevel 1　Check 1 ▸ 2 ▸ 3

Check 3 Word & Phrase 》MP3-079 & 080

日本語の意味になるように空欄に単語を書き込もう。
フレーズまで書き込めたら、Check 1とCheck 2の音声を聞いて答えを確認しよう。

範囲 r______	▸	□ 価格の範囲 _ ______ ______
規則 r______	▸	□ 保健規則 ______ ______
観客 s______	▸	□ 観客の群れ ____ ______ ___ ______
保険契約 p______	▸	□ 保険契約を更新する ______ _ ______
親切なもてなし h______	▸	□ 彼女の親切なもてなしに返礼する ______ ____ ______
飲み物 b______	▸	□ 熱い飲み物 _ ____ ______
乗客 p______	▸	□ 飛行機の乗客 ______ ______
取引 t______	▸	□ 金融取引 ______ ______

Day 26 》MP3-076 **Quick Review**　答えは左ページ下

- □ due
- □ generous
- □ numerous
- □ temporary
- □ out of order
- □ reasonable
- □ confidential
- □ financial

Check 4 Sentence 》MP3-081

Check 1〜3で学習した語を含むセンテンスを聞いて、意味を確認しよう。
その後にもう一度音声を聞いて、そっくりにまねするつもりで音読してみよう。

□ 209
We offer a wide range of services.
（当社は広範囲のサービスを提供しています）

□ 210
We must obey traffic regulations.
（私たちは交通規則に従わなければならない）

□ 211
The spectators are clapping their hands.
（観客は拍手をしている）

□ 212
You should check your policy carefully.
（あなたは保険契約を念入りに確認したほうがいい）

□ 213
I appreciate your hospitality.
（親切なおもてなしに感謝します）

□ 214
They're drinking beverages.
（彼らは飲み物を飲んでいる）

□ 215
Passengers are getting off a bus.
（乗客がバスから降りている）

□ 216
We have transactions with the company.
（私たちはその会社と取引がある）

Sentence
□ 聞くだけモードlevel 3　Check 1 ▶2 ▶4
□ 聞く&書くモードlevel 2　Check 1 ▶2 ▶3 ▶4 ▶5

Check 5 Sentence 》MP3-081

日本語の意味になるように空欄に単語を書き込もう。
分からなかったら、音声を聞きながら記入してもOK。

□ 当社は広範囲のサービスを提供しています

We offer _ ______ ________ ___ services.

□ 私たちは交通規則に従わなければならない

We must ______ __________ ________________.

□ 観客は拍手をしている

The ______________ ____ ___________ their hands.

□ あなたは保険契約を念入りに確認したほうがいい

You should _______ _____ _________ carefully.

□ 親切なおもてなしに感謝します

I ______________ _____ ________________.

□ 彼らは飲み物を飲んでいる

They're ___________ ______________.

□ 乗客がバスから降りている

______________ ____ __________ ____ a bus.

□ 私たちはその会社と取引がある

We _____ __________________ _____ the company.

Day 28 名詞15

Check 1 Word 》MP3-082

音声を聞いて、単語の発音と太字の意味をセットで覚えよう。
余裕があれば、太字以外の意味や派生語もチェック！

Check 2 Phrase 》MP3-083

音声と同じようにフレーズを読もう。
一緒に使われている単語にも注意！

Check 1 Word		Check 2 Phrase
□ 217 **accountant** /əkáuntənt/ Part 2, 3	名**会計士** 名accounting：会計(学)、経理	□ hire an accountant (会計士を雇う)
□ 218 **grocery** /gróusəri/ Part 1	名(～ies)**食料雑貨類**	□ grocery shopping (食料雑貨類の買い出し)
□ 219 **personnel** /pə̀ːrsənél/ ❗発音 Part 2, 3	名❶**人事部**[課] ❷(集合的に)(会社などの)人員	□ a personnel officer (人事部員)
□ 220 **refreshment** /rifréʃmənt/ Part 1	名(通例～s)**軽食**	□ a refreshment stand (軽食の売店)
□ 221 **shipment** /ʃípmənt/ Part 4	名❶**積み荷**、発送品 ❷出荷、発送 動ship：～を発送[出荷]する 名shipping：発送、出荷	□ check the shipment (積み荷を検査する)
□ 222 **branch** /brǽntʃ/ Part 2, 3	名❶**支店** ❷枝	□ the London branch (ロンドン支店)
□ 223 **exhibition** /èksəbíʃən/ ❗発音 Part 4	名❶**展覧**[展示]**会** ❷展示 名exhibit：展示[陳列]品 動exhibit：～を展示する	□ an exhibition of sculptures (彫刻作品の展覧会)
□ 224 **fuel** /fjúːəl/ Part 1	名**燃料**	□ a fuel tank (燃料タンク)

Day 27 》MP3-079 Quick Review

答えは右ページ下

□ 範囲
□ 規則
□ 観客
□ 保険契約
□ 親切なもてなし
□ 飲み物
□ 乗客
□ 取引

単語はフレーズやセンテンスの中で覚えると、定着度がアップする。Check 2～5での確認を忘れずに。

Word & Phrase
☐ 聞くだけモードlevel 1　Check 1
☐ 聞くだけモードlevel 2　Check 1 ▸2
☐ 聞く&書くモードlevel 1　Check 1 ▸2 ▸3

Check 3 Word & Phrase 》MP3-082 & 083

日本語の意味になるように空欄に単語を書き込もう。
フレーズまで書き込めたら、Check 1とCheck 2の音声を聞いて答えを確認しよう。

会計士 a____ ▸	☐ 会計士を雇う ____ __ ____
食料雑貨類 g____ ▸	☐ 食料雑貨類の買い出し ____ ____
人事部 p____ ▸	☐ 人事部員 _ ____ ____
軽食 r____ ▸	☐ 軽食の売店 _ ____ ____
積み荷 s____ ▸	☐ 積み荷を検査する ____ __ ____
支店 b____ ▸	☐ ロンドン支店 ____ ____ ____
展覧会 e____ ▸	☐ 彫刻作品の展覧会 __ ____ __ ____
燃料 f____ ▸	☐ 燃料タンク _ ____ ____

Day 27 》MP3-079 Quick Review 答えは左ページ下

☐ range
☐ regulation
☐ spectator
☐ policy
☐ hospitality
☐ beverage
☐ passenger
☐ transaction

Check 4 Sentence 》 MP3-084

Check 1～3で学習した語を含むセンテンスを聞いて、意味を確認しよう。
その後にもう一度音声を聞いて、そっくりにまねするつもりで音読してみよう。

□ 217

My husband is an accountant by profession.

（私の夫の職業は会計士だ）

□ 218

The man is holding groceries.

（男性は食料雑貨類を抱えている）

□ 219

I work in personnel.

（私は人事部で働いている）

□ 220

Refreshments are served on plates.

（軽食が皿の上に出されている）

□ 221

A shipment of goods will arrive tomorrow.

（商品の積み荷は明日到着する予定だ）

□ 222

The bank has over 100 branches.

（その銀行には100を超える支店がある）

□ 223

The exhibition continues until November 25.

（その展覧会は11月25日まで続く）

□ 224

The man is pouring fuel.

（男性は燃料を注いでいる）

Sentence
□ 聞くだけモードlevel 3　Check 1 ▸2 ▸4
□ 聞く＆書くモードlevel 2　Check 1 ▸2 ▸3 ▸4 ▸5

Check 5 Sentence 》MP3-084

日本語の意味になるように空欄に単語を書き込もう。
分からなかったら、音声を聞きながら記入してもOK。

□ 私の夫の職業は会計士だ

My husband is ___ ________ ___ ________.

□ 男性は食料雑貨類を抱えている

The man is ________ ________.

□ 私は人事部で働いている

I _____ ___ ________.

□ 軽食が皿の上に出されている

________ ____ ________ on plates.

□ 商品の積み荷は明日到着する予定だ

_ ________ ___ ______ will arrive tomorrow.

□ その銀行には100を超える支店がある

The bank ____ _____ ____ ________.

□ その展覧会は11月25日まで続く

The ________ ________ ______ November 25.

□ 男性は燃料を注いでいる

The man is ________ _____.

Day 29 名詞16

Check 1 Word 》MP3-085

音声を聞いて、単語の発音と太字の意味をセットで覚えよう。
余裕があれば、太字以外の意味や派生語もチェック！

Check 2 Phrase 》MP3-086

音声と同じようにフレーズを読もう。
一緒に使われている単語にも注意！

Check 1	意味	Check 2
□ 225 **laboratory** /lǽbərətɔ̀:ri/ Part 2, 3	名**実験室**[所]、研究室[所]	□ laboratory equipment (実験室の装置)
□ 226 **quarter** /kwɔ́:rtər/ Part 7	名❶**四半期** ❷15分 ❸4分の1	□ the second quarter (第2四半期)
□ 227 **bid** /bíd/ Part 4	名❶**入札** ❷企て、試み 動入札する	□ make a bid (入札する)
□ 228 **deadline** /dédlàin/ Part 2, 3	名**締め切り**(時間)、最終期限	□ set a deadline (締め切りを設定する)
□ 229 **manufacturer** /mæ̀njufǽktʃərər/ Part 7	名**製造会社**、メーカー 動manufacture：～を製造[生産]する	□ a clothing manufacturer (衣料品製造会社)
□ 230 **rent** /rént/ Part 2, 3	名**賃貸**[使用]**料** 動～を賃借りする	□ a fair rent (適正な賃貸料)
□ 231 **tour** /túər/ Part 4	名❶**視察**、見学 ❷旅行 動❶旅行する ❷～を見学する 名tourist：旅行者、観光客 名tourism：観光業	□ go on a tour (視察に出かける)
□ 232 **workshop** /wə́:rkʃɑ̀p/ Part 2, 3	名❶**研修**[講習]**会** ❷作業場	□ a skills workshop (技能研修会)

Day 28 》MP3-082 Quick Review

答えは右ページ下

□ 会計士　□ 人事部　□ 積み荷　□ 展覧会
□ 食料雑貨類　□ 軽食　□ 支店　□ 燃料

今日から『改訂版キクタンTOEIC TEST SCORE 500』は後半戦に突入! 計画通りに学習は進んでる?

Word & Phrase
- □ 聞くだけモードlevel 1　Check 1
- □ 聞くだけモードlevel 2　Check 1 ▸2
- □ 聞く&書くモードlevel 1　Check 1 ▸2 ▸3

Check 3 Word & Phrase 》MP3-085 & 086

日本語の意味になるように空欄に単語を書き込もう。
フレーズまで書き込めたら、Check 1とCheck 2の音声を聞いて答えを確認しよう。

実験室 l______	▸	□ 実験室の装置 ______ ______
四半期 q______	▸	□ 第2四半期 ___ ______ ______
入札 b______	▸	□ 入札する ______ _ ______
締め切り d______	▸	□ 締め切りを設定する ___ _ ______
製造会社 m______	▸	□ 衣料品製造会社 _ ______ ______
賃貸料 r______	▸	□ 適正な賃貸料 _ ______ ______
視察 t______	▸	□ 視察に出かける ___ ___ _ ______
研修会 w______	▸	□ 技能研修会 _ ______ ______

Day 28 》MP3-082 **Quick Review**　答えは左ページ下

□ accountant	□ personnel	□ shipment	□ exhibition
□ grocery	□ refreshment	□ branch	□ fuel

Check 4 Sentence » MP3-087

Check 1～3で学習した語を含むセンテンスを聞いて、意味を確認しよう。
その後にもう一度音声を聞いて、そっくりにまねするつもりで音読してみよう。

□ 225
She is an assistant at the laboratory.
（彼女はその実験室の助手だ）

□ 226
Our sales have fallen for two straight quarters.
（当社の売り上げは2四半期連続で落ちている）

□ 227
The highest bid was $2 million.
（最高入札は200万ドルだった）

□ 228
Don't miss the deadline.
（締め切りに遅れないでください）

□ 229
He works for a glass manufacturer.
（彼はガラス製造会社に勤務している）

□ 230
How much is the rent for this apartment?
（このアパートの賃貸料はいくらですか？）

□ 231
The factory tour starts at 10 a.m.
（その工場の視察は午前10時に始まる）

□ 232
Did you attend the workshop?
（その研修会に出席しましたか？）

Sentence
□ 聞くだけモードlevel 3　Check 1 ▶2 ▶4
□ 聞く&書くモードlevel 2　Check 1 ▶2 ▶3 ▶4 ▶5

Check 5 Sentence 》MP3-087

日本語の意味になるように空欄に単語を書き込もう。
分からなかったら、音声を聞きながら記入してもOK。

□ 彼女はその実験室の助手だ

She is an ______ __ __ ______.

□ 当社の売り上げは2四半期連続で落ちている

Our sales have fallen __ __ ______ ______.

□ 最高入札は200万ドルだった

__ ______ __ was $2 million.

□ 締め切りに遅れないでください

Don't ___ __ ______.

□ 彼はガラス製造会社に勤務している

He works for a ___ ________.

□ このアパートの賃貸料はいくらですか?

How much is the ___ __ ___ ______?

□ その工場の視察は午前10時に始まる

The ______ ___ _____ at 10 a.m.

□ その研修会に出席しましたか?

Did you _____ __ ______?

CHAPTER 1
CHAPTER 2
CHAPTER 3
CHAPTER 4
CHAPTER 5
CHAPTER 6
CHAPTER 7

Day 30 名詞17

Check 1 Word MP3-088

音声を聞いて、単語の発音と太字の意味をセットで覚えよう。
余裕があれば、太字以外の意味や派生語もチェック！

Check 2 Phrase MP3-089

音声と同じようにフレーズを読もう。
一緒に使われている単語にも注意！

Check 1 Word	意味	Check 2 Phrase
□ 233 **analysis** /ənǽləsis/ Part 5, 6	名**分析** 動analyze：～を分析する 名analyst：分析家、アナリスト	□ carry out an analysis（分析を行う）
□ 234 **description** /diskrípʃən/ Part 5, 6	名**描写**、説明、記述 動describe：～を描写[説明]する	□ give a description（描写する）
□ 235 **resident** /rézədənt/ Part 2, 3	名**居住者**、在住者 名residence：❶居住 ❷住宅 形residential：住宅[居住]の	□ residents of the apartment（そのアパートの居住者）
□ 236 **authority** /əθɔ́:rəti/ Part 5, 6	名❶**権威**、権力 ❷権限 ❸（the ～ies）当局 動authorize：～を認可する 名authorization：認可	□ speak with authority（権威を持って話す）
□ 237 **coworker** /kóuwə̀:rkər/ Part 2, 3	名**同僚**	□ a coworker at the office（職場の同僚）
□ 238 **detour** /dí:tuər/ ❶発音 Part 4	名**迂回路**、回り道	□ set up a detour（迂回路を設ける）
□ 239 **drawer** /drɔ́:r/ Part 1	名**引き出し** 動draw：～を引く	□ a desk drawer（机の引き出し）
□ 240 **pharmacy** /fɑ́:rməsi/ Part 2, 3	名**薬局** 名pharmacist：薬剤師	□ stop by a pharmacy（薬局に立ち寄る）

Day 29 MP3-085 Quick Review 答えは右ページ下

□ 実験室　□ 入札　□ 製造会社　□ 視察
□ 四半期　□ 締め切り　□ 賃貸料　□ 研修会

チャンツを聞く際には、「英語→日本語→英語」の2回目の「英語」の部分で声に出して読んでみよう。

Word & Phrase
□ 聞くだけモードlevel 1　Check 1
□ 聞くだけモードlevel 2　Check 1 ▸2
□ 聞く＆書くモードlevel 1　Check 1 ▸2 ▸3

Check 3 Word & Phrase MP3-088 & 089

日本語の意味になるように空欄に単語を書き込もう。
フレーズまで書き込めたら、Check 1とCheck 2の音声を聞いて答えを確認しよう。

分析 a______	▸	□ 分析を行う ______ ______ ___ ______
描写 d______	▸	□ 描写する ______ _ ______
居住者 r______	▸	□ そのアパートの居住者 ______ ___ ___ ______
権威 a______	▸	□ 権威を持って話す ______ ______ ______
同僚 c______	▸	□ 職場の同僚 _ ______ ___ ___ ______
迂回路 d______	▸	□ 迂回路を設ける ______ ___ _ ______
引き出し d______	▸	□ 机の引き出し _ ______ ______
薬局 p______	▸	□ 薬局に立ち寄る ______ ___ _ ______

Day 29 MP3-085 **Quick Review** 答えは左ページ下

□ laboratory □ bid □ manufacturer □ tour
□ quarter □ deadline □ rent □ workshop

Check 4 Sentence 》MP3-090

Check 1～3で学習した語を含むセンテンスを聞いて、意味を確認しよう。
その後にもう一度音声を聞いて、そっくりにまねするつもりで音読してみよう。

□ 233
The analysis of the data was difficult.
（そのデータの分析は難しかった）

□ 234
Her powers of description are amazing.
（彼女の描写力は素晴らしい）

□ 235
Most residents oppose the plan.
（ほとんどの居住者はその計画に反対している）

□ 236
Mr. Smith is in a position of authority.
（スミス氏は権威ある職に就いている）

□ 237
Do you get along with your coworkers?
（あなたは同僚たちと仲がいいですか？）

□ 238
I had to take a detour to get there.
（私はそこへ行くために迂回しなければならなかった）

□ 239
The drawer is full of clothes.
（引き出しは服でいっぱいになっている）

□ 240
Is there a pharmacy nearby?
（近くに薬局はありますか？）

Sentence
☐ 聞くだけモードlevel 3　Check 1 ▶2 ▶4
☐ 聞く&書くモードlevel 2　Check 1 ▶2 ▶3 ▶4 ▶5

Check 5 Sentence 》MP3-090

日本語の意味になるように空欄に単語を書き込もう。
分からなかったら、音声を聞きながら記入してもOK。

☐ そのデータの分析は難しかった

The ________ __ ___ ____ was difficult.

☐ 彼女の描写力は素晴らしい

Her ______ __ __________ are amazing.

☐ ほとんどの居住者はその計画に反対している

____ ________ ______ the plan.

☐ スミス氏は権威ある職に就いている

Mr. Smith is in _ ________ __ ________.

☐ あなたは同僚たちと仲がいいですか？

Do you get _____ ____ ____ ________?

☐ 私はそこへ行くために迂回しなければならなかった

I had to ____ _ ______ to get there.

☐ 引き出しは服でいっぱいになっている

The ______ __ ____ __ clothes.

☐ 近くに薬局はありますか？

Is there a ________ ______?

Day 31 名詞18

Check 1 Word 》MP3-091

音声を聞いて、単語の発音と太字の意味をセットで覚えよう。
余裕があれば、太字以外の意味や派生語もチェック！

Check 2 Phrase 》MP3-092

音声と同じようにフレーズを読もう。
一緒に使われている単語にも注意！

Check 1		Check 2
□ 241 **article** /ɑ́:rtikl/ Part 5, 6	名 ❶**品物**、物品 ❷記事 ❸条項	□ useful articles (役に立つ品物)
□ 242 **fee** /fí:/ Part 2, 3	名 **料金**	□ an extra fee (追加料金)
□ 243 **material** /mətíəriəl/ Part 7	名 ❶**材料**、原料 ❷生地 ❸資料 形 物質の、物質的な	□ raw materials (原材料)
□ 244 **product** /prɑ́dʌkt/ ❶アクセント Part 2, 3	名 **製品** 動 produce：～を生産[製造]する 名 production：製造、生産	□ launch a new product (新製品を売り出す)
□ 245 **audit** /ɔ́:dit/ Part 7	名 **監査**、会計検査 動 (会計・帳簿)を検査する 名 auditor：監査役、会計検査官	□ an audit committee (監査委員会)
□ 246 **auditor** /ɔ́:dətər/ Part 5, 6	名 **監査役**、会計検査官 名 audit：監査、会計検査 動 audit：(会計・帳簿)を検査する	□ a full-time auditor (常勤監査役)
□ 247 **clerk** /klə́:rk/ Part 2, 3	名 ❶**事務員** ❷店員	□ a female clerk (女性事務員)
□ 248 **compromise** /kɑ́mprəmàiz/ ❶アクセント Part 5, 6	名 **妥協**、歩み寄り 動 妥協する	□ make compromises (妥協する)

Day 30 》MP3-088 **Quick Review** 答えは右ページ下

□ 分析　□ 居住者　□ 同僚　□ 引き出し
□ 描写　□ 権威　□ 迂回路　□ 薬局

単語が難しくなればなるほど、「繰り返し」の学習が大切。2度、3度と語彙に触れる回数を増やそう。

Word & Phrase
- □ 聞くだけモードlevel 1　Check 1
- □ 聞くだけモードlevel 2　Check 1 ▶ 2
- □ 聞く&書くモードlevel 1　Check 1 ▶ 2 ▶ 3

Check 3 Word & Phrase 》MP3-091 & 092

日本語の意味になるように空欄に単語を書き込もう。
フレーズまで書き込めたら、Check 1とCheck 2の音声を聞いて答えを確認しよう。

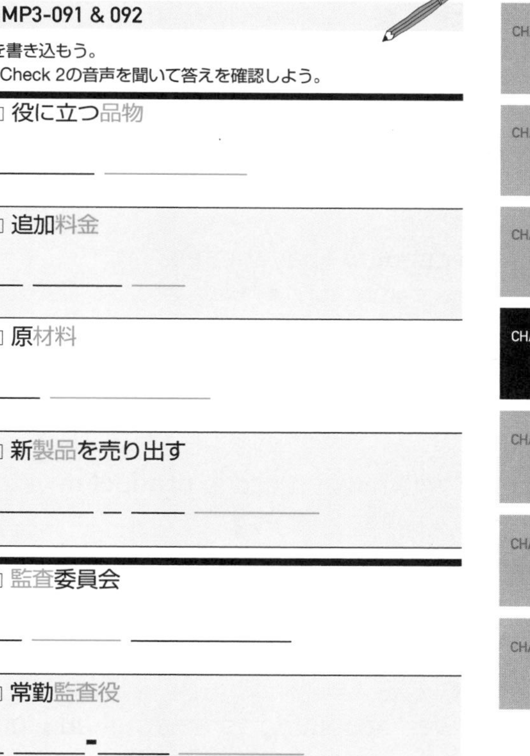

品物 a ______	▶	□ 役に立つ品物 ______ ______
料金 f ______	▶	□ 追加料金 ___ ______ ___
材料 m ______	▶	□ 原材料 ___ ______
製品 p ______	▶	□ 新製品を売り出す ______ _ ___ ______
監査 a ______	▶	□ 監査委員会 ___ ______ ______
監査役 a ______	▶	□ 常勤監査役 _ ______-______ ______
事務員 c ______	▶	□ 女性事務員 _ ______ ______
妥協 c ______	▶	□ 妥協する ___ ______

Day 30 》MP3-088　Quick Review　答えは左ページ下

- □ analysis
- □ description
- □ resident
- □ authority
- □ coworker
- □ detour
- □ drawer
- □ pharmacy

Check 4 Sentence 》 MP3-093

Check 1～3で学習した語を含むセンテンスを聞いて、意味を確認しよう。
その後にもう一度音声を聞いて、そっくりにまねするつもりで音読してみよう。

□ 241
Do not leave any articles in the car.
(車内にはいかなる品物も置いて行かないでください)

□ 242
How should I pay the fee?
(料金はどうやって払えばいいですか?)

□ 243
The cost of materials has risen steadily.
(原料価格が徐々に高くなっている)

□ 244
We will invest more in product development.
(私たちは製品開発により多くを投資する予定だ)

□ 245
We conducted our annual audit.
(私たちは年次監査を行った)

□ 246
He was appointed as external auditor.
(彼は外部監査役に任命された)

□ 247
She works as a clerk at the firm.
(彼女はその会社で事務員として働いている)

□ 248
The two companies reached a compromise.
(両社は妥協に至った)

Sentence
□ 聞くだけモードlevel 3　Check 1 ▶2 ▶4
□ 聞く＆書くモードlevel 2　Check 1 ▶2 ▶3 ▶4 ▶5

Check 5 Sentence 》MP3-093

日本語の意味になるように空欄に単語を書き込もう。
分からなかったら、音声を聞きながら記入してもOK。

□ 車内にはいかなる品物も置いて行かないでください

Do not _______ ____ ___________ in the car.

□ 料金はどうやって払えばいいですか？

How should I ____ ____ ____?

□ 原料価格が徐々に高くなっている

The _____ __ ____________ has risen steadily.

□ 私たちは製品開発により多くを投資する予定だ

We will invest _____ ___ _________ _____________.

□ 私たちは年次監査を行った

We ____________ ____ ________ _______.

□ 彼は外部監査役に任命された

He was ____________ ___ ___________ _________.

□ 彼女はその会社で事務員として働いている

She _______ ___ _ _______ at the firm.

□ 両社は妥協に至った

The two companies _________ _ _____________.

Day 32 名詞19

Check 1 Word 》MP3-094

音声を聞いて、単語の発音と太字の意味をセットで覚えよう。
余裕があれば、太字以外の意味や派生語もチェック！

Check 2 Phrase 》MP3-095

音声と同じようにフレーズを読もう。
一緒に使われている単語にも注意！

Check 1 Word	意味	Check 2 Phrase
□ 249 **detail** /dí:teil/ Part 2, 3	名❶(～s)**詳細** ❷細部 形detailed：詳細な	□ further details (さらなる詳細)
□ 250 **negotiation** /nigòuʃiéiʃən/ Part 5, 6	名**交渉**、話し合い 動negotiate：交渉する	□ wage negotiations (賃金交渉)
□ 251 **recipient** /risípiənt/ Part 7	名**受取人**、受領者	□ the recipient's address (受取人の住所)
□ 252 **routine** /ru:tí:n/ Part 2, 3	名❶**決まりきった仕事**、日課 ❷いつもの手順 形いつもの、日常の	□ get out of a routine (決まりきった仕事から逃れる)
□ 253 **consent** /kənsént/ Part 7	名**同意**、許可 動同意する	□ give consent (同意する)
□ 254 **crop** /kráp/ Part 1	名**農作物**	□ harvest a crop (農作物を収穫する)
□ 255 **obligation** /àbləgéiʃən/ Part 5, 6	名**義務**、責任	□ a legal obligation (法的義務)
□ 256 **precaution** /prikɔ́:ʃən/ Part 7	名**予防策**[措置]、用心	□ a wise precaution (賢明な予防策)

Day 31 》MP3-091 Quick Review

答えは右ページ下

□ 品物 □ 料金 □ 材料 □ 製品 □ 監査 □ 監査役 □ 事務員 □ 妥協

Check 2、4の英語をシートで隠して、抜けている単語がすぐに浮かぶかチェック!

Word & Phrase
- □ 聞くだけモードlevel 1　Check 1
- □ 聞くだけモードlevel 2　Check 1 ▸ 2
- □ 聞く＆書くモードlevel 1　Check 1 ▸ 2 ▸ 3

Check 3 Word & Phrase 》MP3-094 & 095

日本語の意味になるように空欄に単語を書き込もう。
フレーズまで書き込めたら、Check 1とCheck 2の音声を聞いて答えを確認しよう。

詳細 d______	▸	□ さらなる詳細 ______ ______
交渉 n______	▸	□ 賃金交渉 ______ ______
受取人 r______	▸	□ 受取人の住所 ______ ______ ______
決まりきった仕事 r______	▸	□ 決まりきった仕事から逃れる ______ ______ ______ __ ______
同意 c______	▸	□ 同意する ______ ______
農作物 c______	▸	□ 農作物を収穫する ______ __ ______
義務 o______	▸	□ 法的義務 __ ______ ______
予防策 p______	▸	□ 賢明な予防策 __ ______ ______

CHAPTER 1 CHAPTER 2 CHAPTER 3 CHAPTER 4 CHAPTER 5 CHAPTER 6 CHAPTER 7

Day 31 》MP3-091 Quick Review

答えは左ページ下

- □ article
- □ fee
- □ material
- □ product
- □ audit
- □ auditor
- □ clerk
- □ compromise

Check 4 Sentence MP3-096

Check 1～3で学習した語を含むセンテンスを聞いて、意味を確認しよう。
その後にもう一度音声を聞いて、そっくりにまねするつもりで音読してみよう。

□ 249

Let's discuss the details tomorrow.

（詳細については明日話し合いましょう）

□ 250

The two banks entered into negotiations.

（両行は交渉を開始した）

□ 251

Make sure the recipient's name is correct.

（受取人の名前が正しいか確かめてください）

□ 252

I want a break from everyday routines.

（私は毎日の決まりきった仕事から一休みしたい）

□ 253

The written consent of both parents is required.

（書面による両親の同意が必要だ）

□ 254

People are picking crops.

（人々は農作物を摘んでいる）

□ 255

We have an obligation to our clients.

（私たちには顧客に対する義務がある）

□ 256

We have to take precautions against disasters.

（私たちは災害に対する予防策を講じなければならない）

Sentence
□ 聞くだけモードlevel 3　Check 1 ▸2 ▸4
□ 聞く&書くモードlevel 2　Check 1 ▸2 ▸3 ▸4 ▸5

Check 5 Sentence 》MP3-096

日本語の意味になるように空欄に単語を書き込もう。
分からなかったら、音声を聞きながら記入してもOK。

□ 詳細については明日話し合いましょう

Let's ________ ____ ________ tomorrow.

□ 両行は交渉を開始した

The two banks ________ _____ ______________.

□ 受取人の名前が正しいか確かめてください

Make sure the ____________ _____ __ ________.

□ 私は毎日の決まりきった仕事から一休みしたい

I want a ______ _____ _________ _________.

□ 書面による両親の同意が必要だ

The ________ ________ __ both parents is required.

□ 人々は農作物を摘んでいる

People are ________ ______.

□ 私たちには顧客に対する義務がある

We _____ __ ___________ __ our clients.

□ 私たちは災害に対する予防策を講じなければならない

We have to _____ ____________ ________ disasters.

Day 33 名詞20

Check 1 Word MP3-097

音声を聞いて、単語の発音と太字の意味をセットで覚えよう。
余裕があれば、太字以外の意味や派生語もチェック！

Check 2 Phrase MP3-098

音声と同じようにフレーズを読もう。
一緒に使われている単語にも注意！

Check 1 Word	意味	Check 2 Phrase
□ 257 **reputation** /rèpjutéiʃən/ Part 7	名❶**評判** ❷名声	□ earn a good reputation（よい評判を得る）
□ 258 **amendment** /əméndmənt/ Part 5, 6	名**修正**［改正］（案） 動amend：～を修正［改正］する	□ propose an amendment（修正を提案する）
□ 259 **assignment** /əsáinmənt/ Part 7	名❶**任務** ❷宿題 動assign：～を任命する	□ on assignment（任務中に）
□ 260 **client** /kláiənt/ Part 2, 3	名**顧客**、依頼人	□ an important client（重要な顧客）
□ 261 **fine** /fáin/ Part 2, 3	名**罰金** 動～に罰金を科する	□ a $500 fine（500ドルの罰金）
□ 262 **mechanic** /mikǽnik/ Part 2, 3	名**整備士**、修理工 形mechanical：機械（上）の	□ a skilled mechanic（熟練した整備士）
□ 263 **neighborhood** /néibərhùd/ Part 2, 3	名❶**地域** ❷近所 名neighbor：近所の人	□ a quiet neighborhood（閑静な地域）
□ 264 **promotion** /prəmóuʃən/ Part 2, 3	名❶**昇進** ❷販売促進 動promote：❶～を昇進させる ❷～の販売を促進する	□ promotion prospects（昇進の見込み）

Day 32 MP3-094 Quick Review

答えは右ページ下

□ 詳細
□ 交渉
□ 受取人
□ 決まりきった仕事
□ 同意
□ 農作物
□ 義務
□ 予防策

「細切れ時間」を有効活用してる?いつでもどこでもテキストとチャンツを持ち歩いて、単語に触れよう!

Word & Phrase
- □ 聞くだけモードlevel 1　Check 1
- □ 聞くだけモードlevel 2　Check 1 ▶2
- □ 聞く&書くモードlevel 1　Check 1 ▶2 ▶3

Check 3 Word & Phrase 》MP3-097 & 098

日本語の意味になるように空欄に単語を書き込もう。
フレーズまで書き込めたら、Check 1とCheck 2の音声を聞いて答えを確認しよう。

評判 r	▶	□ よい評判を得る
修正 a	▶	□ 修正を提案する
任務 a	▶	□ 任務中に
顧客 c	▶	□ 重要な顧客
罰金 f	▶	□ 500ドルの罰金
整備士 m	▶	□ 熟練した整備士
地域 n	▶	□ 閑静な地域
昇進 p	▶	□ 昇進の見込み

Day 32 》MP3-094 **Quick Review**　答えは左ページ下

- □ detail
- □ negotiation
- □ recipient
- □ routine
- □ consent
- □ crop
- □ obligation
- □ precaution

Check 4 Sentence 》 MP3-099

Check 1～3で学習した語を含むセンテンスを聞いて、意味を確認しよう。
その後にもう一度音声を聞いて、そっくりにまねするつもりで音読してみよう。

□ 257
The manufacturer has an excellent reputation.
(その製造会社は素晴らしい評判を得ている)

□ 258
She made some amendments to her report.
(彼女は報告書にいくつか修正を加えた)

□ 259
He found the assignment difficult.
(彼はその任務を難しいと思った)

□ 260
How did the meeting with the client go?
(その顧客との会議はどうでしたか?)

□ 261
I paid a fine for illegal parking.
(私は違法駐車で罰金を払った)

□ 262
He works as a car mechanic.
(彼は自動車整備士として働いている)

□ 263
My wife and I grew up in the same neighborhood.
(妻と私は同じ地域で育った)

□ 264
Did you hear Jenny got a promotion?
(ジェニーが昇進したことを聞きましたか?)

Sentence
□ 聞くだけモードlevel 3　Check 1 ▸ 2 ▸ 4
□ 聞く＆書くモードlevel 2　Check 1 ▸ 2 ▸ 3 ▸ 4 ▸ 5

Check 5 Sentence 》MP3-099

日本語の意味になるように空欄に単語を書き込もう。
分からなかったら、音声を聞きながら記入してもOK。

□ その製造会社は素晴らしい評判を得ている

The manufacturer ____ ___ ____________ ____________.

□ 彼女は報告書にいくつか修正を加えた

She _____ _____ ____________ ___ her report.

□ 彼はその任務を難しいと思った

He _______ ____ ____________ ____________.

□ その顧客との会議はどうでしたか？

How did the _________ _____ ____ ________ go?

□ 私は違法駐車で罰金を払った

I _____ _ _____ ____ illegal parking.

□ 彼は自動車整備士として働いている

He works ___ _ ____ __________.

□ 妻と私は同じ地域で育った

My wife and I grew up in ____ _____ ______________.

□ ジェニーが昇進したことを聞きましたか？

Did you hear Jenny ____ _ __________?

Day 34 名詞21

Check 1 Word 》MP3-100

音声を聞いて、単語の発音と太字の意味をセットで覚えよう。
余裕があれば、太字以外の意味や派生語もチェック！

Check 2 Phrase 》MP3-101

音声と同じようにフレーズを読もう。
一緒に使われている単語にも注意！

Check 1 Word	意味	Check 2 Phrase
□ 265 **token** /tóukən/ Part 4	名❶**印** ❷代用硬貨、トークン	□ a token of friendship（友情の印）
□ 266 **workplace** /wə́:rkplèis/ Part 2, 3	名**職場**、仕事場	□ a comfortable workplace（快適な職場）
□ 267 **audience** /ɔ́:diəns/ Part 1	名（集合的に）**聴衆**、観衆	□ speak to an audience（聴衆に講演する）
□ 268 **expansion** /ikspǽnʃən/ Part 5, 6	名**拡大**、拡張 動expand：❶～を拡大[拡張]する ❷拡大[拡張]する	□ economic expansion（景気拡大）
□ 269 **masterpiece** /mǽstərpì:s/ Part 4	名（最高）**傑作**、代表作	□ create a masterpiece（傑作を生み出す）
□ 270 **option** /ápʃən/ Part 4	名**選択**、選択肢	□ a range of options（選択の範囲）
□ 271 **raise** /réiz/ Part 2, 3	名**賃上げ**、昇給 動～を上げる	□ a 2 percent raise（2パーセントの賃上げ）
□ 272 **storage** /stɔ́:ridʒ/ Part 7	名**保管**、貯蔵 名store：❶蓄え ❷店 動store：❶～をしまい込む ❷～を蓄える	□ a storage facility（保管施設）

Day 33 》MP3-097 Quick Review

答えは右ページ下

□ 評判　□ 任務　□ 罰金　□ 地域
□ 修正　□ 顧客　□ 整備士　□ 昇進

単語をなかなか覚えられないときこそ「音読」をしよう。少し遠回りのようでも、実はそれが英語習得の近道!

Word & Phrase
- □ 聞くだけモードlevel 1　Check 1
- □ 聞くだけモードlevel 2　Check 1 ▸ 2
- □ 聞く&書くモードlevel 1　Check 1 ▸ 2 ▸ 3

Check 3 Word & Phrase 》 MP3-100 & 101

日本語の意味になるように空欄に単語を書き込もう。
フレーズまで書き込めたら、Check 1とCheck 2の音声を聞いて答えを確認しよう。

印 t ____	▸	□ 友情の印 _ ____ ___ ________
職場 w ____	▸	□ 快適な職場 _ ________ ______
聴衆 a ____	▸	□ 聴衆に講演する ____ ___ ___ ______
拡大 e ____	▸	□ 景気拡大 ______ ______
傑作 m ____	▸	□ 傑作を生み出す _____ _ ________
選択 o ____	▸	□ 選択の範囲 _ _____ ___ _____
賃上げ r ____	▸	□ 2パーセントの賃上げ _ _ ______ ____
保管 s ____	▸	□ 保管施設 _ _____ ______

Day 33 》MP3-097 **Quick Review** 　答えは左ページ下

- □ reputation
- □ amendment
- □ assignment
- □ client
- □ fine
- □ mechanic
- □ neighborhood
- □ promotion

Check 4 Sentence 》MP3-102

Check 1～3で学習した語を含むセンテンスを聞いて、意味を確認しよう。
その後にもう一度音声を聞いて、そっくりにまねするつもりで音読してみよう。

□ 265
Please accept this as a token of my apology.
（おわびの印として、これをお受け取りください）

□ 266
Smoking is prohibited in the workplace.
（職場では喫煙は禁じられている）

□ 267
The audience fills the hall.
（聴衆がホールを埋め尽くしている）

□ 268
The company has room for expansion.
（その会社は拡大の余地がある）

□ 269
This portrait is one of his masterpieces.
（この肖像画は彼の傑作の1つだ）

□ 270
The best option was to cancel the event.
（最善の選択はそのイベントを中止することだった）

□ 271
I asked my boss for a raise.
（私は上司に賃上げを求めた）

□ 272
We need more storage space.
（私たちにはより多くの保管スペースが必要だ）

Sentence
☐ 聞くだけモードlevel 3　Check 1 ▸2 ▸4
☐ 聞く&書くモードlevel 2　Check 1 ▸2 ▸3 ▸4 ▸5

Check 5 Sentence 》MP3-102

日本語の意味になるように空欄に単語を書き込もう。
分からなかったら、音声を聞きながら記入してもOK。

☐ おわびの印として、これをお受け取りください

Please accept this ___ _ _______ ___ my apology.

☐ 職場では喫煙は禁じられている

Smoking is _____________ ___ ____ ____________.

☐ 聴衆がホールを埋め尽くしている

The ___________ _______ the hall.

☐ その会社は拡大の余地がある

The company has _____ ____ ___________.

☐ この肖像画は彼の傑作の1つだ

This portrait is ____ ___ ____ _______________.

☐ 最善の選択はそのイベントを中止することだった

____ _____ ________ was to cancel the event.

☐ 私は上司に賃上げを求めた

I asked my boss ____ _ _______.

☐ 私たちにはより多くの保管スペースが必要だ

We need _____ _________ _______.

Day 35 名詞22

Check 1 Word 》MP3-103

音声を聞いて、単語の発音と太字の意味をセットで覚えよう。
余裕があれば、太字以外の意味や派生語もチェック！

Check 2 Phrase 》MP3-104

音声と同じようにフレーズを読もう。
一緒に使われている単語にも注意！

Word	意味	Phrase
□ 273 **amount** /əmáunt/ Part 2, 3	名**量**、額	□ huge amounts of data（大量のデータ）
□ 274 **belonging** /bilɔ́:ŋiŋ/ Part 7	名（～s）**所持品**、所有物 動belong：（belong toで）❶～に所属する　❷～のものである	□ have few belongings（所持品がほとんどない）
□ 275 **investment** /invéstmənt/ Part 4	名**投資**、出資 動invest：～を投資する 名investor：投資家	□ make an investment（投資をする）
□ 276 **reception** /risépʃən/ Part 2, 3	名**歓迎会**、宴会 名receptionist：（会社などの）受付係	□ give a reception（歓迎会を催す）
□ 277 **receptionist** /risépʃənist/ Part 2, 3	名（会社などの）**受付係** 名reception：歓迎会、宴会	□ a bank receptionist（銀行の受付係）
□ 278 **region** /rí:dʒən/ Part 4	名**地域**、地方 形regional：地域の、地方の	□ coastal regions（沿岸地域）
□ 279 **site** /sáit/ Part 1	名❶（建物などの）**場所**、位置　❷現場　❸（インターネットの）サイト	□ a garbage collection site（ごみ収集場所）
□ 280 **attention** /əténʃən/ Part 4	名**注意**	□ close attention（細心の注意）

Day 34 》MP3-100 **Quick Review** 答えは右ページ下

□ 印　□ 聴衆　□ 傑作　□ 賃上げ
□ 職場　□ 拡大　□ 選択　□ 保管

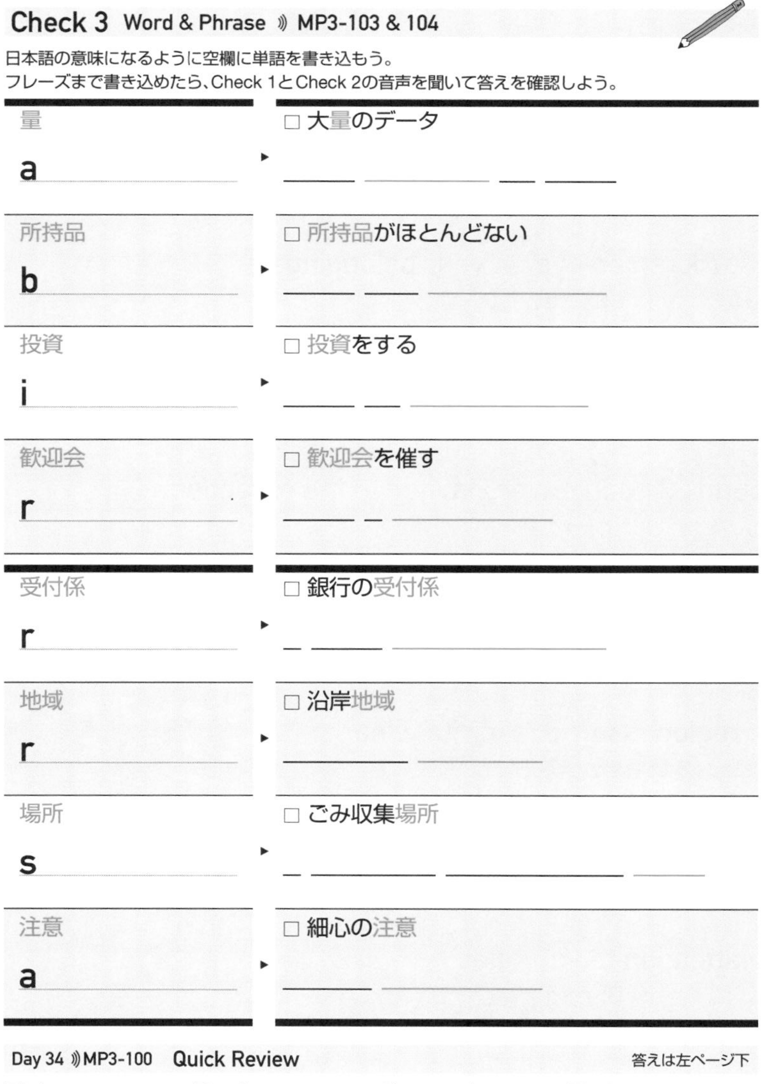

Word & Phrase
☐ 聞くだけモードlevel 1　Check 1
☐ 聞くだけモードlevel 2　Check 1 ▸2
☐ 聞く&書くモードlevel 1　Check 1 ▸2 ▸3

Check 3 Word & Phrase 》MP3-103 & 104

日本語の意味になるように空欄に単語を書き込もう。
フレーズまで書き込めたら、Check 1とCheck 2の音声を聞いて答えを確認しよう。

語		フレーズ
量 a____	▸	☐ 大量のデータ ____ ____ ____ ____
所持品 b____	▸	☐ 所持品がほとんどない ____ ____ ____
投資 i____	▸	☐ 投資をする ____ ____ ____
歓迎会 r____	▸	☐ 歓迎会を催す ____ ____ ____
受付係 r____	▸	☐ 銀行の受付係 ____ ____ ____
地域 r____	▸	☐ 沿岸地域 ____ ____
場所 s____	▸	☐ ごみ収集場所 ____ ____ ____ ____
注意 a____	▸	☐ 細心の注意 ____ ____

Day 34 》MP3-100 Quick Review

答えは左ページ下

☐ token　☐ audience　☐ masterpiece　☐ raise
☐ workplace　☐ expansion　☐ option　☐ storage

Check 4 Sentence ») MP3-105

Check 1～3で学習した語を含むセンテンスを聞いて、意味を確認しよう。
その後にもう一度音声を聞いて、そっくりにまねするつもりで音読してみよう。

□ 273
You should cut the amount of salt in your diet.
(あなたは食事中の塩分量を減らしたほうがいい)

□ 274
Please keep an eye on your belongings.
(所持品から目を離さないでください)

□ 275
Investment in education is very important.
(教育への投資は非常に重要だ)

□ 276
Around 80 people were invited to the reception.
(約80人がその歓迎会に招待された)

□ 277
Let's ask the receptionist for advice.
(受付係に助言を求めましょう)

□ 278
The region is famous for its wine.
(その地域はワインで有名だ)

□ 279
Some tents are set up at the site.
(いくつかのテントがその場所に立てられている)

□ 280
Pay attention to your diet.
(食事に注意を払ってください)

Sentence
□ 聞くだけモードlevel 3　Check 1 ▸ 2 ▸ 4
□ 聞く＆書くモードlevel 2　Check 1 ▸ 2 ▸ 3 ▸ 4 ▸ 5

Check 5 Sentence 》MP3-105

日本語の意味になるように空欄に単語を書き込もう。
分からなかったら、音声を聞きながら記入してもOK。

□ あなたは食事中の塩分量を減らしたほうがいい

You should ____ ____ ________ of salt in your diet.

□ 所持品から目を離さないでください

Please keep an ____ __ _____ ____________.

□ 教育への投資は非常に重要だ

____________ __ ____________ is very important.

□ 約80人がその歓迎会に招待された

Around 80 people were _________ __ ___ ___________.

□ 受付係に助言を求めましょう

Let's ____ ____ ________________ ____ advice.

□ その地域はワインで有名だ

The ________ __ ________ ____ its wine.

□ いくつかのテントがその場所に立てられている

Some tents are set up __ ____ _____.

□ 食事に注意を払ってください

____ ____________ __ your diet.

Day 36 名詞23

Check 1 Word 》MP3-106

音声を聞いて、単語の発音と太字の意味をセットで覚えよう。
余裕があれば、太字以外の意味や派生語もチェック！

Check 2 Phrase 》MP3-107

音声と同じようにフレーズを読もう。
一緒に使われている単語にも注意！

Check 1		Check 2
□ 281 **attire** /ətáiər/ Part 7	名**服装**、衣装	□ casual attire（カジュアルな服装）
□ 282 **blueprint** /blú:prìnt/ Part 2, 3	名❶**設計図**、図面 ❷計画	□ a detailed blueprint（詳細な設計図）
□ 283 **convention** /kənvénʃən/ Part 2, 3	名❶**代表者会議**［大会］ ❷慣習	□ participate in a convention（代表者会議に参加する）
□ 284 **device** /diváis/ Part 1	名**装置**	□ an electronic device（電子装置）
□ 285 **ladder** /lǽdər/ Part 1	名**はしご**	□ fall off a ladder（はしごから落ちる）
□ 286 **payroll** /péiròul/ Part 7	名**従業員名簿**、給料支払名簿	□ add him to the payroll（彼を従業員名簿に加える）
□ 287 **quantity** /kwántəti/ Part 5, 6	名**数量**、分量	□ shipping quantity（出荷数量）
□ 288 **shelf** /ʃélf/ Part 1	名**棚** ➕複数形はshelves	□ the top shelf（一番上の棚）

Day 35 》MP3-103 **Quick Review** 答えは右ページ下

□ 量 □ 投資 □ 受付係 □ 場所
□ 所持品 □ 歓迎会 □ 地域 □ 注意

携帯プレーヤーなどでチャンツを持ち歩こう！　通勤、散歩中など、語彙に触れる機会はたくさんあるはず！

Word & Phrase
□ 聞くだけモードlevel 1　Check 1
□ 聞くだけモードlevel 2　Check 1 ▸ 2
□ 聞く＆書くモードlevel 1　Check 1 ▸ 2 ▸ 3

Check 3 Word & Phrase MP3-106 & 107

日本語の意味になるように空欄に単語を書き込もう。
フレーズまで書き込めたら、Check 1とCheck 2の音声を聞いて答えを確認しよう。

服装 a	▸	□ カジュアルな服装 ____ ____
設計図 b	▸	□ 詳細な設計図 _ ____ ____
代表者会議 c	▸	□ 代表者会議に参加する ____ __ _ ____
装置 d	▸	□ 電子装置 _ ____ ____
はしご l	▸	□ はしごから落ちる ____ ____ _ ____
従業員名簿 p	▸	□ 彼を従業員名簿に加える ___ ___ __ ___ ____
数量 q	▸	□ 出荷数量 ____ ____
棚 s	▸	□ 一番上の棚 ___ ___ ____

Day 35 MP3-103 Quick Review　答えは左ページ下

□ amount	□ investment	□ receptionist	□ site
□ belonging	□ reception	□ region	□ attention

Check 4 Sentence 》 MP3-108

Check 1～3で学習した語を含むセンテンスを聞いて、意味を確認しよう。
その後にもう一度音声を聞いて、そっくりにまねするつもりで音読してみよう。

□ 281
Jeans are not proper attire for a wedding.
(ジーンズは結婚式にふさわしい服装ではない)

□ 282
Do you have a blueprint of the house?
(その家の設計図を持っていますか?)

□ 283
Are you attending the convention?
(あなたはその代表者会議に出席しますか?)

□ 284
The woman is looking at the device.
(女性は装置を見ている)

□ 285
The man is standing on the ladder.
(男性ははしごに立っている)

□ 286
We have almost 2,200 people on the payroll.
(当社の従業員名簿にはほぼ2200人が載っている)

□ 287
Please select the quantity of your order.
(注文の数量を選んでください)

□ 288
She's arranging books on the shelves.
(彼女は棚の本をきちんと並べている)

Sentence
☐ 聞くだけモードlevel 3　Check 1 ▶2 ▶4
☐ 聞く＆書くモードlevel 2　Check 1 ▶2 ▶3 ▶4 ▶5

Check 5 Sentence 》MP3-108

日本語の意味になるように空欄に単語を書き込もう。
分からなかったら、音声を聞きながら記入してもOK。

☐ ジーンズは結婚式にふさわしい服装ではない

Jeans are not ________ ________ ____ a wedding.

☐ その家の設計図を持っていますか？

Do you have a ____________ ___ ____ _______?

☐ あなたはその代表者会議に出席しますか？

Are you ____________ ____ ______________?

☐ 女性は装置を見ている

The woman is _________ ___ ____ _________.

☐ 男性ははしごに立っている

The man is __________ ___ ____ _________.

☐ 当社の従業員名簿にはほぼ2200人が載っている

We have almost 2,200 people ___ ____ _________.

☐ 注文の数量を選んでください

Please select the __________ ___ _____ ______.

☐ 彼女は棚の本をきちんと並べている

She's arranging ______ ___ ____ _________.

Day 37 名詞24

Check 1 Word MP3-109

音声を聞いて、単語の発音と太字の意味をセットで覚えよう。
余裕があれば、太字以外の意味や派生語もチェック！

Check 2 Phrase MP3-110

音声と同じようにフレーズを読もう。
一緒に使われている単語にも注意！

Check 1 Word	意味	Check 2 Phrase
□ 289 **signature** /sígnətʃər/ Part 2, 3	名**署名**、サイン 動sign：～に署名する 名sign：❶兆候　❷標識	□ collect signatures (署名を集める)
□ 290 **achievement** /ətʃíːvmənt/ Part 7	名❶**業績**　❷達成 動achieve：～を達成する、成し遂げる	□ the greatest achievement (最大の業績)
□ 291 **crew** /krúː/ Part 4	名(集合的に)❶**乗務**[乗組]**員** ❷(労働者の)チーム、班	□ an ambulance crew (救急車の乗務員)
□ 292 **permission** /pərmíʃən/ Part 4	名**許可**、承認 動permit：～を許す、許可する 名permit：許可証	□ official permission (正式な許可)
□ 293 **traffic** /trǽfik/ Part 4	名**交通**(量)	□ traffic congestion (交通渋滞)
□ 294 **access** /ǽkses/ Part 4	名❶**接近**(方法)　❷利用[入手]する権利 動❶～にアクセスする　❷～に接近する	□ refuse access (接近を拒絶する)
□ 295 **account** /əkáunt/ Part 2, 3	名**口座**	□ close an account (口座を閉じる)
□ 296 **flier** /fláiər/ Part 7	名**ちらし**、ビラ　➕flyerとつづることもある	□ hand out fliers (ちらしを配る)

Day 36 MP3-106 **Quick Review** 答えは右ページ下

□ 服装　□ 代表者会議　□ はしご　□ 数量
□ 設計図　□ 装置　□ 従業員名簿　□ 棚

学習語彙を使って話してみよう。今日の出来事を「つぶやく」だけでもOK! 「使う」ことが大切だよ。

Word & Phrase
- □ 聞くだけモードlevel 1　Check 1
- □ 聞くだけモードlevel 2　Check 1 ▶2
- □ 聞く&書くモードlevel 1　Check 1 ▶2 ▶3

Check 3 Word & Phrase 》MP3-109 & 110

日本語の意味になるように空欄に単語を書き込もう。
フレーズまで書き込めたら、Check 1とCheck 2の音声を聞いて答えを確認しよう。

署名 s________	▶	□ 署名を集める ________ ________
業績 a________	▶	□ 最大の業績 ____ ________ ________
乗務員 c________	▶	□ 救急車の乗務員 ___ ________ ____
許可 p________	▶	□ 正式な許可 ________ ________
交通 t________	▶	□ 交通渋滞 ________ ________
接近 a________	▶	□ 接近を拒絶する ________ ______
口座 a________	▶	□ 口座を閉じる ______ ___ ________
ちらし f________	▶	□ ちらしを配る _____ ____ ______

Day 36 》MP3-106 **Quick Review** 答えは左ページ下

- □ attire
- □ blueprint
- □ convention
- □ device
- □ ladder
- □ payroll
- □ quantity
- □ shelf

Check 4 Sentence 》 MP3-111

Check 1〜3で学習した語を含むセンテンスを聞いて、意味を確認しよう。
その後にもう一度音声を聞いて、そっくりにまねするつもりで音読してみよう。

□ 289

I need your signature here.

(ここにあなたの署名が必要です)

□ 290

We are proud of your achievements.

(私たちはあなたの業績を誇りに思っている)

□ 291

The plane had a crew of seven.

(その飛行機には7人の乗務員がいた)

□ 292

You need permission to do that.

(あなたがそれをするには許可が必要だ)

□ 293

The number of traffic accidents fell last year.

(交通事故の数は昨年、減少した)

□ 294

We can't gain access to the area.

(私たちはその地域に接近することはできない)

□ 295

Write down your account number here.

(ここに口座番号を書いてください)

□ 296

Our fliers are also available online.

(当店のちらしはネット上でも入手できます)

Sentence
□ 聞くだけモードlevel 3　Check 1 ▶2 ▶4
□ 聞く＆書くモードlevel 2　Check 1 ▶2 ▶3 ▶4 ▶5

Check 5 Sentence MP3-111

日本語の意味になるように空欄に単語を書き込もう。
分からなかったら、音声を聞きながら記入してもOK。

□ ここにあなたの署名が必要です

I _____ _____ __________ here.

□ 私たちはあなたの業績を誇りに思っている

We are ______ ___ _____ __________.

□ その飛行機には7人の乗務員がいた

The plane ____ _ _____ ___ seven.

□ あなたがそれをするには許可が必要だ

You _____ __________ ___ do that.

□ 交通事故の数は昨年、減少した

The _______ ___ ________ __________ fell last year.

□ 私たちはその地域に接近することはできない

We can't _____ _______ ___ the area.

□ ここに口座番号を書いてください

Write down _____ ________ _______ here.

□ 当店のちらしはネット上でも入手できます

Our _______ ____ _____ __________ online.

Day 38 名詞25

Check 1 Word MP3-112

音声を聞いて、単語の発音と太字の意味をセットで覚えよう。
余裕があれば、太字以外の意味や派生語もチェック！

Check 2 Phrase MP3-113

音声と同じようにフレーズを読もう。
一緒に使われている単語にも注意！

Check 1 Word	意味	Check 2 Phrase
□ 297 **pedestrian** /pədéstriən/ Part 1	名 **歩行者** 形（道路などが）歩行用の	□ a **pedestrians'** paradise（歩行者天国）
□ 298 **performance** /pərfɔ́:rməns/ Part 4	名❶**実績** ❷遂行 ❸演奏、上演 動perform：❶～を遂行する ❷～を演奏[上演]する	□ an impressive **performance**（素晴らしい実績）
□ 299 **specification** /spèsəfikéiʃən/ Part 7	名（通例～s）**仕様書**、設計明細書 形specific：❶特定の ❷明確な	□ draw up **specifications**（仕様書を作成する）
□ 300 **suggestion** /səgdʒéstʃən/ Part 5, 6	名 **提案** 動suggest：～を提案する	□ have a **suggestion**（提案がある）
□ 301 **attitude** /ǽtitjù:d/ Part 2, 3	名❶**態度** ❷姿勢	□ a positive **attitude**（積極的な態度）
□ 302 **dispute** /dispjú:t/ Part 2, 3	名 **論争**、紛争 動❶～に反論する ❷論争[口論]する	□ solutions to the **dispute**（その論争の解決策）
□ 303 **excursion** /ikskə́:rʒən/ Part 7	名 **遠足**、小旅行	□ an **excursion** to Disneyland（ディズニーランドへの遠足）
□ 304 **method** /méθəd/ Part 5, 6	名 **方法**	□ the scientific **method**（科学的方法）

Day 37 MP3-109 Quick Review

答えは右ページ下

□ 署名 □ 乗務員 □ 交通 □ 口座
□ 業績 □ 許可 □ 接近 □ ちらし

音読学習に慣れてきた？　チャンツだけでなく、フレーズ、センテンスの音読も必ずしよう。

Word & Phrase
- □ 聞くだけモードlevel 1　Check 1
- □ 聞くだけモードlevel 2　Check 1 ▸2
- □ 聞く&書くモードlevel 1　Check 1 ▸2 ▸3

Check 3 Word & Phrase 》MP3-112 & 113

日本語の意味になるように空欄に単語を書き込もう。
フレーズまで書き込めたら、Check 1とCheck 2の音声を聞いて答えを確認しよう。

歩行者 p______	▸	□ 歩行者天国 _ ______ ______
実績 p______	▸	□ 素晴らしい実績 __ ______ ______
仕様書 s______	▸	□ 仕様書を作成する ____ __ ______
提案 s______	▸	□ 提案がある ____ _ ______
態度 a______	▸	□ 積極的な態度 _ ______ ______
論争 d______	▸	□ その論争の解決策 ______ __ __ ______
遠足 e______	▸	□ ディズニーランドへの遠足 __ ______ __ ______
方法 m______	▸	□ 科学的方法 __ ______ ______

Day 37 》MP3-109 **Quick Review** 　答えは左ページ下

□ signature	□ crew	□ traffic	□ account
□ achievement	□ permission	□ access	□ flier

Check 4 Sentence 》MP3-114

Check 1〜3で学習した語を含むセンテンスを聞いて、意味を確認しよう。
その後にもう一度音声を聞いて、そっくりにまねするつもりで音読してみよう。

□ 297
Pedestrians are crossing the road.
(歩行者たちが道路を横断している)

□ 298
Salaries should be based on job performance.
(給与は業務実績に基づくべきだ)

□ 299
There are some changes in the specifications.
(その仕様書にはいくつかの変更がある)

□ 300
She made some important suggestions.
(彼女はいくつかの重要な提案をした)

□ 301
What do you think of his attitude?
(彼の態度をどう思いますか?)

□ 302
They managed to settle the dispute.
(彼らは何とかその論争を解決した)

□ 303
We went on an excursion last week.
(私たちは先週、遠足に行った)

□ 304
The method turned out to be effective.
(その方法は効果的であることが判明した)

Sentence
□ 聞くだけモードlevel 3　Check 1 ▶2 ▶4
□ 聞く&書くモードlevel 2　Check 1 ▶2 ▶3 ▶4 ▶5

Check 5 Sentence 》MP3-114

日本語の意味になるように空欄に単語を書き込もう。
分からなかったら、音声を聞きながら記入してもOK。

□ 歩行者たちが道路を横断している

______ ___ ______ the road.

□ 給与は業務実績に基づくべきだ

Salaries should be ______ ___ ___ ______.

□ その仕様書にはいくつかの変更がある

There are some ______ ___ ___ ______.

□ 彼女はいくつかの重要な提案をした

She ______ ______ ______ ______.

□ 彼の態度をどう思いますか?

What do you ______ ___ ___ ______?

□ 彼らは何とかその論争を解決した

They managed to ______ ___ ______.

□ 私たちは先週、遠足に行った

We ______ ___ ___ ______ last week.

□ その方法は効果的であることが判明した

The ______ ______ ___ to be effective.

Day 39 名詞26

Check 1 Word 》MP3-115

音声を聞いて、単語の発音と太字の意味をセットで覚えよう。
余裕があれば、太字以外の意味や派生語もチェック！

Check 2 Phrase 》MP3-116

音声と同じようにフレーズを読もう。
一緒に使われている単語にも注意！

Check 1 Word	意味	Check 2 Phrase
□ 305 **opening** /óupəniŋ/ Part 2, 3	名（職などの）**欠員**、空き 形open：開いている 動open：～を開ける	□ an opening for a secretary （秘書の欠員）
□ 306 **subsidiary** /səbsídièri/ Part 7	名**子会社**	□ a 100 percent owned subsidiary （100パーセント子会社）
□ 307 **architecture** /ɑ́:rkətèktʃər/ Part 7	名❶**建築様式** ❷建築 名architect：建築家	□ classical architecture （古典的な建築様式）
□ 308 **discount** /dískaunt/ Part 4	名**割引** 動（ある金額）を割り引く	□ give a discount （割引をする）
□ 309 **evaluation** /ivæljuéiʃən/ Part 5, 6	名**評価**、査定 動evaluate：～を評価する	□ performance evaluation （業績評価）
□ 310 **household** /háushòuld/ Part 7	名**世帯**、家庭 形家庭用の、家族[家庭]の	□ the average household （平均的な世帯）
□ 311 **landmark** /lǽndmɑ̀:rk/ Part 7	名（陸上の）**目印**（となるもの）	□ a famous landmark （有名な目印）
□ 312 **capacity** /kəpǽsəti/ Part 4	名❶**生産能力** ❷容量	□ increase capacity （生産能力を高める）

Day 38 》MP3-112 Quick Review 答えは右ページ下

□ 歩行者 □ 仕様書 □ 態度 □ 遠足
□ 実績 □ 提案 □ 論争 □ 方法

今日でChapter 4は最後！ 時間に余裕があったら、章末のReviewにも挑戦しておこう。

Word & Phrase
□ 聞くだけモードlevel 1　Check 1
□ 聞くだけモードlevel 2　Check 1 ▸ 2
□ 聞く&書くモードlevel 1　Check 1 ▸ 2 ▸ 3

Check 3 Word & Phrase 》MP3-115 & 116

日本語の意味になるように空欄に単語を書き込もう。
フレーズまで書き込めたら、Check 1とCheck 2の音声を聞いて答えを確認しよう。

欠員 o____	▸	□ 秘書の欠員 ___ ___ ___ _ ___
子会社 s____	▸	□ 100パーセント子会社 _ ___ ___ ___ ___
建築様式 a____	▸	□ 古典的な建築様式 ___ ___
割引 d____	▸	□ 割引をする ___ _ ___
評価 e____	▸	□ 業績評価 ___ ___
世帯 h____	▸	□ 平均的な世帯 ___ ___ ___
目印 l____	▸	□ 有名な目印 _ ___ ___
生産能力 c____	▸	□ 生産能力を高める ___ ___

Day 38 》MP3-112　**Quick Review**　答えは左ページ下

□ pedestrian　□ specification　□ attitude　□ excursion
□ performance　□ suggestion　□ dispute　□ method

Check 4 Sentence 》MP3-117

Check 1～3で学習した語を含むセンテンスを聞いて、意味を確認しよう。
その後にもう一度音声を聞いて、そっくりにまねするつもりで音読してみよう。

□ 305
We have one opening in our department.
（私たちの部署に1つ欠員がある）

□ 306
The company has subsidiaries worldwide.
（その会社には世界中に子会社がある）

□ 307
Are you interested in modern architecture?
（現代の建築様式に興味がありますか？）

□ 308
We are selling everything at a discount.
（当店ではすべてを割引して販売しています）

□ 309
Proper evaluation of the assets is important.
（その資産の適正な評価が重要だ）

□ 310
The leaflets were sent to every household.
（そのちらしはすべての世帯に送られた）

□ 311
Skytree is the most prominent landmark in Tokyo.
（スカイツリーは東京で最も目立つ目印だ）

□ 312
We doubled the capacity of the factory.
（当社はその工場の生産能力を2倍にした）

Sentence
□ 聞くだけモードlevel 3　Check 1 ▶ 2 ▶ 4
□ 聞く＆書くモードlevel 2　Check 1 ▶ 2 ▶ 3 ▶ 4 ▶ 5

Check 5 Sentence 》MP3-117

日本語の意味になるように空欄に単語を書き込もう。
分からなかったら、音声を聞きながら記入してもOK。

□ 私たちの部署に1つ欠員がある

We ______ _____ __________ in our department.

□ その会社には世界中に子会社がある

The company ____ _______________ ____________.

□ 現代の建築様式に興味がありますか？

Are you ____________ __ ________ _______________?

□ 当店ではすべてを割引して販売しています

We are selling everything __ _ __________.

□ その資産の適正な評価が重要だ

Proper ____________ __ ____ ________ is important.

□ そのちらしはすべての世帯に送られた

The leaflets were _____ __ ______ __________.

□ スカイツリーは東京で最も目立つ目印だ

Skytree is the most ___________ __________ in Tokyo.

□ 当社はその工場の生産能力を2倍にした

We _________ ____ __________ of the factory.

Chapter 4 Review

Word List

13日間学習してきた単語をおさらい。まずは日本語の意味に対応する単語を空欄に書き入れてみよう(解答はこのページ下)。間違ったものは、正しく書き直してもう一度正確に覚え直すこと。空欄が埋まったら、今度はチェックシートで日本語を隠して、単語を見て意味が分かるかテストしよう。

No.	単語	意味
01 □□	______	規則
02 □□	______	飲み物
03 □□	______	人事部
04 □□	______	支店
05 □□	______	実験室
06 □□	______	製造会社
07 □□	______	分析
08 □□	______	同僚
09 □□	______	料金
10 □□	______	事務員
11 □□	______	交渉
12 □□	______	農作物
13 □□	______	評判
14 □□	______	整備士
15 □□	______	職場
16 □□	______	傑作
17 □□	______	投資
18 □□	______	歓迎会
19 □□	______	服装
20 □□	______	はしご
21 □□	______	業績
22 □□	______	ちらし
23 □□	______	歩行者
24 □□	______	子会社

解答

01 regulation (210)
02 beverage (214)
03 personnel (219)
04 branch (222)
05 laboratory (225)
06 manufacturer (229)
07 analysis (233)
08 coworker (237)
09 fee (242)
10 clerk (247)
11 negotiation (250)
12 crop (254)
13 reputation (257)
14 mechanic (262)
15 workplace (266)
16 masterpiece (269)
17 investment (275)
18 reception (276)
19 attire (281)
20 ladder (285)
21 achievement (290)
22 flier (296)
23 pedestrian (297)
24 subsidiary (306)

CHAPTER 5
動詞：必修72

Chapter 5では、TOEIC「必修」の動詞72を押さえていきます。このChapterを終えれば、残りは8日を残すのみ！ ここで一踏ん張りしましょう！

TOEIC的格言

Go to the sea, if you would fish well.

当たって砕けろ。
［直訳］魚を捕りたければ海へ行け。

Day 40 動詞10

Check 1 Word MP3-118

音声を聞いて、単語の発音と太字の意味をセットで覚えよう。
余裕があれば、太字以外の意味や派生語もチェック！

Check 2 Phrase MP3-119

音声と同じようにフレーズを読もう。
一緒に使われている単語にも注意！

Check 1		Check 2
□ 313 **pick up** /pík ʌ́p/ Part 2, 3	動❶**～を車で迎えに行く**、車に乗せる ❷～を取ってくる	□ pick **her** up **at the station** (駅まで彼女を車で迎えに行く)
□ 314 **claim** /kléim/ Part 2, 3	動❶**～だと主張する** ❷～を要求する 名❶主張 ❷要求	□ claim **she is innocent** (彼女が無罪だと主張する)
□ 315 **expand** /ikspǽnd/ Part 5, 6	動❶**～を拡大[拡張]する** ❷拡大[拡張]する 名expansion：拡大、拡張	□ expand **the economy** (経済を拡大する)
□ 316 **install** /instɔ́:l/ Part 1	動**～を取りつける**、設置する 名installation：取りつけ、設置	□ install **a security camera** (防犯カメラを取りつける)
□ 317 **obtain** /əbtéin/ Part 5, 6	動**～を獲得する**、手に入れる	□ obtain **funding** (資金を獲得する)
□ 318 **adjust** /ədʒʌ́st/ Part 1	動**～を調節する** 名adjustment：調整、調節	□ adjust **the volume** (音量を調節する)
□ 319 **appreciate** /əprí:ʃièit/ Part 2, 3	動**～に感謝する** 名appreciation：感謝	□ appreciate **her support** (彼女の支援に感謝する)
□ 320 **cause** /kɔ́:z/ Part 5, 6	動**～を引き起こす**、～の原因となる 名原因	□ cause **damage** (損害を引き起こす)

Day 39 MP3-115 Quick Review 答えは右ページ下

□ 欠員	□ 建築様式	□ 評価	□ 目印
□ 子会社	□ 割引	□ 世帯	□ 生産能力

Chapter 5では、9日をかけて必修動詞72をチェック。まずはチャンツを聞いてみよう！

Word & Phrase
□ 聞くだけモードlevel 1　Check 1
□ 聞くだけモードlevel 2　Check 1 ▶ 2
□ 聞く＆書くモードlevel 1　Check 1 ▶ 2 ▶ 3

Check 3 Word & Phrase 》MP3-118 & 119

日本語の意味になるように空欄に単語を書き込もう。
フレーズまで書き込めたら、Check 1とCheck 2の音声を聞いて答えを確認しよう。

～を車で迎えに行く p　　u＿＿＿	▶	□ 駅まで彼女を車で迎えに行く ＿＿ ＿＿ ＿＿ ＿＿ ＿＿ ＿＿
～だと主張する c＿＿＿	▶	□ 彼女が無罪だと主張する ＿＿ ＿＿ ＿＿ ＿＿
～を拡大する e＿＿＿	▶	□ 経済を拡大する ＿＿ ＿＿ ＿＿
～を取りつける i＿＿＿	▶	□ 防犯カメラを取りつける ＿＿ ＿＿ ＿＿ ＿＿
～を獲得する o＿＿＿	▶	□ 資金を獲得する ＿＿ ＿＿
～を調節する a＿＿＿	▶	□ 音量を調節する ＿＿ ＿＿ ＿＿
～に感謝する a＿＿＿	▶	□ 彼女の支援に感謝する ＿＿ ＿＿ ＿＿
～を引き起こす c＿＿＿	▶	□ 損害を引き起こす ＿＿ ＿＿

Day 39 》MP3-115 **Quick Review**　答えは左ページ下

□ opening	□ architecture	□ evaluation	□ landmark
□ subsidiary	□ discount	□ household	□ capacity

Check 4 Sentence 》MP3-120

Check 1～3で学習した語を含むセンテンスを聞いて、意味を確認しよう。
その後にもう一度音声を聞いて、そっくりにまねするつもりで音読してみよう。

□ 313
I'll pick you up at the hotel.
（ホテルまであなたを車で迎えに行きます）

□ 314
He claims it is not his fault.
（それは自分の責任ではないと彼は主張している）

□ 315
We aim to expand our business.
（私たちは事業を拡大することを目指している）

□ 316
The man is installing solar panels.
（男性はソーラーパネルを取りつけている）

□ 317
No candidate obtained a majority.
（どの候補者も過半数を獲得しなかった）

□ 318
The man is adjusting the tire.
（男性はタイヤを調節している）

□ 319
I appreciate your cooperation.
（ご協力に感謝します）

□ 320
What caused the extinction of the dinosaurs?
（何が恐竜の絶滅を引き起こしたのですか？）

Sentence
□ 聞くだけモードlevel 3　Check 1 ▶2 ▶4
□ 聞く＆書くモードlevel 2　Check 1 ▶2 ▶3 ▶4 ▶5

Check 5 Sentence 》MP3-120

日本語の意味になるように空欄に単語を書き込もう。
分からなかったら、音声を聞きながら記入してもOK。

□ ホテルまであなたを車で迎えに行きます

I'll ______ ______ ___ ___ the hotel.

□ それは自分の責任ではないと彼は主張している

He ________ ___ ___ ____ his fault.

□ 私たちは事業を拡大することを目指している

We aim to ________ ____ __________.

□ 男性はソーラーパネルを取りつけている

The man is ____________ ______ _______.

□ どの候補者も過半数を獲得しなかった

No candidate __________ _ __________.

□ 男性はタイヤを調節している

The man is __________ ____ _____.

□ ご協力に感謝します

I ____________ _____ _____________.

□ 何が恐竜の絶滅を引き起こしたのですか？

What ________ ____ ____________ of the dinosaurs?

Day 41 動詞11

Check 1 Word MP3-121

音声を聞いて、単語の発音と太字の意味をセットで覚えよう。
余裕があれば、太字以外の意味や派生語もチェック！

Check 2 Phrase MP3-122

音声と同じようにフレーズを読もう。
一緒に使われている単語にも注意！

Check 1		Check 2
□ 321 **decline** /dikláin/ Part 5, 6	動❶**減少[低下]する** ❷～を断る 名減少、低下	□ decline **rapidly** （急速に減少する）
□ 322 **lean against** /lí:n əgenst/ Part 1	動**～に寄りかかる**、もたれる	□ lean against **the table** （テーブルに寄りかかる）
□ 323 **renovate** /rénəvèit/ Part 1	動**～を改装する** 名renovation：改装	□ renovate **a restaurant** （レストランを改装する）
□ 324 **restore** /ristɔ́:r/ Part 5, 6	動**～を修復[復元]する**	□ restore **a painting** （絵画を修復する）
□ 325 **ensure** /inʃúər/ Part 5, 6	動**～を保証する**、確実にする	□ ensure **goods' quality** （商品の質を保証する）
□ 326 **remain** /riméin/ Part 5, 6	動❶**～のままである** ❷とどまる	□ remain **silent** （黙ったままである）
□ 327 **ship** /ʃíp/ Part 4	動**～を発送[出荷]する** 名shipment：❶積み荷、発送品 ❷出荷、発送 名shipping：発送、出荷	□ ship **merchandise** （商品を発送する）
□ 328 **fill out** /fíl áut/ Part 4	動**～に必要事項を記入する**	□ fill out **a form** （用紙に必要事項を記入する）

Day 40 MP3-118 Quick Review

答えは右ページ下

□ ～を車で迎えに行く □ ～を拡大する □ ～を獲得する □ ～に感謝する
□ ～だと主張する □ ～を取りつける □ ～を調節する □ ～を引き起こす

Quick Reviewは使ってる？ 昨日覚えた単語でも、記憶に残っているとは限らないよ。

Word & Phrase
□ 聞くだけモードlevel 1　Check 1
□ 聞くだけモードlevel 2　Check 1 ▸ 2
□ 聞く＆書くモードlevel 1　Check 1 ▸ 2 ▸ 3

Check 3 Word & Phrase 》MP3-121 & 122

日本語の意味になるように空欄に単語を書き込もう。
フレーズまで書き込めたら、Check 1とCheck 2の音声を聞いて答えを確認しよう。

減少する d______	▸	□ 急速に減少する ______ ______
～に寄りかかる l______ a______	▸	□ テーブルに寄りかかる ______ ______ ______ ______
～を改装する r______	▸	□ レストランを改装する ______ _ ______
～を修復する r______	▸	□ 絵画を修復する ______ _ ______
～を保証する e______	▸	□ 商品の質を保証する ______ ______ ______
～のままである r______	▸	□ 黙ったままである ______ ______
～を発送する s______	▸	□ 商品を発送する ______ ______
～に必要事項を記入する f______ o______	▸	□ 用紙に必要事項を記入する ______ ______ _ ______

Day 40 》MP3-118 Quick Review

答えは左ページ下

□ pick up　□ expand　□ obtain　□ appreciate
□ claim　□ install　□ adjust　□ cause

Check 4 Sentence 》MP3-123

Check 1～3で学習した語を含むセンテンスを聞いて、意味を確認しよう。
その後にもう一度音声を聞いて、そっくりにまねするつもりで音読してみよう。

□ 321
The company's revenues declined last quarter.
（その会社の総収益は直前の四半期に減少した）

□ 322
The guitar is leaning against the chair.
（ギターがいすに寄りかかっている）

□ 323
The room is being renovated.
（その部屋は改装されている）

□ 324
The church was restored some years ago.
（その教会は数年前に修復された）

□ 325
They need to ensure safety in the workplace.
（彼らは職場での安全を保証する必要がある）

□ 326
The situation remains unstable.
（状況は不安定なままである）

□ 327
Your order will be shipped within 24 hours.
（ご注文品は24時間以内に発送されます）

□ 328
Please fill out the blanks below.
（以下の空欄に必要事項を記入してください）

Sentence
□ 聞くだけモードlevel 3　Check 1 ▶2 ▶4
□ 聞く＆書くモードlevel 2　Check 1 ▶2 ▶3 ▶4 ▶5

Check 5 Sentence 》MP3-123

日本語の意味になるように空欄に単語を書き込もう。
分からなかったら、音声を聞きながら記入してもOK。

□ その会社の総収益は直前の四半期に減少した

The company's revenues ________ ____ ________.

□ ギターがいすに寄りかかっている

The guitar is ________ ________ ____ ______.

□ その部屋は改装されている

The room ___ ______ __________.

□ その教会は数年前に修復された

The church was ________ ____ ______ ____.

□ 彼らは職場での安全を保証する必要がある

They _____ ___ _______ _______ in the workplace.

□ 状況は不安定なままである

The situation ________ _________.

□ ご注文品は24時間以内に発送されます

Your order will be ________ _______ ___ ______.

□ 以下の空欄に必要事項を記入してください

Please _____ ____ ____ _______ below.

Day 42 動詞12

Check 1 Word 》MP3-124

音声を聞いて、単語の発音と太字の意味をセットで覚えよう。
余裕があれば、太字以外の意味や派生語もチェック！

Check 2 Phrase 》MP3-125

音声と同じようにフレーズを読もう。
一緒に使われている単語にも注意！

□ 329
expect
/ikspékt/
Part 2, 3
動**～を期待する**、～を予期［予想］する
名expectation：期待、予想
▸ □ expect **excellent service**
（素晴らしいサービスを期待する）

□ 330
book
/búk/
Part 2, 3
動**～を予約する**
▸ □ book **a table for four**
（4人用のテーブルを予約する）

□ 331
publish
/pʌ́bliʃ/
Part 4
動**～を出版**［発行］**する**
名publisher：出版社
▸ □ publish **a dictionary**
（辞書を出版する）

□ 332
subscribe to
/səbskráib tu/
Part 2, 3
動**～を定期購読する**
名subscription：定期購読（料）
名subscriber：定期購読者
▸ □ subscribe to **two newspapers**
（2紙を定期購読する）

□ 333
weigh
/wéi/
Part 2, 3
動❶**～の重さを量る** ❷～の重さがある
名weight：体重、重さ
▸ □ weigh **ingredients**
（材料の重さを量る）

□ 334
fasten
/fǽsn/
❶発音 Part 4
動**～をしっかり固定する**、～を結びつける
▸ □ fasten **a rope**
（ロープをしっかり固定する）

□ 335
gather
/gǽðər/
Part 7
動❶**集まる** ❷～を集める
▸ □ gather **once a year**
（1年に1度集まる）

□ 336
share
/ʃéər/
Part 4
動**～を共有する**
名株
▸ □ share **information**
（情報を共有する）

Day 41 》MP3-121 **Quick Review** 答えは右ページ下

□ 減少する □ ～を改装する □ ～を保証する □ ～を発送する
□ ～に寄りかかる □ ～を修復する □ ～のままである □ ～に必要事項を記入する

疲れているときは、「聞き流す」学習だけでもOK。でも、テキストを使った復習も忘れずにね。

Word & Phrase
- □ 聞くだけモードlevel 1　Check 1
- □ 聞くだけモードlevel 2　Check 1 ▸2
- □ 聞く&書くモードlevel 1　Check 1 ▸2 ▸3

Check 3 Word & Phrase 》MP3-124 & 125

日本語の意味になるように空欄に単語を書き込もう。
フレーズまで書き込めたら、Check 1とCheck 2の音声を聞いて答えを確認しよう。

～を期待する e______	▸	□ 素晴らしいサービスを期待する ______ ______ ______
～を予約する b______	▸	□ 4人用のテーブルを予約する ______ _ ______ ______ ______
～を出版する p______	▸	□ 辞書を出版する ______ _ ______
～を定期購読する s______ t______	▸	□ 2紙を定期購読する ______ ______ ______ ______
～の重さを量る w______	▸	□ 材料の重さを量る ______ ______
～をしっかり固定する f______	▸	□ ロープをしっかり固定する ______ _ ______
集まる g______	▸	□ 1年に1度集まる ______ ______ _ ______
～を共有する s______	▸	□ 情報を共有する ______ ______

Day 41 》MP3-121　**Quick Review**　答えは左ページ下

□ decline	□ renovate	□ ensure	□ ship
□ lean against	□ restore	□ remain	□ fill out

Check 4 Sentence MP3-126

Check 1～3で学習した語を含むセンテンスを聞いて、意味を確認しよう。
その後にもう一度音声を聞いて、そっくりにまねするつもりで音読してみよう。

□ 329
Don't expect too much.
（あまり多くを期待してはいけません）

□ 330
I'd like to book a room for tomorrow night.
（明日の夜に部屋を予約したいのですが）

□ 331
The magazine was first published in 1964.
（その雑誌は1964年に初めて出版された）

□ 332
Do you subscribe to any magazines?
（何か雑誌を定期購読していますか？）

□ 333
You should weigh your luggage before check-in.
（チェックインの前に手荷物の重さを量ったほうがいい）

□ 334
Fasten the strap under your chin.
（あごの下でひもをしっかり固定してください）

□ 335
A crowd gathered to hear the speech.
（その演説を聴くために群衆が集まった）

□ 336
We need to share a common goal.
（私たちは共通の目標を共有する必要がある）

Sentence
☐ 聞くだけモードlevel 3　Check 1 ▸2 ▸4
☐ 聞く＆書くモードlevel 2　Check 1 ▸2 ▸3 ▸4 ▸5

Check 5 Sentence 》MP3-126

日本語の意味になるように空欄に単語を書き込もう。
分からなかったら、音声を聞きながら記入してもOK。

☐ あまり多くを期待してはいけません

Don't ________ ____ ______.

☐ 明日の夜に部屋を予約したいのですが

I'd like to ______ _ ______ ____ tomorrow night.

☐ その雑誌は1964年に初めて出版された

The magazine ____ _______ _____________ in 1964.

☐ 何か雑誌を定期購読していますか？

Do you _____________ __ ____ _____________?

☐ チェックインの前に手荷物の重さを量ったほうがいい

You should _______ _____ __________ before check-in.

☐ あごの下でひもをしっかり固定してください

_________ ____ _______ under your chin.

☐ その演説を聴くために群衆が集まった

A _______ ____________ __ _____ the speech.

☐ 私たちは共通の目標を共有する必要がある

We need to _______ _ _________ _____.

Day 43 動詞13

Check 1 Word 》MP3-127

音声を聞いて、単語の発音と太字の意味をセットで覚えよう。
余裕があれば、太字以外の意味や派生語もチェック！

Check 2 Phrase 》MP3-128

音声と同じようにフレーズを読もう。
一緒に使われている単語にも注意！

Check 1 Word	意味	Check 2 Phrase
□ 337 **overlook** /òuvərlúk/ Part 1	動❶(場所が)**〜を見渡せる**、見下ろせる ❷〜を見落とす	□ overlook the lake (湖を見渡せる)
□ 338 **prohibit** /prouhíbit/ Part 7	動**〜を禁止する**	□ prohibit smoking (喫煙を禁止する)
□ 339 **face** /féis/ Part 1	動❶**〜と向き合う** ❷〜に直面する 名顔	□ face a customer (顧客と向き合う)
□ 340 **recall** /rikɔ́:l/ Part 4	動❶**〜を回収する** ❷〜を思い出す 名❶回収、リコール ❷思い出す能力	□ recall the products (製品を回収する)
□ 341 **examine** /igzǽmin/ Part 1	動❶**〜を診察する** ❷〜を調査する 名examination：❶調査 ❷試験	□ examine a patient (患者を診察する)
□ 342 **reserve** /rizə́:rv/ Part 2, 3	動**〜を予約する** 名reservation：(ホテルなどの)予約	□ reserve a room (部屋を予約する)
□ 343 **accommodate** /əkɑ́mədèit/ Part 7	動**〜を収容できる** 名accommodation：(通例〜s)宿泊設備	□ accommodate 50 people (50人を収容できる)
□ 344 **analyze** /ǽnəlàiz/ Part 5, 6	動**〜を分析する** 名analysis：分析 名analyst：分析家、アナリスト	□ analyze data (データを分析する)

Day 42 》MP3-124 Quick Review

答えは右ページ下

□ 〜を期待する　□ 〜を出版する　□ 〜の重さを量る　□ 集まる
□ 〜を予約する　□ 〜を定期購読する　□ 〜をしっかり固定する　□ 〜を共有する

定義が分かっていても、その単語を使えるとは限らない。Check 5の和訳を見て、英語が浮かぶかチェック!

Word & Phrase
□ 聞くだけモードlevel 1　Check 1
□ 聞くだけモードlevel 2　Check 1 ▸2
□ 聞く&書くモードlevel 1　Check 1 ▸2 ▸3

Check 3 Word & Phrase 》MP3-127 & 128

日本語の意味になるように空欄に単語を書き込もう。
フレーズまで書き込めたら、Check 1とCheck 2の音声を聞いて答えを確認しよう。

～を見渡せる o______	▸	□ 湖を見渡せる ______ ____ ____
～を禁止する p______	▸	□ 喫煙を禁止する ______ ______
～と向き合う f______	▸	□ 顧客と向き合う ____ _ ______
～を回収する r______	▸	□ 製品を回収する ______ ____ ______
～を診察する e______	▸	□ 患者を診察する ______ _ ______
～を予約する r______	▸	□ 部屋を予約する ______ _ ____
～を収容できる a______	▸	□ 50人を収容できる ______ ___ ______
～を分析する a______	▸	□ データを分析する ______ ____

Day 42 》MP3-124 Quick Review

答えは左ページ下

□ expect　□ publish　□ weigh　□ gather
□ book　□ subscribe to　□ fasten　□ share

Check 4 Sentence 》 MP3-129

Check 1～3で学習した語を含むセンテンスを聞いて、意味を確認しよう。
その後にもう一度音声を聞いて、そっくりにまねするつもりで音読してみよう。

□ 337
The room overlooks the ocean.
（その部屋は海を見渡せる）

□ 338
Cellphone use is prohibited while driving.
（運転中の携帯電話の使用は禁止されている）

□ 339
The woman is facing her child.
（女性は子どもと向き合っている）

□ 340
The carmaker recalled more than 50,000 vehicles.
（その自動車メーカーは5万台を超える車を回収した）

□ 341
The doctor is examining the girl's eyes.
（医者は少女の目を診察している）

□ 342
I'd like to reserve a table for dinner tonight.
（今夜の夕食のテーブルを予約したいのですが）

□ 343
The hotel accommodates up to 300 guests.
（そのホテルは最大300人の宿泊客を収容できる）

□ 344
The consultant is good at analyzing the situation.
（そのコンサルタントは状況を分析するのがうまい）

Sentence
□ 聞くだけモードlevel 3　Check 1 ►2 ►4
□ 聞く＆書くモードlevel 2　Check 1 ►2 ►3 ►4 ►5

Check 5 Sentence MP3-129

日本語の意味になるように空欄に単語を書き込もう。
分からなかったら、音声を聞きながら記入してもOK。

□ その部屋は海を見渡せる

The room ______ ___ _____.

□ 運転中の携帯電話の使用は禁止されている

Cellphone ___ __ ________ while driving.

□ 女性は子どもと向き合っている

The woman is _____ ___ _____.

□ その自動車メーカーは5万台を超える車を回収した

The ______ ______ more than 50,000 vehicles.

□ 医者は少女の目を診察している

The doctor is ______ ___ _____ ____.

□ 今夜の夕食のテーブルを予約したいのですが

I'd like to _____ _ _____ for dinner tonight.

□ そのホテルは最大300人の宿泊客を収容できる

The hotel ________ __ __ 300 guests.

□ そのコンサルタントは状況を分析するのがうまい

The consultant is ____ __ ______ the situation.

Day 44 動詞14

Check 1 Word 》MP3-130

音声を聞いて、単語の発音と太字の意味をセットで覚えよう。
余裕があれば、太字以外の意味や派生語もチェック！

Check 2 Phrase 》MP3-131

音声と同じようにフレーズを読もう。
一緒に使われている単語にも注意！

Check 1 Word		Check 2 Phrase
□ 345 **evaluate** /ivǽljuèit/ Part 2, 3	動**～を評価する** 名evaluation：評価、査定	□ evaluate his skills (彼の技能を評価する)
□ 346 **plant** /plǽnt/ Part 1	動**～を植える** 名❶工場 ❷施設 ❸植物	□ plant flowers (花を植える)
□ 347 **promote** /prəmóut/ Part 4	動❶**～を昇進させる** ❷～の販売を促進する 名promotion：❶昇進 ❷販売促進	□ promote her to manager (彼女をマネジャーに昇進させる)
□ 348 **state** /stéit/ Part 4	動**～をはっきり述べる** 名❶状態 ❷国家 ❸州 名statement：❶報告書、明細書 ❷声明(書)	□ state the facts (事実をはっきり述べる)
□ 349 **affect** /əfékt/ Part 5, 6	動**～に影響を及ぼす**	□ affect a company's image (企業イメージに影響を及ぼす)
□ 350 **enroll in** /inróul in/ Part 5, 6	動**～に入学[入会]する** 名enrollment：❶入学[登録]者数 ❷入学、入会	□ enroll in college (大学に入学する)
□ 351 **generate** /dʒénərèit/ Part 5, 6	動**～を生み出す**、発生させる	□ generate energy (エネルギーを生み出す)
□ 352 **include** /inklú:d/ Part 5, 6	動**～を含む** 前including：～を含めて	□ include a service charge (手数料を含む)

Day 43 》MP3-127 Quick Review 答えは右ページ下

□ ～を見渡せる □ ～と向き合う □ ～を診察する □ ～を収容できる
□ ～を禁止する □ ～を回収する □ ～を予約する □ ～を分析する

チャンツを聞く際には、「英語→日本語→英語」の2回目の「英語」の部分で声に出して読んでみよう。

Word & Phrase
- □ 聞くだけモードlevel 1　Check 1
- □ 聞くだけモードlevel 2　Check 1 ▸ 2
- □ 聞く&書くモードlevel 1　Check 1 ▸ 2 ▸ 3

Check 3 Word & Phrase 》MP3-130 & 131

日本語の意味になるように空欄に単語を書き込もう。
フレーズまで書き込めたら、Check 1とCheck 2の音声を聞いて答えを確認しよう。

～を評価する e______	▸	□ 彼の技能を評価する ______ ____ ______
～を植える p______	▸	□ 花を植える ______ ______
～を昇進させる p______	▸	□ 彼女をマネジャーに昇進させる ______ ____ ____ ______
～をはっきり述べる s______	▸	□ 事実をはっきり述べる ______ ____ ______
～に影響を及ぼす a______	▸	□ 企業イメージに影響を及ぼす ______ _ ______ ______
～に入学する e______ i______	▸	□ 大学に入学する ______ ____ ______
～を生み出す g______	▸	□ エネルギーを生み出す ______ ______
～を含む i______	▸	□ 手数料を含む ______ _ ______ ______

Day 43 》MP3-127　**Quick Review**　答えは左ページ下

□ overlook	□ face	□ examine	□ accommodate
□ prohibit	□ recall	□ reserve	□ analyze

Check 4 Sentence 》 MP3-132

Check 1～3で学習した語を含むセンテンスを聞いて、意味を確認しよう。
その後にもう一度音声を聞いて、そっくりにまねするつもりで音読してみよう。

□ 345
Your performance is evaluated once a year.
(あなたの実績は1年に1度評価される)

□ 346
They're planting a tree.
(彼らは木を植えている)

□ 347
John will be promoted soon.
(ジョンは近いうちに昇進するだろう)

□ 348
He stated his intention to resign.
(彼は辞職する意図をはっきり述べた)

□ 349
Climate change will affect our daily lives.
(気候変動は私たちの日常生活に影響を及ぼすだろう)

□ 350
She enrolled in a vocational school.
(彼女は職業訓練学校に入学した)

□ 351
The company generated record profits last year.
(その会社は昨年、記録的な利益を生み出した)

□ 352
This price doesn't include tax.
(この価格は税金を含まない)

Sentence
□ 聞くだけモードlevel 3　Check 1 ▶2 ▶4
□ 聞く＆書くモードlevel 2　Check 1 ▶2 ▶3 ▶4 ▶5

Check 5 Sentence 》MP3-132

日本語の意味になるように空欄に単語を書き込もう。
分からなかったら、音声を聞きながら記入してもOK。

□ あなたの実績は1年に1度評価される

Your ________ __ ________ once a year.

□ 彼らは木を植えている

They're ________ _ ____.

□ ジョンは近いうちに昇進するだろう

John will __ ________ ____.

□ 彼は辞職する意図をはっきり述べた

He ______ ___ ________ to resign.

□ 気候変動は私たちの日常生活に影響を及ぼすだろう

Climate change will ______ ___ _____ _____.

□ 彼女は職業訓練学校に入学した

She ________ __ _ ________ school.

□ その会社は昨年、記録的な利益を生み出した

The company ________ ______ _______ last year.

□ この価格は税金を含まない

This price doesn't _______ ___.

Day 45 動詞15

Check 1 Word 》MP3-133

音声を聞いて、単語の発音と太字の意味をセットで覚えよう。
余裕があれば、太字以外の意味や派生語もチェック！

Check 2 Phrase 》MP3-134

音声と同じようにフレーズを読もう。
一緒に使われている単語にも注意！

Check 1		Check 2
□ 353 **request** /rikwést/ Part 2, 3	動**～を求める**、要請する 名要請、依頼	□ request further information（さらに情報を求める）
□ 354 **deserve** /dizə́:rv/ Part 5, 6	動**～に値する**、～を受けるに足る	□ deserve praise（称賛に値する）
□ 355 **refer to** /rifə́:r tu/ Part 5, 6	動❶**～を参照する** ❷～に言及する 名reference：❶言及 ❷参照 ❸推薦状	□ refer to a dictionary（辞書を参照する）
□ 356 **reschedule** /riskédʒu:l/ Part 2, 3	動**～の予定**[日程]**を変更する**	□ reschedule the meeting（会議の予定を変更する）
□ 357 **clarify** /klǽrəfài/ Part 7	動(意味など)**を明らかにする**、明確にする	□ clarify an issue（問題点を明らかにする）
□ 358 **decrease** /dikrí:s/ ❗アクセント Part 7	動❶**減少する** ❷～を減少させる 名(/dí:kri:s/)減少	□ decrease in size（規模が減少する）
□ 359 **propose** /prəpóuz/ Part 5, 6	動**～を提案する** 名proposal：提案	□ propose a merger（合併を提案する）
□ 360 **require** /rikwáiər/ Part 5, 6	動❶**～を必要とする** ❷～を要求する 名requirement：必要条件	□ require treatment（治療を必要とする）

Day 44 》MP3-130 Quick Review

答えは右ページ下

□ ～を評価する　□ ～を昇進させる　□ ～に影響を及ぼす　□ ～を生み出す
□ ～を植える　□ ～をはっきり述べる　□ ～に入学する　□ ～を含む

音と意味がつながるまでは「使える」ようにはならない。チャンツの最初の「英語」で意味が浮かぶかチェック。

Word & Phrase
☐ 聞くだけモードlevel 1　Check 1
☐ 聞くだけモードlevel 2　Check 1 ▸ 2
☐ 聞く＆書くモードlevel 1　Check 1 ▸ 2 ▸ 3

Check 3 Word & Phrase 》MP3-133 & 134

日本語の意味になるように空欄に単語を書き込もう。
フレーズまで書き込めたら、Check 1とCheck 2の音声を聞いて答えを確認しよう。

～を求める r______	▸	☐ さらに情報を求める ______ ______ ______
～に値する d______	▸	☐ 称賛に値する ______ ______
～を参照する r______ t______	▸	☐ 辞書を参照する ______ ______ __ ______
～の予定を変更する r______	▸	☐ 会議の予定を変更する ______ ______ ______
～を明らかにする c______	▸	☐ 問題点を明らかにする ______ ______ ______
減少する d______	▸	☐ 規模が減少する ______ ______ ______
～を提案する p______	▸	☐ 合併を提案する ______ __ ______
～を必要とする r______	▸	☐ 治療を必要とする ______ ______

Day 44 》MP3-130 **Quick Review** 答えは左ページ下

☐ evaluate　☐ promote　☐ affect　☐ generate
☐ plant　☐ state　☐ enroll in　☐ include

Check 4 Sentence 》 MP3-135

Check 1～3で学習した語を含むセンテンスを聞いて、意味を確認しよう。
その後にもう一度音声を聞いて、そっくりにまねするつもりで音読してみよう。

□ 353
You should request permission first.
（あなたは最初に許可を求めたほうがいい）

□ 354
Her proposal deserves consideration.
（彼女の提案は検討に値する）

□ 355
Please refer to the attached file for details.
（詳細については添付ファイルを参照してください）

□ 356
We rescheduled the event for a week later.
（私たちはそのイベントの予定を1週間後に変更した）

□ 357
We must clarify our position.
（私たちは自分たちの立場を明らかにしなければならない）

□ 358
The number of farms has decreased gradually.
（農場の数は徐々に減少している）

□ 359
She proposed a solution to the problem.
（彼女はその問題の解決策を提案した）

□ 360
This job requires great concentration.
（この仕事はかなりの集中力を必要とする）

Sentence
□ 聞くだけモードlevel 3　Check 1 ▶2 ▶4
□ 聞く＆書くモードlevel 2　Check 1 ▶2 ▶3 ▶4 ▶5

Check 5 Sentence MP3-135

日本語の意味になるように空欄に単語を書き込もう。
分からなかったら、音声を聞きながら記入してもOK。

□ あなたは最初に許可を求めたほうがいい

You should ______ ______ ______.

□ 彼女の提案は検討に値する

Her ______ ______ ______.

□ 詳細については添付ファイルを参照してください

Please ______ ______ ______ ______ file for details.

□ 私たちはそのイベントの予定を1週間後に変更した

We ______ ______ ______ ______ a week later.

□ 私たちは自分たちの立場を明らかにしなければならない

We must ______ ______ ______.

□ 農場の数は徐々に減少している

The number of farms ______ ______ ______.

□ 彼女はその問題の解決策を提案した

She ______ ______ ______ ______ the problem.

□ この仕事はかなりの集中力を必要とする

This job ______ ______ ______.

Day 46 動詞16

Check 1 Word MP3-136

音声を聞いて、単語の発音と太字の意味をセットで覚えよう。
余裕があれば、太字以外の意味や派生語もチェック！

Check 2 Phrase MP3-137

音声と同じようにフレーズを読もう。
一緒に使われている単語にも注意！

Check 1 Word	意味	Check 2 Phrase
□ 361 **upgrade** /ʌ̀pgréid/ ❶アクセント Part 2, 3	動❶**～の等級を上げる**、～をグレードアップする ❷～をアップグレードする 名(/ʌ́pgrèid/)グレードアップ	□ upgrade a hotel room (ホテルの部屋の等級を上げる)
□ 362 **vote** /vóut/ Part 4	動❶**投票をする** ❷～に投票する 名投票	□ vote for the proposal (その提案に賛成の投票をする)
□ 363 **investigate** /invéstəgèit/ ❶アクセント Part 4	動**～を調査する**、取り調べる 名investigation：調査、捜査	□ investigate the situation (状況を調査する)
□ 364 **resign** /rizáin/ Part 4	動❶**辞任**[辞職]**する** ❷～を辞める 名resignation：❶辞職、辞任 ❷辞表	□ resign as chairman (会長を辞任する)
□ 365 **negotiate** /nigóuʃièit/ Part 7	動**交渉する** 名negotiation：交渉、話し合い	□ negotiate for a raise (賃上げを求めて交渉する)
□ 366 **commute** /kəmjú:t/ Part 2, 3	動**通勤する** 名通勤 名commuter：通勤者	□ commute by bicycle (自転車で通勤する)
□ 367 **hand out** /hǽnd áut/ Part 1	動**～を配る**、分配する 名handout：配布資料、プリント	□ hand out documents (文書を配る)
□ 368 **pursue** /pərsjú:/ Part 5, 6	動❶(目的など)**を追求する** ❷～を追う	□ pursue a profit (利益を追求する)

Day 45 MP3-133 Quick Review

答えは右ページ下

□ ～を求める　□ ～を参照する　□ ～を明らかにする　□ ～を提案する
□ ～に値する　□ ～の予定を変更する　□ 減少する　□ ～を必要とする

「細切れ時間」を有効活用してる？いつでもどこでもテキストとチャンツを持ち歩いて、単語に触れよう！

Word & Phrase
□ 聞くだけモードlevel 1　Check 1
□ 聞くだけモードlevel 2　Check 1 ▸2
□ 聞く&書くモードlevel 1　Check 1 ▸2 ▸3

Check 3 Word & Phrase 》MP3-136 & 137

日本語の意味になるように空欄に単語を書き込もう。
フレーズまで書き込めたら、Check 1とCheck 2の音声を聞いて答えを確認しよう。

～の等級を上げる u______	▸	□ ホテルの部屋の等級を上げる ______ _ ______ ______
投票をする v______	▸	□ その提案に賛成の投票をする ______ ______ ______ ______
～を調査する i______	▸	□ 状況を調査する ______ ______ ______
辞任する r______	▸	□ 会長を辞任する ______ ___ ______
交渉する n______	▸	□ 賃上げを求めて交渉する ______ ______ _ ______
通勤する c______	▸	□ 自転車で通勤する ______ ___ ______
～を配る h___ o______	▸	□ 文書を配る ______ ______ ______
～を追求する p______	▸	□ 利益を追求する ______ _ ______

Day 45 》MP3-133 **Quick Review** 　答えは左ページ下

□ request　□ refer to　□ clarify　□ propose
□ deserve　□ reschedule　□ decrease　□ require

Check 4 Sentence 》MP3-138

Check 1～3で学習した語を含むセンテンスを聞いて、意味を確認しよう。
その後にもう一度音声を聞いて、そっくりにまねするつもりで音読してみよう。

□ 361
They upgraded the company's rating to A3.
（彼らはその会社の格付けの等級をA3に上げた）

□ 362
I voted against the budget.
（私はその予算案に反対の投票をした）

□ 363
Police are investigating the case.
（警察はその事件を調査している）

□ 364
He resigned due to poor health.
（彼は体調不良のため辞任した）

□ 365
Both sides agreed to negotiate.
（両者は交渉することに同意した）

□ 366
How do you commute to work?
（あなたはどうやって職場まで通勤していますか?）

□ 367
The woman is handing out balloons.
（女性は風船を配っている）

□ 368
We are pursuing a common goal.
（私たちは共通の目標を追求している）

Sentence
□ 聞くだけモードlevel 3　Check 1 ▶2 ▶4
□ 聞く＆書くモードlevel 2　Check 1 ▶2 ▶3 ▶4 ▶5

Check 5 Sentence 》MP3-138

日本語の意味になるように空欄に単語を書き込もう。
分からなかったら、音声を聞きながら記入してもOK。

□ 彼らはその会社の格付けの等級をA3に上げた

They ＿＿＿ ＿＿ ＿＿＿ ＿＿＿ to A3.

□ 私はその予算案に反対の投票をした

I ＿＿＿ ＿＿＿ ＿＿ ＿＿＿.

□ 警察はその事件を調査している

Police are ＿＿＿ ＿＿ ＿＿.

□ 彼は体調不良のため辞任した

He ＿＿＿ ＿＿ ＿ poor health.

□ 両者は交渉することに同意した

Both sides ＿＿＿ ＿ ＿＿＿.

□ あなたはどうやって職場まで通勤していますか？

How do you ＿＿＿ ＿ ＿＿?

□ 女性は風船を配っている

The woman is ＿＿＿ ＿＿ ＿＿＿.

□ 私たちは共通の目標を追求している

We are ＿＿＿ ＿ ＿＿＿ ＿＿.

Day 47 動詞17

Check 1 Word MP3-139

音声を聞いて、単語の発音と太字の意味をセットで覚えよう。
余裕があれば、太字以外の意味や派生語もチェック！

Check 2 Phrase MP3-140

音声と同じようにフレーズを読もう。
一緒に使われている単語にも注意！

Check 1		Check 2
□ 369 **resume** /rizú:m/ Part 5, 6	動❶**〜を再開する** ❷再開する	□ resume **negotiations** (交渉を再開する)
□ 370 **boost** /bú:st/ Part 2, 3	動❶**〜を増加させる** ❷(士気など)を高める 名❶上昇 ❷景気づけ	□ boost **sales** (売り上げを増加させる)
□ 371 **put on** /pút án/ Part 1	動(服など)**を身に着ける**	□ put on **a vest** (ベストを身に着ける)
□ 372 **suspend** /səspénd/ Part 5, 6	動❶**〜を一時停止**[中止]**する** ❷〜を停学[停職]にする	□ suspend **business** (営業を一時停止する)
□ 373 **acknowledge** /æknálidʒ/ Part 5, 6	動❶**〜を認める** ❷(手紙など)を受け取ったことを知らせる 名acknowledgement：承認	□ acknowledge **the fact** (事実を認める)
□ 374 **carry out** /kǽri áut/ Part 5, 6	動**〜を実行**[遂行]**する**	□ carry out **a promise** (約束を実行する)
□ 375 **consist of** /kənsíst əv/ Part 5, 6	動**〜から成り立つ**、構成される	□ consist of **20 countries** (20カ国から成り立つ)
□ 376 **depend on** /dipénd ən/ Part 5, 6	動❶**〜に頼る** ❷〜によって決まる	□ depend on **the government** (政府に頼る)

Day 46 MP3-136 Quick Review

答えは右ページ下

□ 〜の等級を上げる　□ 〜を調査する　□ 交渉する　□ 〜を配る
□ 投票をする　□ 辞任する　□ 通勤する　□ 〜を追求する

あと10日で本書も終了！ マラソンに例えれば、今日は35キロ地点。一番厳しい所だけど、頑張ろう！

Word & Phrase
□ 聞くだけモードlevel 1　Check 1
□ 聞くだけモードlevel 2　Check 1 ▸2
□ 聞く&書くモードlevel 1　Check 1 ▸2 ▸3

Check 3 Word & Phrase 》MP3-139 & 140

日本語の意味になるように空欄に単語を書き込もう。
フレーズまで書き込めたら、Check 1とCheck 2の音声を聞いて答えを確認しよう。

～を再開する r ____	▸	□ 交渉を再開する ____ ____
～を増加させる b ____	▸	□ 売り上げを増加させる ____ ____
～を身に着ける p __ o __	▸	□ ベストを身に着ける ____ ____ _ ____
～を一時停止する s ____	▸	□ 営業を一時停止する ____ ____
～を認める a ____	▸	□ 事実を認める ____ ____ ____
～を実行する c ____ o __	▸	□ 約束を実行する ____ ____ _ ____
～から成り立つ c ____ o __	▸	□ 20カ国から成り立つ ____ ____ ____ ____
～に頼る d ____ o __	▸	□ 政府に頼る ____ ____ ____ ____

Day 46 》MP3-136 **Quick Review** 答えは左ページ下

□ upgrade
□ vote
□ investigate
□ resign
□ negotiate
□ commute
□ hand out
□ pursue

Check 4 Sentence 》MP3-141

Check 1～3で学習した語を含むセンテンスを聞いて、意味を確認しよう。
その後にもう一度音声を聞いて、そっくりにまねするつもりで音読してみよう。

□ 369
The board resumed the meeting at 9 p.m.
（役員会は午後9時に会議を再開した）

□ 370
Companies are trying to boost profits.
（企業は利益を増加させようとしている）

□ 371
The man is putting on his tie.
（男性はネクタイを身に着けている）

□ 372
Flights were suspended due to strong winds.
（航空便の運航は強風のため一時停止された）

□ 373
He finally acknowledged his mistake.
（彼はようやく自分の間違いを認めた）

□ 374
We need more time to carry out investigations.
（調査を実行するにはより多くの時間が必要だ）

□ 375
The committee consists of 15 members.
（その委員会は15人の委員から成り立っている）

□ 376
You can always depend on me.
（いつでも私に頼っていいですよ）

Sentence
□ 聞くだけモードlevel 3　Check 1 ▸2 ▸4
□ 聞く＆書くモードlevel 2　Check 1 ▸2 ▸3 ▸4 ▸5

Check 5 Sentence 》MP3-141

日本語の意味になるように空欄に単語を書き込もう。
分からなかったら、音声を聞きながら記入してもOK。

□ 役員会は午後9時に会議を再開した

The board ________ ____ ________ at 9 p.m.

□ 企業は利益を増加させようとしている

Companies are ________ ___ ________ ________.

□ 男性はネクタイを身に着けている

The man is ________ ___ ____ ____.

□ 航空便の運航は強風のため一時停止された

Flights _____ ____________ ____ ___ strong winds.

□ 彼はようやく自分の間違いを認めた

He finally ____________ ____ ________.

□ 調査を実行するにはより多くの時間が必要だ

We need more time to ______ ____ ______________.

□ その委員会は15人の委員から成り立っている

The committee ________ ___ ___ ________.

□ いつでも私に頼っていいですよ

You can always ________ ___ ___.

Day 48 動詞18

Check 1 Word 》MP3-142

音声を聞いて、単語の発音と太字の意味をセットで覚えよう。
余裕があれば、太字以外の意味や派生語もチェック！

Check 2 Phrase 》MP3-143

音声と同じようにフレーズを読もう。
一緒に使われている単語にも注意！

Check 1 Word	意味	Check 2 Phrase
□ 377 **itemize** /áitəmàiz/ Part 7	動 **～を項目に分ける**、個条書きにする 名 item：品目、項目	□ itemize **a bill** (請求書を項目に分ける)
□ 378 **restrict** /ristríkt/ Part 5, 6	動 **～を制限[限定]する** 名 restriction：制限	□ restrict **a diet** (食事を制限する)
□ 379 **curb** /kə́ːrb/ Part 5, 6	動 **～を抑制する** 名 ❶(歩道の)縁石 ❷抑制	□ curb **population growth** (人口増加を抑制する)
□ 380 **empty** /émpti/ Part 1	動 (容器など)**を空にする** 形 空の	□ empty **all the drawers** (すべての引き出しを空にする)
□ 381 **object to** /əbdʒékt tu/ Part 5, 6	動 **～に反対する** 名 objection：反対	□ object to **the plan** (その計画に反対する)
□ 382 **point at** /pɔ́int ət/ Part 1	動 **～を指し示す**、指さす	□ point at **a whiteboard** (ホワイトボードを指し示す)
□ 383 **predict** /pridíkt/ Part 5, 6	動 **～を予測する** 名 prediction：予測 形 predictable：予測できる	□ predict **the result** (結果を予測する)
□ 384 **invent** /invént/ Part 4	動 **～を発明する** 名 invention：発明	□ invent **a new product** (新しい製品を発明する)

Day 47 》MP3-139 Quick Review

答えは右ページ下

□ ～を再開する
□ ～を増加させる
□ ～を身に着ける
□ ～を一時停止する
□ ～を認める
□ ～を実行する
□ ～から成り立つ
□ ～に頼る

今日でChapter 5は最後！ 時間に余裕があったら、章末のReviewにも挑戦しておこう。

Word & Phrase
□ 聞くだけモードlevel 1　Check 1
□ 聞くだけモードlevel 2　Check 1 ▶2
□ 聞く＆書くモードlevel 1　Check 1 ▶2 ▶3

Check 3 Word & Phrase 》MP3-142 & 143

日本語の意味になるように空欄に単語を書き込もう。
フレーズまで書き込めたら、Check 1とCheck 2の音声を聞いて答えを確認しよう。

～を項目に分ける i ______	▶	□ 請求書を項目に分ける ______ _ ______
～を制限する r ______	▶	□ 食事を制限する ______ _ ______
～を抑制する c ______	▶	□ 人口増加を抑制する ______ ______ ______
～を空にする e ______	▶	□ すべての引き出しを空にする ______ ______ ______ ______
～に反対する o ______ t ______	▶	□ その計画に反対する ______ ______ ______ ______
～を指し示す p ______ a ______	▶	□ ホワイトボードを指し示す ______ ______ _ ______
～を予測する p ______	▶	□ 結果を予測する ______ ______ ______
～を発明する i ______	▶	□ 新しい製品を発明する ______ _ ______ ______

Day 47 》MP3-139 **Quick Review** 答えは左ページ下

□ resume
□ boost
□ put on
□ suspend
□ acknowledge
□ carry out
□ consist of
□ depend on

Check 4 Sentence » MP3-144

Check 1〜3で学習した語を含むセンテンスを聞いて、意味を確認しよう。
その後にもう一度音声を聞いて、そっくりにまねするつもりで音読してみよう。

□ 377
Please itemize all expenses.
(すべての経費を項目に分けてください)

□ 378
Access to user information is strictly restricted.
(ユーザー情報へのアクセスは厳しく制限されている)

□ 379
The government should curb inflation.
(政府はインフレを抑制すべきだ)

□ 380
The man is emptying a bucket.
(男性はバケツを空にしている)

□ 381
Why do you object to his proposal?
(なぜ彼の提案に反対するのですか?)

□ 382
The woman is pointing at a chart.
(女性は図を指し示している)

□ 383
We can't exactly predict the future.
(私たちは未来を正確に予測することはできない)

□ 384
Do you know who invented the telephone?
(誰が電話を発明したか知っていますか?)

Sentence
□ 聞くだけモードlevel 3　Check 1 ▸ 2 ▸ 4
□ 聞く＆書くモードlevel 2　Check 1 ▸ 2 ▸ 3 ▸ 4 ▸ 5

Check 5 Sentence 》MP3-144

日本語の意味になるように空欄に単語を書き込もう。
分からなかったら、音声を聞きながら記入してもOK。

□ すべての経費を項目に分けてください

Please ________ ____ ________.

□ ユーザー情報へのアクセスは厳しく制限されている

Access to user information is ________ ________.

□ 政府はインフレを抑制すべきだ

The government should ____ ________.

□ 男性はバケツを空にしている

The man is ________ _ ________.

□ なぜ彼の提案に反対するのですか？

Why do you ________ ___ ____ ________?

□ 女性は図を指し示している

The woman is ________ ___ _ ______.

□ 私たちは未来を正確に予測することはできない

We can't exactly ________ ____ ______.

□ 誰が電話を発明したか知っていますか？

Do you know ____ ________ ____ ________?

Chapter 5 Review

Word List

9日間学習してきた単語をおさらい。まずは日本語の意味に対応する単語を空欄に書き入れてみよう（解答はこのページ下）。間違ったものは、正しく書き直してもう一度正確に覚え直すこと。空欄が埋まったら、今度はチェックシートで日本語を隠して、単語を見て意味が分かるかテストしよう。

01 □□ ____________ ～を拡大する
02 □□ ____________ ～を獲得する
03 □□ ____________ ～に感謝する
04 □□ ____________ ～を改装する
05 □□ ____________ ～を修復する
06 □□ ____________ ～を発送する
07 □□ ____________ ～を期待する
08 □□ ____________ ～を出版する
09 □□ ____________ 集まる
10 □□ ____________ ～を禁止する
11 □□ ____________ ～と向き合う
12 □□ ____________ ～を分析する
13 □□ ____________ ～を評価する
14 □□ ____________ ～を植える
15 □□ ____________ ～を含む
16 □□ ____________ ～を求める
17 □□ ____________ ～に値する
18 □□ ____________ ～を提案する
19 □□ ____________ 投票をする
20 □□ ____________ 辞任する
21 □□ ____________ 通勤する
22 □□ ____________ ～を再開する
23 □□ ____________ ～を制限する
24 □□ ____________ ～を発明する

解答

01 expand (315)
02 obtain (317)
03 appreciate (319)
04 renovate (323)
05 restore (324)
06 ship (327)
07 expect (329)
08 publish (331)
09 gather (335)
10 prohibit (338)
11 face (339)
12 analyze (344)
13 evaluate (345)
14 plant (346)
15 include (352)
16 request (353)
17 deserve (354)
18 propose (359)
19 vote (362)
20 resign (364)
21 commute (366)
22 resume (369)
23 restrict (378)
24 invent (384)

CHAPTER 6
形容詞：必修32

Chapter 6では、TOEIC「必修」の形容詞32を見ていきましょう。これまでの学習語彙はあと2日で400。かなり自信がついてきたのでは? このペースで完走を目指しましょう。

TOEIC的格言

He who makes no mistakes makes nothing.

間違いをしない者には何もできない。

Day 49 形容詞5

Check 1 Word 》MP3-145

音声を聞いて、単語の発音と太字の意味をセットで覚えよう。
余裕があれば、太字以外の意味や派生語もチェック！

Check 2 Phrase 》MP3-146

音声と同じようにフレーズを読もう。
一緒に使われている単語にも注意！

Check 1		Check 2
□ 385 **mechanical** /mikǽnikəl/ Part 4	形**機械(上)の** 名mechanic：整備士、修理工	□ a mechanical failure (機械の故障)
□ 386 **overseas** /óuvərsí:z/ ❗アクセント Part 2, 3	形**海外の**、外国への 副(/òuvərsí:z/)海外へ[に]	□ overseas development (海外開発)
□ 387 **reliable** /riláiəbl/ Part 4	形**信頼できる**、頼りになる 動rely：頼る、信頼する	□ a reliable friend (信頼できる友人)
□ 388 **successful** /səksésfəl/ Part 7	形**成功した** 名success：成功 動succeed：成功する	□ successful people (成功した人々)
□ 389 **limited** /límitid/ Part 5, 6	形**限られた** 動limit：～を制限する 名limit：限度 名limitation：制限	□ a limited period (限られた期間)
□ 390 **local** /lóukəl/ Part 5, 6	形**地元の**、現地の 副locally：地元で、現地で	□ a local radio station (地元のラジオ局)
□ 391 **prestigious** /prestídʒəs/ Part 7	形**名声のある**、一流の	□ a prestigious school (名声のある学校)
□ 392 **regional** /rí:dʒənl/ Part 5, 6	形**地域の**、地方の 名region：地域、地方	□ the regional economy (地域経済)

Day 48 》MP3-142 Quick Review

答えは右ページ下

□ ～を項目に分ける　□ ～を抑制する　□ ～に反対する　□ ～を予測する
□ ～を制限する　□ ～を空にする　□ ～を指し示す　□ ～を発明する

Chapter 6では、4日をかけて必修形容詞32をチェック。まずはチャンツを聞いてみよう!

Word & Phrase
□ 聞くだけモードlevel 1　Check 1
□ 聞くだけモードlevel 2　Check 1 ▸ 2
□ 聞く&書くモードlevel 1　Check 1 ▸ 2 ▸ 3

Check 3 Word & Phrase 》MP3-145 & 146

日本語の意味になるように空欄に単語を書き込もう。
フレーズまで書き込めたら、Check 1とCheck 2の音声を聞いて答えを確認しよう。

機械の m ______	▸	□ 機械の故障 _ ______ ______
海外の o ______	▸	□ 海外開発 ______ ______
信頼できる r ______	▸	□ 信頼できる友人 _ ______ ______
成功した s ______	▸	□ 成功した人々 ______ ______
限られた l ______	▸	□ 限られた期間 _ ______ ______
地元の l ______	▸	□ 地元のラジオ局 _ ______ ______ ______
名声のある p ______	▸	□ 名声のある学校 _ ______ ______
地域の r ______	▸	□ 地域経済 ______ ______ ______

Day 48 》MP3-142 **Quick Review** 答えは左ページ下

□ itemize　□ curb　□ object to　□ predict
□ restrict　□ empty　□ point at　□ invent

Check 4 Sentence MP3-147

Check 1～3で学習した語を含むセンテンスを聞いて、意味を確認しよう。
その後にもう一度音声を聞いて、そっくりにまねするつもりで音読してみよう。

□ 385
This train is delayed due to mechanical problems.
(この電車は機械の問題のため遅れています)

□ 386
The company has many overseas clients.
(その会社には多くの海外の顧客がいる)

□ 387
This information is highly reliable.
(この情報は非常に信頼できる)

□ 388
We were successful in winning the contract.
(私たちはその契約の獲得に成功した)

□ 389
I only have a limited time.
(私には限られた時間しかない)

□ 390
Over 500 local people joined the event.
(500人を超える地元住民がその行事に参加した)

□ 391
He has won several prestigious awards.
(彼はいくつかの名声のある賞を受賞してきた)

□ 392
Our mission is to promote regional development.
(私たちの任務は地域開発を促進することだ)

Sentence
□ 聞くだけモードlevel 3　Check 1 ▶ 2 ▶ 4
□ 聞く&書くモードlevel 2　Check 1 ▶ 2 ▶ 3 ▶ 4 ▶ 5

Check 5 Sentence 》MP3-147

日本語の意味になるように空欄に単語を書き込もう。
分からなかったら、音声を聞きながら記入してもOK。

□ この電車は機械の問題のため遅れています

This train is delayed ____ ___ ________ ________.

□ その会社には多くの海外の顧客がいる

The company has _____ ________ ________.

□ この情報は非常に信頼できる

This information is _______ ________.

□ 私たちはその契約の獲得に成功した

We were ________ __ ________ the contract.

□ 私には限られた時間しかない

I only _____ _ ________ _____.

□ 500人を超える地元住民がその行事に参加した

Over 500 ______ _______ _______ the event.

□ 彼はいくつかの名声のある賞を受賞してきた

He has won ________ ________ _______.

□ 私たちの任務は地域開発を促進することだ

Our mission is to ________ ________ ________.

Day 50 形容詞6

Check 1 Word 》MP3-148

音声を聞いて、単語の発音と太字の意味をセットで覚えよう。
余裕があれば、太字以外の意味や派生語もチェック！

Check 2 Phrase 》MP3-149

音声と同じようにフレーズを読もう。
一緒に使われている単語にも注意！

Word	意味	Phrase
□ 393 **competitive** /kəmpétətiv/ Part 4	形**競争力のある** 動compete：競争する 名competition：競争 名competitor：競争相手	□ competitive goods（競争力のある商品）
□ 394 **essential** /isénʃəl/ ❗アクセント Part 2, 3	形**不可欠の**、極めて重要な	□ an essential part（不可欠な部分）
□ 395 **prospective** /prəspéktiv/ Part 5, 6	形❶**見込みのある**、期待される ❷予想される 名prospect：（通例～s）見込み、可能性	□ prospective profit（見込み利益）
□ 396 **spacious** /spéiʃəs/ Part 7	形**広々とした**、広い	□ a spacious house（広々とした家）
□ 397 **tentative** /téntətiv/ ❗発音 Part 5, 6	形**仮の**、暫定的な	□ a tentative password（仮のパスワード）
□ 398 **urgent** /ə́:rdʒənt/ Part 2, 3	形**緊急の**、急を要する	□ urgent business（緊急の仕事）
□ 399 **vacant** /véikənt/ Part 2, 3	形❶**空いている** ❷欠員[空位]の 名vacancy：❶空室、空き屋 ❷欠員、空位	□ a vacant seat（空いている席）
□ 400 **crowded** /kráudid/ Part 1	形**混雑した**、満員の 名crowd：群衆、人込み	□ a crowded store（混雑した店）

Day 49 》MP3-145 Quick Review

答えは右ページ下

□ 機械の　□ 信頼できる　□ 限られた　□ 名声のある
□ 海外の　□ 成功した　□ 地元の　□ 地域の

「声に出す」練習は続けてる？　えっ、周りに人がいてできない?!　そんなときは「口パク」でもOK!

Word & Phrase
□ 聞くだけモードlevel 1　Check 1
□ 聞くだけモードlevel 2　Check 1 ▶2
□ 聞く&書くモードlevel 1　Check 1 ▶2 ▶3

Check 3 Word & Phrase 》MP3-148 & 149

日本語の意味になるように空欄に単語を書き込もう。
フレーズまで書き込めたら、Check 1とCheck 2の音声を聞いて答えを確認しよう。

競争力のある c ____	▶	□ 競争力のある商品 ____ ____
不可欠の e ____	▶	□ 不可欠な部分 __ ____ ____
見込みのある p ____	▶	□ 見込み利益 ____ ____
広々とした s ____	▶	□ 広々とした家 _ ____ ____
仮の t ____	▶	□ 仮のパスワード _ ____ ____
緊急の u ____	▶	□ 緊急の仕事 ____ ____
空いている v ____	▶	□ 空いている席 _ ____ ____
混雑した c ____	▶	□ 混雑した店 _ ____ ____

Day 49 》MP3-145 **Quick Review** 答えは左ページ下

□ mechanical　□ reliable　□ limited　□ prestigious
□ overseas　□ successful　□ local　□ regional

Check 4 Sentence 》 MP3-150

Check 1～3で学習した語を含むセンテンスを聞いて、意味を確認しよう。
その後にもう一度音声を聞いて、そっくりにまねするつもりで音読してみよう。

□ 393
We have competitive technology in this area.
（当社はこの分野で競争力のある技術を持っている）

□ 394
Collaboration is essential for companies to grow.
（協力は企業が成長するために不可欠だ）

□ 395
We need to know what prospective buyers want.
（私たちは見込み客が望むものを知る必要がある）

□ 396
The hotel room was spacious and clean.
（そのホテルの部屋は広々としていて清潔だった）

□ 397
They have reached a tentative agreement.
（彼らは仮の合意に達した）

□ 398
There's an urgent message from your boss.
（あなたの上司からの緊急の伝言があります）

□ 399
We don't have any vacant rooms at the moment.
（現在、空いている部屋はありません）

□ 400
The beach is crowded with people.
（浜辺は人々で混雑している）

Sentence
□ 聞くだけモードlevel 3　Check 1 ▸2 ▸4
□ 聞く＆書くモードlevel 2　Check 1 ▸2 ▸3 ▸4 ▸5

Check 5 Sentence 》MP3-150

日本語の意味になるように空欄に単語を書き込もう。
分からなかったら、音声を聞きながら記入してもOK。

□ 当社はこの分野で競争力のある技術を持っている

We have ________ ________ in this area.

□ 協力は企業が成長するために不可欠だ

Collaboration is ________ ____ ________ to grow.

□ 私たちは見込み客が望むものを知る必要がある

We need to know what ________ ______ _____.

□ そのホテルの部屋は広々としていて清潔だった

The hotel room was ________ ____ ______.

□ 彼らは仮の合意に達した

They have ________ _ ________ ________.

□ あなたの上司からの緊急の伝言があります

There's ___ ________ ________ _____ your boss.

□ 現在、空いている部屋はありません

We don't have ____ ________ ______ at the moment.

□ 浜辺は人々で混雑している

The beach is ________ _____ ______.

Day 51 形容詞7

Check 1 Word 》MP3-151

音声を聞いて、単語の発音と太字の意味をセットで覚えよう。
余裕があれば、太字以外の意味や派生語もチェック！

Check 2 Phrase 》MP3-152

音声と同じようにフレーズを読もう。
一緒に使われている単語にも注意！

Check 1		Check 2
□ 401 **prominent** /prɑ́mənənt/ Part 7	形❶**著名**[有名]**な** ❷目立った、重要な	□ a prominent figure（著名人）
□ 402 **former** /fɔ́:rmər/ Part 5, 6	形**前の**、先の 名(the ～)前者	□ her former husband（彼女の前の夫）
□ 403 **huge** /hjú:dʒ/ Part 4	形**巨大な**、莫大な	□ a huge house（巨大な家）
□ 404 **qualified** /kwɑ́ləfàid/ Part 7	形**資格**[免許]**のある** 名qualification：資格	□ a qualified accountant（資格のある会計士）
□ 405 **severe** /səvíər/ Part 5, 6	形❶**ひどい**、厳しい、激しい ❷厳格な	□ a severe injury（ひどいけが）
□ 406 **corporate** /kɔ́:rpərət/ Part 7	形**企業**[会社、法人]**の** 名corporation：株式会社、企業	□ a corporate strategy（企業戦略）
□ 407 **secure** /sikjúər/ Part 7	形❶**安全な** ❷確実な 動❶～を確保する ❷～を守る 名security：❶警備 ❷安全	□ a secure environment（安全な環境）
□ 408 **adequate** /ǽdikwət/ Part 5, 6	形❶**十分な**(量の) ❷適した 副adequately：十分に、適切に	□ adequate funds（十分な資金）

Day 50 》MP3-148 **Quick Review** 答えは右ページ下

□ 競争力のある　□ 見込みのある　□ 仮の　□ 空いている
□ 不可欠の　□ 広々とした　□ 緊急の　□ 混雑した

本書も残すところあとわずか！ 目標スコアをゲットする日も近づいている。ラストスパートをかけよう！

Word & Phrase
□ 聞くだけモードlevel 1 Check 1
□ 聞くだけモードlevel 2 Check 1 ▸2
□ 聞く＆書くモードlevel 1 Check 1 ▸2 ▸3

Check 3 Word & Phrase 》MP3-151 & 152

日本語の意味になるように空欄に単語を書き込もう。
フレーズまで書き込めたら、Check 1とCheck 2の音声を聞いて答えを確認しよう。

著名な p______	▸	□ 著名人 _ ______ ______
前の f______	▸	□ 彼女の前の夫 ____ ______ ______
巨大な h______	▸	□ 巨大な家 _ ______ ______
資格のある q______	▸	□ 資格のある会計士 _ ______ ______
ひどい s______	▸	□ ひどいけが _ ______ ______
企業の c______	▸	□ 企業戦略 _ ______ ______
安全な s______	▸	□ 安全な環境 _ ______ ______
十分な a______	▸	□ 十分な資金 ______ ______

Day 50 》MP3-148 **Quick Review** 答えは左ページ下

□ competitive □ prospective □ tentative □ vacant
□ essential □ spacious □ urgent □ crowded

Check 4 Sentence 》MP3-153

Check 1～3で学習した語を含むセンテンスを聞いて、意味を確認しよう。
その後にもう一度音声を聞いて、そっくりにまねするつもりで音読してみよう。

□ 401
Mr. Thompson is a prominent entrepreneur.
(トンプソン氏は著名な起業家だ)

□ 402
She is my former boss.
(彼女は私の前の上司だ)

□ 403
The huge shopping mall opened in 2010.
(その巨大なショッピングモールは2010年に開業した)

□ 404
My wife is qualified to teach physics.
(私の妻は物理を教える資格がある)

□ 405
I have a severe headache.
(ひどい頭痛がする)

□ 406
They need to improve their corporate image.
(彼らは企業イメージを向上させる必要がある)

□ 407
Personal information is kept in a secure place.
(個人情報は安全な場所に保管されている)

□ 408
I don't have adequate time to study.
(私は勉強するための十分な時間がない)

230 ▸ 231

Sentence
□ 聞くだけモードlevel 3　Check 1 ▶2 ▶4
□ 聞く&書くモードlevel 2　Check 1 ▶2 ▶3 ▶4 ▶5

Check 5 Sentence 》MP3-153

日本語の意味になるように空欄に単語を書き込もう。
分からなかったら、音声を聞きながら記入してもOK。

□ トンプソン氏は著名な起業家だ

Mr. Thompson is _ ______ ______.

□ 彼女は私の前の上司だ

She is ___ ______ ______.

□ その巨大なショッピングモールは2010年に開業した

The ______ ______ ______ opened in 2010.

□ 私の妻は物理を教える資格がある

My wife is ______ ___ ______ physics.

□ ひどい頭痛がする

I have _ ______ ______.

□ 彼らは企業イメージを向上させる必要がある

They need to ______ ______ ______ ______.

□ 個人情報は安全な場所に保管されている

Personal information is kept ___ _ ______ ______.

□ 私は勉強するための十分な時間がない

I don't have ______ ______ ___ ______.

Day 52 形容詞8

Check 1 Word 》MP3-154

音声を聞いて、単語の発音と太字の意味をセットで覚えよう。
余裕があれば、太字以外の意味や派生語もチェック！

Check 2 Phrase 》MP3-155

音声と同じようにフレーズを読もう。
一緒に使われている単語にも注意！

Check 1		Check 2
□ 409 **exclusive** /ikskIú:siv/ Part 5, 6	形❶**独占的な** ❷排他的な ❸高級な 副exclusively：専ら、全く〜のみ、独占的に	□ an **exclusive** right（独占権）
□ 410 **thorough** /θə́:rou/ ❗発音 Part 5, 6	形**徹底的な**、完全な 副thoroughly：徹底的に、完全に	□ a **thorough** analysis（徹底的な分析）
□ 411 **defective** /diféktiv/ Part 5, 6	形**欠陥［欠点］のある** 名defect：欠陥、欠点	□ **defective** goods（欠陥商品）
□ 412 **durable** /djúərəbl/ Part 5, 6	形**耐久性［力］のある**	□ a **durable** material（耐久性のある材料）
□ 413 **initial** /iníʃəl/ ❗アクセント Part 5, 6	形**最初の** 名頭文字	□ an **initial** impression（最初の印象）
□ 414 **specific** /spisífik/ ❗アクセント Part 5, 6	形❶**特定の** ❷明確な 名specification：（通例〜s）仕様書、設計明細書	□ a **specific** time（特定の時間）
□ 415 **valuable** /vǽljuəbl/ Part 7	形❶**貴重な** ❷高価な 名（通例〜s）貴重品 名value：価値 動value：〜を高く評価する	□ a **valuable** experience（貴重な体験）
□ 416 **administrative** /ædmínəstrèitiv/ Part 7	形**管理の**、経営上の 動administer：〜を管理する 名administration：管理、経営	□ **administrative** costs（管理費）

Day 51 》MP3-151 Quick Review

答えは右ページ下

□ 著名な　□ 巨大な　□ ひどい　□ 安全な
□ 前の　□ 資格のある　□ 企業の　□ 十分な

今日でChapter 6は最後！ 時間に余裕があったら、章末のReviewにも挑戦しておこう。

Word & Phrase
□ 聞くだけモードlevel 1　Check 1
□ 聞くだけモードlevel 2　Check 1 ▸ 2
□ 聞く&書くモードlevel 1　Check 1 ▸ 2 ▸ 3

Check 3 Word & Phrase 》MP3-154 & 155

日本語の意味になるように空欄に単語を書き込もう。
フレーズまで書き込めたら、Check 1とCheck 2の音声を聞いて答えを確認しよう。

独占的な e______	▸ □ 独占権 __ ______ ______
徹底的な t______	▸ □ 徹底的な分析 _ ______ ______
欠陥のある d______	▸ □ 欠陥商品 ______ ______
耐久性のある d______	▸ □ 耐久性のある材料 _ ______ ______
最初の i______	▸ □ 最初の印象 __ ______ ______
特定の s______	▸ □ 特定の時間 _ ______ ______
貴重な v______	▸ □ 貴重な体験 _ ______ ______
管理の a______	▸ □ 管理費 ______ ______

Day 51 》MP3-151 **Quick Review** 答えは左ページ下

□ prominent　□ huge　□ severe　□ secure
□ former　□ qualified　□ corporate　□ adequate

Check 4 Sentence 》MP3-156

Check 1～3で学習した語を含むセンテンスを聞いて、意味を確認しよう。
その後にもう一度音声を聞いて、そっくりにまねするつもりで音読してみよう。

□ 409

The exclusive interview was aired on Monday.

（その独占インタビューは月曜日に放送された）

□ 410

Police made a thorough search of the area.

（警察はその地域の徹底的な捜索を行った）

□ 411

The product proved defective.

（その製品は欠陥があると分かった）

□ 412

This toy is made of durable plastic.

（このおもちゃは耐久性のあるプラスチックで作られている）

□ 413

The initial meeting will be held on May 15.

（最初の会議は5月15日に行われる予定だ）

□ 414

This data was collected for a specific purpose.

（このデータは特定の目的のために集められた）

□ 415

I appreciate your valuable information.

（貴重な情報に感謝します）

□ 416

The school has an administrative staff of 15.

（その学校には15人の管理職員がいる）

Sentence
□ 聞くだけモードlevel 3　Check 1 ▸ 2 ▸ 4
□ 聞く＆書くモードlevel 2　Check 1 ▸ 2 ▸ 3 ▸ 4 ▸ 5

Check 5 Sentence 》MP3-156

日本語の意味になるように空欄に単語を書き込もう。
分からなかったら、音声を聞きながら記入してもOK。

□ その独占インタビューは月曜日に放送された

The ______ ______ ___ ______ on Monday.

□ 警察はその地域の徹底的な捜索を行った

Police _____ _ ______ ______ of the area.

□ その製品は欠陥があると分かった

The product ______ ______.

□ このおもちゃは耐久性のあるプラスチックで作られている

This toy is _____ __ ______ ______.

□ 最初の会議は5月15日に行われる予定だ

The ______ ______ will be held on May 15.

□ このデータは特定の目的のために集められた

This data was collected ____ _ ______ ______.

□ 貴重な情報に感謝します

I appreciate your ______ ______.

□ その学校には15人の管理職員がいる

The school has an ______ ______ __ __.

Chapter 6 Review

Word List

4日間学習してきた単語をおさらい。まずは日本語の意味に対応する単語を空欄に書き入れてみよう(解答はこのページ下)。間違ったものは、正しく書き直してもう一度正確に覚え直すこと。空欄が埋まったら、今度はチェックシートで日本語を隠して、単語を見て意味が分かるかテストしよう。

01	□□ ______	機械の
02	□□ ______	海外の
03	□□ ______	信頼できる
04	□□ ______	成功した
05	□□ ______	地元の
06	□□ ______	名声のある
07	□□ ______	競争力のある
08	□□ ______	不可欠の
09	□□ ______	広々とした
10	□□ ______	仮の
11	□□ ______	緊急の
12	□□ ______	空いている
13	□□ ______	前の
14	□□ ______	巨大な
15	□□ ______	資格のある
16	□□ ______	企業の
17	□□ ______	安全な
18	□□ ______	十分な
19	□□ ______	独占的な
20	□□ ______	徹底的な
21	□□ ______	欠陥のある
22	□□ ______	耐久性のある
23	□□ ______	特定の
24	□□ ______	貴重な

解答

01 mechanical (385)
02 overseas (386)
03 reliable (387)
04 successful (388)
05 local (390)
06 prestigious (391)
07 competitive (393)
08 essential (394)
09 spacious (396)
10 tentative (397)
11 urgent (398)
12 vacant (399)
13 former (402)
14 huge (403)
15 qualified (404)
16 corporate (406)
17 secure (407)
18 adequate (408)
19 exclusive (409)
20 thorough (410)
21 defective (411)
22 durable (412)
23 specific (414)
24 valuable (415)

CHAPTER 7
副詞・前置詞：必修32

本書もいよいよ最後のChapterに入りました。ここでは、TOEIC「必修」の副詞・前置詞32をマスターしていきましょう。ゴールまではあと4日!

TOEIC的格言

Opportunity seldom knocks twice.

好機は二度と訪れない。
[直訳] 好機はめったに2度戸をたたかない。

Day 53 副詞1

Check 1 Word 》MP3-157

音声を聞いて、単語の発音と太字の意味をセットで覚えよう。
余裕があれば、太字以外の意味や派生語もチェック！

Check 2 Phrase 》MP3-158

音声と同じようにフレーズを読もう。
一緒に使われている単語にも注意！

Check 1 Word	意味	Check 2 Phrase
□ 417 **approximately** /əprɑ́ksəmətli/ Part 5, 6	副**おおよそ**、約 形approximate：おおよその	□ cost approximately $1,000 （おおよそ1000ドルの費用がかかる）
□ 418 **relatively** /rélətivli/ Part 5, 6	副**比較的**、割合に 名relative：親戚、親類 形relative：ある程度の	□ a relatively high income （比較的高い収入）
□ 419 **in advance** /in ædvǽns/ Part 5, 6	副**前もって**、あらかじめ	□ let him know in advance （前もって彼に知らせる）
□ 420 **steadily** /stédili/ Part 5, 6	副**徐々に**、だんだん、着実に 形steady：❶安定した ❷着実な	□ increase steadily （徐々に増加する）
□ 421 **recently** /rí:sntli/ Part 4	副**最近**、近ごろ 形recent：最近の、近ごろの	□ a recently published book （最近出版された本）
□ 422 **rapidly** /rǽpidli/ Part 5, 6	副**急速に**、速く 形rapid：急な、速い	□ a rapidly aging population （急速に高齢化する人口）
□ 423 **otherwise** /ʌ́ðərwàiz/ Part 5, 6	副❶**さもなければ** ❷そのほかの点では	□ otherwise you'll be late （さもなければ遅刻しますよ）
□ 424 **eventually** /ivéntʃuəli/ Part 5, 6	副**結局**、ついに	□ eventually marry him （結局彼と結婚する）

Day 52 》MP3-154 Quick Review

答えは右ページ下

□ 独占的な　□ 欠陥のある　□ 最初の　□ 貴重な
□ 徹底的な　□ 耐久性のある　□ 特定の　□ 管理の

Chapter 7では、4日をかけて必修副詞・前置詞32をチェック。まずはチャンツを聞いてみよう！

Word & Phrase
- □ 聞くだけモードlevel 1　Check 1
- □ 聞くだけモードlevel 2　Check 1 ▶ 2
- □ 聞く&書くモードlevel 1　Check 1 ▶ 2 ▶ 3

Check 3 Word & Phrase 》MP3-157 & 158

日本語の意味になるように空欄に単語を書き込もう。
フレーズまで書き込めたら、Check 1とCheck 2の音声を聞いて答えを確認しよう。

おおよそ a	▶	□ おおよそ1000ドルの費用がかかる ___ ___ ___
比較的 r	▶	□ 比較的高い収入 _ ___ ___ ___
前もって i a	▶	□ 前もって彼に知らせる ___ ___ ___ __ ___
徐々に s	▶	□ 徐々に増加する ___ ___
最近 r	▶	□ 最近出版された本 _ ___ ___ ___
急速に r	▶	□ 急速に高齢化する人口 _ ___ ___ ___
さもなければ o	▶	□ さもなければ遅刻しますよ ___ ___ __ ___
結局 e	▶	□ 結局彼と結婚する ___ ___ ___

Day 52 》MP3-154　Quick Review　答えは左ページ下

□ exclusive	□ defective	□ initial	□ valuable
□ thorough	□ durable	□ specific	□ administrative

Check 4 Sentence 》 MP3-159

Check 1～3で学習した語を含むセンテンスを聞いて、意味を確認しよう。
その後にもう一度音声を聞いて、そっくりにまねするつもりで音読してみよう。

□ 417
This flight will take approximately 10 hours.
（この便はおおよそ10時間かかる予定だ）

□ 418
The hotel was relatively cheap.
（そのホテルは比較的安かった）

□ 419
You should contact them in advance.
（あなたは前もって彼らに連絡したほうがいい）

□ 420
The situation is getting steadily worse.
（状況は徐々に悪化している）

□ 421
She was recently promoted to sales manager.
（彼女は最近、営業部長に昇進した）

□ 422
This area has rapidly developed.
（この地域は急速に発展した）

□ 423
Hurry up, otherwise you'll miss your train.
（急いで、さもなければ電車に乗り遅れますよ）

□ 424
The project eventually cost nearly $50 million.
（そのプロジェクトは結局、5000万ドル近くかかった）

Sentence
□ 聞くだけモードlevel 3　Check 1 ▶2 ▶4
□ 聞く＆書くモードlevel 2　Check 1 ▶2 ▶3 ▶4 ▶5

Check 5 Sentence 》MP3-159

日本語の意味になるように空欄に単語を書き込もう。
分からなかったら、音声を聞きながら記入してもOK。

□ この便はおおよそ10時間かかる予定だ

This flight will ______ ______ ______ ______.

□ そのホテルは比較的安かった

The hotel was ______ ______.

□ あなたは前もって彼らに連絡したほうがいい

You should ______ ______ ______ ______.

□ 状況は徐々に悪化している

The situation is ______ ______ ______.

□ 彼女は最近、営業部長に昇進した

She was ______ ______ ______ sales manager.

□ この地域は急速に発展した

This area has ______ ______.

□ 急いで、さもなければ電車に乗り遅れますよ

Hurry up, ______ ______ ______ your train.

□ そのプロジェクトは結局、5000万ドル近くかかった

The project ______ ______ ______ $50 million.

Day 54 副詞2

Check 1 Word ≫ MP3-160

音声を聞いて、単語の発音と太字の意味をセットで覚えよう。
余裕があれば、太字以外の意味や派生語もチェック！

Check 2 Phrase ≫ MP3-161

音声と同じようにフレーズを読もう。
一緒に使われている単語にも注意！

Check 1	意味	Check 2
□ 425 **in a row** /in ə róu/ Part 1	副❶(横)**1列に** ❷連続して	□ stand **in a row** (1列に立つ)
□ 426 **extremely** /ikstríːmli/ Part 5, 6	副**非常に**、極度[極端]に 形extreme：極度の、極端な	□ an **extremely** difficult issue (非常に難しい問題)
□ 427 **exactly** /igzǽktli/ Part 5, 6	副❶**正確に** ❷(同意を表して)そうです 形exact：正確な	□ tell **exactly** the truth (真実を正確に話す)
□ 428 **side by side** /sáid bai sáid/ Part 1	副(横に)**並んで**	□ stand **side by side** (並んで立つ)
□ 429 **absolutely** /æ̀bsəlúːtli/ Part 2, 3	副❶**完全に**、全く ❷(返事として)その通り	□ an **absolutely** right decision (完全に正しい決定)
□ 430 **in line** /in láin/ Part 1	副**1列に** ➕縦・横いずれの列も表す	□ get **in line** (1列に並ぶ)
□ 431 **in person** /in pə́ːrsn/ Part 4	副(代理でなく)**自分で**、自ら	□ apologize **in person** (自分で謝る)
□ 432 **frequently** /fríːkwəntli/ Part 2, 3	副**頻繁に**、しばしば 形frequent：たびたびの、頻繁に起こる	□ see her **frequently** (頻繁に彼女に会う)

Day 53 ≫ MP3-157 **Quick Review** 答えは右ページ下

□ おおよそ □ 前もって □ 最近 □ さもなければ
□ 比較的 □ 徐々に □ 急速に □ 結局

副詞の用法は、主に動詞と形容詞を修飾すること。どちらを修飾しているか、センテンスで確認しよう。

Word & Phrase
□ 聞くだけモードlevel 1　Check 1
□ 聞くだけモードlevel 2　Check 1 ▶2
□ 聞く&書くモードlevel 1　Check 1 ▶2 ▶3

Check 3 Word & Phrase 》MP3-160 & 161

日本語の意味になるように空欄に単語を書き込もう。
フレーズまで書き込めたら、Check 1とCheck 2の音声を聞いて答えを確認しよう。

1列に i a r	▶	□ 1列に立つ ____ __ _ ___
非常に e	▶	□ 非常に難しい問題 __ ______ _____ ____
正確に e	▶	□ 真実を正確に話す ____ _____ ___ ____
並んで s b s	▶	□ 並んで立つ ____ ___ __ ___
完全に a	▶	□ 完全に正しい決定 __ ______ ____ _____
1列に i l	▶	□ 1列に並ぶ ___ __ ___
自分で i p	▶	□ 自分で謝る ______ __ ____
頻繁に f	▶	□ 頻繁に彼女に会う ___ ___ ______

Day 53 》MP3-157 **Quick Review**　答えは左ページ下

□ approximately　□ in advance　□ recently　□ otherwise
□ relatively　□ steadily　□ rapidly　□ eventually

Check 4 Sentence 》MP3-162

Check 1～3で学習した語を含むセンテンスを聞いて、意味を確認しよう。
その後にもう一度音声を聞いて、そっくりにまねするつもりで音読してみよう。

□ 425
They're sitting in a row.
(彼らは1列に座っている)

□ 426
The church is extremely beautiful.
(その教会は非常に美しい)

□ 427
I can't remember exactly what happened.
(何が起きたのか私は正確に思い出せない)

□ 428
They're running side by side.
(彼らは並んで走っている)

□ 429
I trust her absolutely.
(私は完全に彼女を信頼している)

□ 430
They're walking in line.
(彼らは1列に歩いている)

□ 431
You must go there in person.
(あなたは自分でそこへ行かなければならない)

□ 432
You should save important files frequently.
(重要なファイルは頻繁にセーブしたほうがいい)

Sentence
☐ 聞くだけモードlevel 3　Check 1 ▶2 ▶4
☐ 聞く＆書くモードlevel 2　Check 1 ▶2 ▶3 ▶4 ▶5

Check 5 Sentence 》MP3-162

日本語の意味になるように空欄に単語を書き込もう。
分からなかったら、音声を聞きながら記入してもOK。

☐ 彼らは1列に座っている

They're ________ ___ __ _____.

☐ その教会は非常に美しい

The church is __________ __________.

☐ 何が起きたのか私は正確に思い出せない

I can't _________ ________ _____ _________.

☐ 彼らは並んで走っている

They're ________ _____ ___ _____.

☐ 私は完全に彼女を信頼している

I ______ ____ ___________.

☐ 彼らは1列に歩いている

They're ________ ___ _____.

☐ あなたは自分でそこへ行かなければならない

You must __ ______ ___ ________.

☐ 重要なファイルは頻繁にセーブしたほうがいい

You should _____ __________ ______ ___________.

Day 55 前置詞1

Check 1 Word MP3-163

音声を聞いて、単語の発音と太字の意味をセットで覚えよう。
余裕があれば、太字以外の意味や派生語もチェック！

Check 2 Phrase MP3-164

音声と同じようにフレーズを読もう。
一緒に使われている単語にも注意！

Check 1		Check 2
□ 433 **according to** /əkɔ́:rdiŋ tu/ Part 5, 6	前❶**〜によれば** ❷〜に従って	□ according to the forecast (予報によれば)
□ 434 **in charge of** /in tʃɑ́:rdʒ əv/ Part 2, 3	前**〜を担当[管理]して**	□ be in charge of the project (そのプロジェクトを担当している)
□ 435 **despite** /dispáit/ Part 5, 6	前**〜にもかかわらず**	□ despite all efforts (あらゆる努力にもかかわらず)
□ 436 **prior to** /práiər tu/ Part 5, 6	前**〜より前に**、〜に先立って	□ prior to the meeting (その会議より前に)
□ 437 **on behalf of** /ən bihǽf əv/ Part 5, 6	前**〜を代表して**、〜に代わって	□ on behalf of the company (会社を代表して)
□ 438 **worth** /wə́:rθ/ Part 5, 6	前**〜の価値がある**、〜に値する ➕形容詞とも考えられる 名価値	□ be worth considering (検討する価値がある)
□ 439 **due to** /djú: tu/ Part 4	前**〜が原因で**	□ due to stress (ストレスが原因で)
□ 440 **instead of** /instéd əv/ Part 5, 6	前**〜の代わりに**、〜ではなくて	□ go instead of her (彼女の代わりに行く)

Day 54 MP3-160 Quick Review 答えは右ページ下

□ 1列に □ 正確に □ 完全に □ 自分で
□ 非常に □ 並んで □ 1列に □ 頻繁に

Quick Reviewは使ってる？ 昨日覚えた単語でも、記憶に残っているとは限らないよ。

Word & Phrase
□ 聞くだけモードlevel 1　Check 1
□ 聞くだけモードlevel 2　Check 1 ▸ 2
□ 聞く&書くモードlevel 1　Check 1 ▸ 2 ▸ 3

Check 3 Word & Phrase 》MP3-163 & 164

日本語の意味になるように空欄に単語を書き込もう。
フレーズまで書き込めたら、Check 1とCheck 2の音声を聞いて答えを確認しよう。

～によれば a______ t___	▸	□ 予報によれば ______ ___ ___ ______
～を担当して i_ c_____ o_	▸	□ そのプロジェクトを担当している ___ ___ ______ ___ ___ ______
～にもかかわらず d______	▸	□ あらゆる努力にもかかわらず ______ ___ ______
～より前に p____ t_	▸	□ その会議より前に ______ ___ ___ ______
～を代表して o_ b_____ o_	▸	□ 会社を代表して ___ ______ ___ ___ ______
～の価値がある w______	▸	□ 検討する価値がある ___ ______ ______
～が原因で d___ t_	▸	□ ストレスが原因で ___ ___ ______
～の代わりに i______ o_	▸	□ 彼女の代わりに行く ___ ______ ___ ___

Day 54 》MP3-160 **Quick Review**　答えは左ページ下

□ in a row　□ exactly　□ absolutely　□ in person
□ extremely　□ side by side　□ in line　□ frequently

Check 4 Sentence 》 MP3-165

Check 1～3で学習した語を含むセンテンスを聞いて、意味を確認しよう。
その後にもう一度音声を聞いて、そっくりにまねするつもりで音読してみよう。

□ 433
According to reports, the CEO will resign soon.
(報道によれば、そのCEOは近く辞任する予定だ)

□ 434
Who is in charge of marketing?
(マーケティングを担当しているのは誰ですか?)

□ 435
Despite the bad weather, the event was held.
(悪天候にもかかわらず、そのイベントは開催された)

□ 436
This form must be submitted prior to May 1.
(この用紙は5月1日より前に提出されなければならない)

□ 437
He made a speech on behalf of everyone.
(みんなを代表して、彼はスピーチを行った)

□ 438
The zoo is worth a visit.
(その動物園は訪れる価値がある)

□ 439
The flight is delayed due to fog.
(その便は霧が原因で遅れている)

□ 440
I used margarine instead of butter.
(私はバターの代わりにマーガリンを使った)

Sentence
□ 聞くだけモードlevel 3　Check 1 ▸2 ▸4
□ 聞く＆書くモードlevel 2　Check 1 ▸2 ▸3 ▸4 ▸5

Check 5 Sentence 》MP3-165

日本語の意味になるように空欄に単語を書き込もう。
分からなかったら、音声を聞きながら記入してもOK。

□ 報道によれば、そのCEOは近く辞任する予定だ

_______ __ _______, the CEO will resign soon.

□ マーケティングを担当しているのは誰ですか？

Who is __ _______ __ _______?

□ 悪天候にもかかわらず、そのイベントは開催された

_______ __ __ _______, the event was held.

□ この用紙は5月1日より前に提出されなければならない

This form must be submitted _______ __ __ _.

□ みんなを代表して、彼はスピーチを行った

He made a speech __ _______ __ _______.

□ その動物園は訪れる価値がある

The zoo is _______ _ _______.

□ その便は霧が原因で遅れている

The flight is _______ __ __ __.

□ 私はバターの代わりにマーガリンを使った

I used margarine _______ __ _______.

Day 56 前置詞2

Check 1 Word MP3-166

音声を聞いて、単語の発音と太字の意味をセットで覚えよう。
余裕があれば、太字以外の意味や派生語もチェック！

Check 2 Phrase MP3-167

音声と同じようにフレーズを読もう。
一緒に使われている単語にも注意！

Check 1		Check 2
□ 441 **along with** /əlɔ́:ŋ wìð/ Part 5, 6	前 **～と一緒に**	□ travel along with him （彼と一緒に旅行する）
□ 442 **regardless of** /rigɑ́:rdlis əv/ Part 5, 6	前 **～に関係なく**、～にかかわらず	□ regardless of nationality （国籍に関係なく）
□ 443 **in addition to** /in ədíʃən tu/ Part 5, 6	前 **～に加えて**	□ in addition to breakfast （朝食に加えて）
□ 444 **in terms of** /in tə́:rmz əv/ Part 5, 6	前 **～の点から**、～に関して	□ in terms of price （価格の点から）
□ 445 **regarding** /rigɑ́:rdiŋ/ Part 5, 6	前 **～に関して**、～に関する	□ regarding the issue （その問題に関して）
□ 446 **as of** /ǽz əv/ Part 2, 3	前 ❶ **～の時点で**、～現在で ❷（日時）から	□ as of April 1 （4月1日の時点で）
□ 447 **aside from** /əsáid frəm/ Part 5, 6	前 ❶ **～を除いて**、～は別として ❷～に加えて、～のほかに	□ aside from some exceptions （いくつかの例外を除いて）
□ 448 **concerning** /kənsə́:rniŋ/ Part 5, 6	前 **～に関して**、～に関する	□ concerning the next meeting （次の会議に関して）

Day 55 MP3-163 Quick Review

答えは右ページ下

□ ～によれば　□ ～にもかかわらず　□ ～を代表して　□ ～が原因で
□ ～を担当して　□ ～より前に　□ ～の価値がある　□ ～の代わりに

今日で『改訂版キクタンTOEIC TEST SCORE 500』も最後。ここまで続けてくれて、本当にありがとう！

Word & Phrase
□ 聞くだけモードlevel 1　Check 1
□ 聞くだけモードlevel 2　Check 1 ▶ 2
□ 聞く＆書くモードlevel 1　Check 1 ▶ 2 ▶ 3

Check 3 Word & Phrase 》MP3-166 & 167

日本語の意味になるように空欄に単語を書き込もう。
フレーズまで書き込めたら、Check 1とCheck 2の音声を聞いて答えを確認しよう。

～と一緒に a　w	▶	□ 彼と一緒に旅行する ____ ____ ____ ____
～に関係なく r　o	▶	□ 国籍に関係なく ____ ____ ____
～に加えて i　a　t	▶	□ 朝食に加えて ____ ____ ____ ____
～の点から i　t　o	▶	□ 価格の点から ____ ____ ____ ____
～に関して r	▶	□ その問題に関して ____ ____ ____
～の時点で a　o	▶	□ 4月1日の時点で ____ ____ ____ ____
～を除いて a　f	▶	□ いくつかの例外を除いて ____ ____ ____ ____
～に関して c	▶	□ 次の会議に関して ____ ____ ____ ____

Day 55 》MP3-163 **Quick Review**　答えは左ページ下

□ according to　□ despite　□ on behalf of　□ due to
□ in charge of　□ prior to　□ worth　□ instead of

Check 4 Sentence 》 MP3-168

Check 1～3で学習した語を含むセンテンスを聞いて、意味を確認しよう。
その後にもう一度音声を聞いて、そっくりにまねするつもりで音読してみよう。

□ 441
Why don't you take her along with you?
(あなたと一緒に彼女を連れて行ったらどうですか?)

□ 442
Anyone can participate regardless of age.
(年齢に関係なく誰でも参加できる)

□ 443
She can speak Chinese in addition to English.
(彼女は英語に加えて中国語も話せる)

□ 444
The event was a success in terms of attendance.
(そのイベントは入場者数の点からは成功だった)

□ 445
He made no comments regarding the proposal.
(彼はその提案に関して何もコメントしなかった)

□ 446
I have not received the item as of today.
(私は今日の時点でその商品を受け取っていない)

□ 447
Aside from him, no one helped me.
(彼を除いて、誰も私を助けてくれなかった)

□ 448
I have a question concerning your comment.
(あなたのコメントに関して質問があります)

Sentence
□ 聞くだけモードlevel 3　Check 1 ▶2 ▶4
□ 聞く＆書くモードlevel 2　Check 1 ▶2 ▶3 ▶4 ▶5

Check 5 Sentence 》MP3-168

日本語の意味になるように空欄に単語を書き込もう。
分からなかったら、音声を聞きながら記入してもOK。

□ あなたと一緒に彼女を連れて行ったらどうですか？

Why don't you take her ______ ______ _____?

□ 年齢に関係なく誰でも参加できる

Anyone can __________ __________ ___ ____.

□ 彼女は英語に加えて中国語も話せる

She can speak Chinese ___ _________ ___ ________.

□ そのイベントは入場者数の点からは成功だった

The event was a success ___ ______ ___ __________.

□ 彼はその提案に関して何もコメントしなかった

He made no comments __________ ____ _________.

□ 私は今日の時点でその商品を受け取っていない

I have not received the item ___ ___ ______.

□ 彼を除いて、誰も私を助けてくれなかった

______ ______ _____, no one helped me.

□ あなたのコメントに関して質問があります

I have a question __________ _____ _________.

Chapter 7 Review

Word List

4日間学習してきた単語をおさらい。まずは日本語の意味に対応する単語を空欄に書き入れてみよう（解答はこのページ下）。間違ったものは、正しく書き直してもう一度正確に覚え直すこと。空欄が埋まったら、今度はチェックシートで日本語を隠して、単語を見て意味が分かるかテストしよう。

01 □□	________	おおよそ
02 □□	________	比較的
03 □□	________	徐々に
04 □□	________	最近
05 □□	________	急速に
06 □□	________	さもなければ
07 □□	________	結局
08 □□	________	非常に
09 □□	________	正確に
10 □□	________	完全に
11 □□	________	頻繁に
12 □□	________	～にもかかわらず
13 □□	________	～の価値がある
14 □□	________	～に関して

解答

01 approximately (417)
02 relatively (418)
03 steadily (420)
04 recently (421)
05 rapidly (422)
06 otherwise (423)
07 eventually (424)
08 extremely (426)
09 exactly (427)
10 absolutely (429)
11 frequently (432)
12 despite (435)
13 worth (438)
14 regarding (445), concerning (448)

Day 56 MP3-166 Quick Review 答えは下

□ ～と一緒に　□ ～に加えて　□ ～に関して　□ ～を除いて
□ ～に関係なく　□ ～の点から　□ ～の時点で　□ ～に関して

Day 56 MP3-166 Quick Review 答えは上

□ along with　□ in addition to　□ regarding　□ aside from
□ regardless of　□ in terms of　□ as of　□ concerning

Index

＊見出しとして掲載されている語は赤字、それ以外のものは黒字で示されています。それぞれの語の右側にある数字は、見出し番号を表しています。赤字の番号は、見出しとなっている番号を示します。

Index

A

B

C

どれだけチェックできた？ 1 ☐ 2 ☐

どれだけチェックできた？ 1 □ 2 □

どれだけチェックできた？ 1 □ 2 □

どれだけチェックできた？ 1 □ 2 □

キクタン TOEIC® L&Rテスト SCORE 500

本書は『改訂版 キクタンTOEIC® TEST SCORE 500』(2016年初版発行)に音声を追加した新装版です。見出し語、フレーズ、センテンスに変更はありません。

書名	**キクタンTOEIC® L&Rテスト SCORE 500**
発行日	2020年6月26日(初版) 2024年3月8日(第5刷)
編著	一杉武史
編集	株式会社アルク 出版編集部
校正	Peter Branscombe、挙市玲子
アートディレクション	細山田 光宣
デザイン	若井夏澄、相馬敬徳、柏倉美地(細山田デザイン事務所)
イラスト	shimizu masashi (gaimgraphics)
ナレーション	Julia Yermakov、Chris Koprowski、水月優希
音楽制作	H. Akashi
録音・編集	高木弥生、有限会社ログスタジオ
DTP	株式会社 秀文社
印刷・製本	日経印刷株式会社
発行者	天野智之
発行所	株式会社 アルク 〒102-0073　東京都千代田区九段北4-2-6 市ヶ谷ビル Website：https://www.alc.co.jp/

PC：7020052
ISBN：978-4-7574-3640-4